VISUALIZE THIS

비주얼라이즈 디스

빅데이터 시대의 데이터 시각화+인포그래픽 기법

VISUALIZE
THIS

비주얼라이즈 디스

빅데이터 시대의 데이터 시각화+인포그래픽 기법

네이선 야우 지음 | 송용근 옮김

i!i
에이콘

네이선 야우^{Nathan Yau}

2007년부터 플로잉데이터 블로그(http://flowingdata.com)에서 데이터 시각화, 통계, 디자인 자료와 기사를 만들어가고 있다. 「뉴욕타임스」, CNN, 모질라^{Mozilla}, 사이파이^{SyFy} 등과 함께 공동작업을 하며, 데이터와 정보 그래픽이 좋은 분석과 좋은 이야기 전달을 만들어준다는 신념을 이어가고 있다.

UCLA에서 석사 학위를 받고, 현재 동대학 대학원에서 데이터 시각화와 인적 데이터 분야의 박사 과정에 있다.

**감사의
말**

이 책은 수없이 많은 데이터 과학자의 노력과, 그들이 만든 공개 도구 없이는 절대 나올 수 없었을 것입니다. 그 노력의 결실인 소프트웨어를 모든 사람이 쓸 수 있게 공개해준 개발자들에게 감사드립니다. 여러분의 노력이 내 삶을 안녕하게 해주었습니다. 여러분도 계속 나아가리라 믿습니다.

제 얕은 예상을 초월한 많은 플로잉데이터 블로그 독자분들께 감사 인사를 드립니다. 여러분이 이 책을 쓰게 된 중요한 계기를 주었습니다.

내가 원하는 책을 출판하도록 도와준 와일리 출판사, 그리고 읽을 만한 글이 되도록 도와준 킴 리스에게 감사드립니다.

마지막으로, 언제나 내 곁에서 지원을 아끼지 않았던 아내, 나의 행복을 찾아갈 수 있도록 용기를 북돋아준 부모님께 감사드립니다.

킴 리스Kim Rees는 사회 인지 정보 시각화 전문기업 페리스코픽Periscopic의
공동 창업자로서, 데이터 시각화 분야의 저명한 권위자다. 지난 17년간의
다양한 회사의 경력과 함께, 「Parsons Journal of Information Mapping」
에 논문을 게재하고, InfoVIS 2010의 진행을 맡았으며, O'Reilly Strata
Conference, WebVisions, AIGA Shift, Portland Data Visualization
에서 강연했다. 뉴욕 대학교에서 컴퓨터과학 석사 학위를 받았다. 그녀
가 이끄는 페리스코픽은 CommArts Insights, Adobe Success Stories
기사로 널리 알려졌으며, VAST Challenge, CommArts Web Picks,
Communication Arts Interactive Annual 등 많은 상을 수상했다. 또, 최
근 페리스코픽의 주요 작업이 Cooper-Hewitt National Design Awards
후보로 선정됐다.

옮긴이 소개

송용근 insaint03@gmail.com

포항공과대학교 컴퓨터공학과를 다니다가, ㈜사이람에서 SNA 연구와 소프트웨어 개발을 했다. 주로 복잡한 시스템을 관계의 입장으로 풀어보길 좋아한다. 사람 간의 소통과 관계 또한 주요 탐구대상. 전 TEDxSeoul 오거나이저, 현재 일본 히로시마 대학 의학대학원 석사과정 연구생, 마가진 (magazyn.co.kr) 엔지니어를 겸직하고 있다. 에이콘출판사의 『프리젠테이션 젠 DVD Edition』(2011), 『플래시 멀티플레이 게임 개발』(2011), 『Flash Mobile 한국어판』(2011)을 번역 출간했다.

언제부턴가 빅데이터라는 말이 최고의 화두가 되었습니다. 데이터가 넘쳐나는 시대입니다. 자기 표현과 이야기 전달이 중요한 시대입니다. 하지만, 굳이 이 시대에만 그랬을 것 같진 않습니다. 시대와 문화권을 막론하고, 데이터는 언제나 현실의 반영이었고, 자기 의사 표현과 이야기 전달은 언제나 소통의 가장 중요한 도구였습니다. 지금 이 시대에 달라진 점이 있다면 단지 그 비법들이 하나하나 밝혀지고 있다는 것, 누구나 쉽게 확인할 수 있도록 많은 것들이 공개되고 있다는 정도일 겁니다.

이 책은 데이터 수집 과정부터, 그 안의 이야기를 끌어내서 사람들에게 전달하기까지의 모든 과정을 설명합니다. 그러나 이 책 한 권을 읽었다고 누구나 데이터 시각화의 전문가가 될 순 없을 겁니다. 오랜 시간의 고민, 노력, 연습과 학습을 거쳐 자신만의 방법을 찾아내었을 때, 비로소 한 사람의 전문가로 거듭날 수 있을 겁니다. 그런 의미에서, 이 책은 데이터 시각화 분야의 최고의 입문서입니다.

이토록 의미 깊은 책을 번역할 수 있어서 행복했습니다. 번역 출간 작업에 제가 함께할 수 있도록 맡겨주신 에이콘출판사 여러분께 감사드리고, 항상 애정으로 함께하는 마가진 식구들, 또 히로시마 대학의 분들, 마지막으로 오늘까지 저와 함께해 준 가족, 친구, 주위 모든 분께 감사드립니다.

히로시마에서 **송용근**

목차

저자 소개   5

감사의 글   6

기술 감수자 소개   7

옮긴이 소개   8

옮긴이의 말   9

들어가며   12

1장 데이터 스토리텔링   27

숫자 그 이상   28

목표   35

디자인   40

정리   48

2장 데이터 다루기   51

데이터 수집 방법   52

데이터 형식화   72

정리   87

3장 도구의 선택   89

종합세트 시각화 도구   90

프로그래밍   98

일러스트레이션   114

지도   119

각자의 선택   128

정리   130

4장 시간 시각화   131

무엇을 볼 것인가   132

시간 나눔   134

연속형 데이터   164

정리   179

5장 **분포 시각화** 181
무엇을 볼 것인가 182
전체의 부분 182
시간에 따른 분포 212
정리 230

6장 **관계 시각화** 233
무엇을 볼 것인가 234
상관관계 235
분포 257
비교 271
정리 285

7장 **비교 시각화** 287
무엇을 볼 것인가 288
여러 변수의 비교 288
차원을 줄인다 322
아웃라이어 찾기 330
정리 335

8장 **공간 시각화** 337
무엇을 볼 것인가 338
위치 특정 339
영역 353
시간과 공간에 따라 372
정리 397

9장 **목적에 맞는 디자인** 399
자신을 위한 준비 400
독자를 위한 준비 402
시각적 신호 407
훌륭한 시각화 413
정리 414

찾아보기 416

데이터엔 새로울 것이 없다. 사람은 여러 세기에 걸쳐 양을 측정하고 표를 만들어왔다. 하지만 디자인, 데이터 시각화, 통계에 관한 내 웹사이트 플로잉데이터(flowingdata.com)를 운영하는 지난 몇 년간 폭발적인 발전을 목격했고, 그 발전은 여전히 이어지고 있다. 기술이 발전함에 따라 데이터를 수집하는 일은 매우 수월해졌고, 특히 웹 기술로 언제든지 필요한 데이터에 접근할 수 있게 됐다. 이러한 데이터의 풍요는 한편으론 더 나은 결정, 명확한 생각의 소통을 돕는 풍부한 정보로 세상과 자신을 객관적으로 직시할 수 있는 창을 제시해줬다.

2009년 중반 미국 연방 정부가 Data.gov로 정부 데이터를 공개하면서 분명한 변화의 조짐이 보이기 시작했다. Data.gov는 연방 기관의 데이터를 종합적인 카탈로그로 제공하면서 여러 조직과 정부 부처의 투명성과 설득력을 높였다. Data.gov의 정신은 국민은 자신의 세금을 어떻게 쓰는지 정확히 알아야 한다는 데 있다. 이전의 정부는 블랙박스 같았다. 현재 Data.gov에서 찾을 수 있는 대부분 데이터는 예전엔 각 부처별 웹사이트로 흩어져 있었다. 그러나 이젠 Data.gov라는 사이트 한 곳에서 명쾌한 분석과 깔끔한 시각화를 한눈에 찾아볼 수 있다. 이런 일이 전 세계적으로 이어졌다. 유엔은 UNdata를, 영국은 Data.gov.uk를 곧 공개할 예정이며, 뉴욕, 샌프란시스코, 런던 등의 도시 정부도 데이터를 공개하고 있다.

이러한 웹사이트는 공개 API를 제공하면서 수많은 개발자가 이 가용한 데이터로 뭔가 만들어보도록 유혹한다. 트위터Twitter나 플리커Flickr처럼, API 기능을 활용해서 만든 외부 서비스의 사용자 인터페이스는 본래의 사이트와 전혀 다른 모습으로 나타나곤 한다. API를 정리한 사이트 프로그래머블

웹ProgrammableWeb(http://www.programmableweb.com)이 밝힌 바에 따르면 이런 API 사이트가 2,000가지가 넘는다고 한다. 인포침프Infochimps, 팩츄얼Factual과 같이 최근 들어 등장한 다양한 애플리케이션은 구조적인 데이터를 보여주는 서비스를 제공한다.

사람들은 간단한 마우스 클릭과 키보드 타이핑으로 페이스북Facebook 친구를 업데이트하고, 포스퀘어Foursquare로 자신의 위치를 공유하며, 트위터로 짧은 글을 남긴다. 그보다 더 진보된 애플리케이션은 무엇을 먹었는지, 체중이 어떻게 변해왔는지, 기분이 어떻게 바뀌었는지 등의 정보를 기록해서 정리한다. 무엇에 관해서든 자신의 변화를 찾아보기에 알맞은 애플리케이션이 있다.

이렇듯 데이터는 상점, 창고warehouse(혹은 데이터 웨어하우스), 데이터베이스에 얼마든지 있고, 데이터 과학의 영역은 이해하는 사람들이 활용할 수 있도록 충분히 영글어 있다. 데이터 그 자체는 (대부분의 사람들에게) 그리 흥미롭지 않다. 데이터에서 찾은 정보가 흥미로운 것이다. 사람들은 자신이 갖고 있는 데이터의 이야기를 듣길 원하고 있어, 그에 도움을 줄 수 있는 기술 인력에 대한 수요는 무척 높다. 구글의 대표 경제학자 핼 배리언Hal Varian이 통계학자를 10년 후 가장 매력적인 직업이라고 말하는 이유가 바로 여기에 있다. 통계학자가 아름다운 사람들이기 때문만은 아니다(긱geek 부류의 사람들이 보기에 우리 통계학자들이 좀 멀끔해 보일지는 몰라도 말이다).

시각화

대규모 데이터를 탐색하거나 이해할 때 가장 좋은 방법은 시각화visualization다. 시각화란, 숫자를 공간에 배치해서 보여줌으로써 그 패턴을 인지하게 만드는 것이다. 인간에겐 탁월한 패턴 인식 능력이 있다. 데이터 시각화는 통계 분석 기법으로는 도저히 알 수 없는 데이터의 이야기를 끌어낼 것이다.

개인적으로 최고로 꼽는 통계학자이자 탐색적인 데이터 분석의 아버지로 불리는 존 터키John Tukey는, 기존의 통계 기법과 그 속성에 맞서 그래픽 기술 또한 통계의 중요한 부분이 돼야 한다고 역설했다. 그는 그림으로 의외의 발견을 할 수 있다고 굳게 믿는다. 사람은 단지 보는 것만으로 데이터에 대해 많은 것을 알 수 있으며, 많은 경우 오로지 보는 것만으로도 데이터의 의미를 이해하고 그 이야기를 이해하곤 한다.

예를 하나 들어보자. 2009년 미국의 실업률에 뚜렷한 증가세가 있었다. 2007년 평균 4.6%, 2008년 평균 5.8%에서 2009년 9월에는 무려 9.8%에 달했다. 하지만 이 수치는 미국이라는 국가의 변화만을 이야기할 뿐이다. 미국에 살고 있는 모든 사람의 일이다. 다른 곳보다 실업률 변화가 더 급격했던 지역이 있지 않을까? 또는, 거의 변화가 없는 지역도 있지 않았을까?

그림 I-1의 지도는 이 물음에 대한 완전한 이야기를 한눈에 보여준다. 어두운 색으로 칠해진 지역은 상대적으로 실업률이 높은 지역이며, 옅은 색으로 칠해진 지역은 상대적으로 실업률이 낮은 지역이다. 2009년의 지도를 보면 동부와 서부 연안 많은 지역의 실업률이 10%를 넘기고 있음을 볼 수 있다. 내륙 서부는 상대적으로 큰 변화가 없어 보인다(그림 I-2).

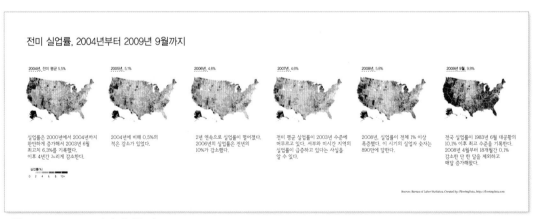

전미 실업률, 2004년부터 2009년 9월까지

그림 I-1 2004~2009년의 실업률 지도

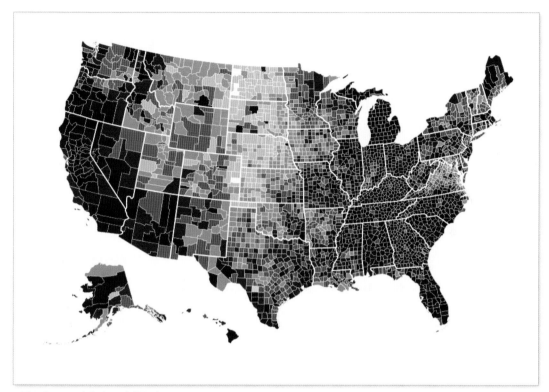

그림 I-2 2009년의 미국 실업률 지도

이런 지역 차이나 변화 추이는 숫자가 빼곡한 표로는 쉽게 알 수 없다. 전국 평균 수치만으론 더하다. 사실 도시 단위의 데이터가 더 복잡하지만, 대부분의 사람이 위 지도를 이해한다. 이런 지도는 정책 결정자로 하여금 어디에 구제기금 같은 지원을 해야 할지 결정하도록 돕는다.

연방 노동통계청이 이 지도를 만드는 데 필요한 데이터를 무료로 일반에 공개했다는 사실은 무척 고무적이다. 오래된 데이터 탐색기로 찾는 일이 쉽진 않지만, 어쨌거나 받아볼 수 있는 수치가 있다. 사실, 시각화 처리를 할 수 있는 수많은 데이터는 묵혀져 있다.

그중 한 가지가 미국의 통계 연보다. 그 안에는 수백 개의 데이터를 정리한 표가 있지만(그림 I-3), 그래프는 하나도 없다. 전국의 종합적인 그림을 그려

Table 126. Marriages and Divorces—Number and Rate by State: 1990 to 2007

[2,443.5 represents 2,443,500. By place of occurence. See Appendix III]

State	Marriages [1] Number (1,000)			Rate per 1,000 population [2]			Divorces [3] Number (1,000)			Rate per 1,000 population [2]		
	1990	2000	2007	1990	2000	2007	1990	2000	2007	1990	2000	2007
U.S. [4]	2,443.5	2,329.0	2,204.6	9.8	8.3	7.3	1,182.0	(NA)	(NA)	4.7	4.1	3.6
Alabama	43.1	45.0	42.4	10.6	10.3	9.2	25.3	23.5	19.8	6.1	5.4	4.3
Alaska [5]	5.7	5.6	5.8	10.2	8.9	8.4	2.9	2.7	3.0	5.5	4.4	4.3
Arizona [5]	36.8	38.7	39.5	10.0	7.9	6.2	25.1	21.6	24.5	6.9	4.4	3.9
Arkansas	36.0	41.1	33.7	15.3	16.0	11.9	16.8	17.9	16.8	6.9	6.9	5.9
California	237.1	196.9	225.8	7.9	5.9	6.2	128.0	(NA)	(NA)	4.3	(NA)	(NA)
Colorado	32.4	35.6	29.2	9.8	8.6	6.0	18.4	(NA)	21.2	5.5	(NA)	4.4
Connecticut	26.0	19.4	17.3	7.9	5.9	4.9	10.3	6.5	10.7	3.2	2.0	3.1
Delaware	5.6	5.1	4.7	8.4	6.7	5.5	3.0	3.2	3.9	4.4	4.2	4.5
District of Columbia	5.0	2.8	2.1	8.2	5.4	3.6	2.7	1.5	1.0	4.5	3.0	1.6
Florida	141.8	141.9	157.6	10.9	9.3	8.6	81.7	81.9	86.4	6.3	5.3	4.7
Georgia	66.8	56.0	64.0	10.3	7.1	6.7	35.7	30.7	(NA)	5.5	3.9	(NA)
Hawaii	18.3	25.0	27.3	16.4	21.2	21.3	5.2	4.6	(NA)	4.6	3.9	(NA)
Idaho	14.1	14.0	15.4	13.9	11.0	10.3	6.6	6.9	7.4	6.5	5.4	4.9
Illinois	100.6	85.5	75.3	8.8	7.0	5.9	44.3	39.1	32.8	3.8	3.2	2.6
Indiana	53.2	34.5	51.2	9.6	5.8	8.1	(NA)	(NA)	(NA)	(NA)	(NA)	(NA)
Iowa	24.9	20.3	20.1	9.0	7.0	6.7	11.1	9.4	7.8	3.9	3.3	2.6
Kansas	22.7	22.2	18.6	9.2	8.3	6.7	12.6	10.6	9.2	5.0	4.0	3.3
Kentucky	49.8	39.7	33.6	13.5	10.0	7.9	21.8	21.6	19.7	5.8	5.4	4.6
Louisiana	40.4	40.5	32.8	9.6	9.3	7.6	(NA)	(NA)	(NA)	(NA)	(NA)	(NA)
Maine	11.9	10.5	10.1	9.7	8.3	7.7	5.3	5.8	5.9	4.3	4.6	4.5
Maryland	46.3	40.0	35.5	9.7	7.7	6.3	16.1	17.0	17.4	3.4	3.3	3.1
Massachusetts	47.7	37.0	38.4	7.9	6.0	6.0	16.8	18.6	14.5	2.8	3.0	2.2
Michigan	76.1	66.4	59.1	8.2	6.7	5.9	40.2	39.4	35.5	4.3	4.0	3.5
Minnesota	33.7	33.4	29.8	7.7	6.9	5.7	15.4	14.8	(NA)	3.5	3.1	(NA)
Mississippi	24.3	19.7	15.7	9.4	7.1	5.4	14.4	14.4	14.2	5.5	5.2	4.9
Missouri	49.1	43.7	39.4	9.6	7.9	6.7	26.4	26.5	22.4	5.1	4.8	3.8
Montana	6.9	6.6	7.1	8.6	7.4	7.4	4.1	2.1	3.6	5.1	2.4	3.7
Nebraska	12.6	13.0	12.4	8.0	7.8	7.0	6.5	6.4	5.5	4.0	3.8	3.1
Nevada	120.6	144.3	126.4	99.0	76.7	49.3	13.3	18.1	16.6	11.4	9.6	6.5
New Hampshire	10.5	11.6	9.4	9.5	9.5	7.1	5.3	7.1	5.1	4.7	5.8	3.9
New Jersey	58.7	50.4	45.4	7.6	6.1	5.2	23.6	25.6	25.7	3.0	3.1	3.0
New Mexico [5]	13.3	14.5	11.2	8.8	8.3	5.7	7.7	9.2	8.4	4.9	5.3	4.3
New York [5]	154.8	162.0	130.6	8.6	8.9	6.8	57.9	62.8	55.9	3.2	3.4	2.9
North Carolina	51.9	65.6	68.1	7.8	8.5	7.5	34.0	36.9	37.4	5.1	4.8	4.1
North Dakota	4.8	4.6	4.2	7.5	7.3	6.6	2.3	2.0	1.5	3.6	3.2	2.4
Ohio	98.1	88.5	70.9	9.0	7.9	6.2	51.0	49.3	37.9	4.7	4.4	3.3
Oklahoma	33.2	15.6	26.2	10.6	4.6	7.3	24.9	12.4	18.8	7.7	3.7	5.2
Oregon	25.3	26.0	29.4	8.9	7.8	7.8	15.9	16.7	14.8	5.5	5.0	4.0
Pennsylvania	84.9	73.2	71.1	7.1	6.1	5.7	40.1	37.9	35.3	3.3	3.2	2.8
Rhode Island	8.1	8.0	6.8	8.1	8.0	6.4	3.8	3.1	3.0	3.7	3.1	2.8
South Carolina	55.8	42.7	31.4	15.9	10.9	7.1	16.1	14.4	14.4	4.5	3.7	3.3
South Dakota	7.7	7.1	6.2	11.1	9.6	7.7	2.6	2.7	2.4	3.7	3.6	3.1
Tennessee	68.0	88.2	65.6	13.9	15.9	10.6	32.3	33.8	29.9	6.5	6.1	4.9
Texas	178.6	196.4	179.9	10.5	9.6	7.5	94.0	85.2	79.5	5.5	4.2	3.3
Utah	19.4	24.1	22.6	11.2	11.1	8.6	8.8	9.7	8.9	5.1	4.5	3.4
Vermont	6.1	6.1	5.3	10.9	10.2	8.6	2.6	5.1	2.4	4.5	8.6	3.8
Virginia	71.0	62.4	58.0	11.4	9.0	7.5	27.3	30.2	29.5	4.4	4.3	3.8
Washington	46.6	40.9	41.8	9.5	7.0	6.5	28.8	27.2	28.9	5.9	4.7	4.5
West Virginia	13.0	15.7	13.0	7.2	8.7	7.2	9.7	9.3	9.0	5.3	5.2	5.0
Wisconsin	38.9	36.1	32.2	7.9	6.8	5.8	17.8	17.6	16.1	3.6	3.3	2.9
Wyoming	4.9	4.9	4.8	10.7	10.3	9.3	3.1	2.8	2.9	6.6	5.9	5.5

NA Not available. [1] Data are counts of marriages performed, except as noted. [2] Based on total population residing in area; population enumerated as of April 1 for 1990 and 2000; estimated as of July 1 for all other years. [3] Includes annulments. [4] U.S. total for the number of divorces is an estimate which includes states not reporting. Beginning 2000, divorce rates based solely on the combined counts and populations for reporting states and the District of Columbia. The collection of detailed data of marriages and divorces was suspended in January 1996. [5] Some figures for marriages are marriage licenses issued.

Source: U.S. National Center for Health Statistics, National Vital Statistics Reports (NVSR), *Births, Marriages, Divorces, and Deaths: Provisional Data for 2007*, Vol. 56, No. 21, July 14, 2008 and prior reports.

그림 I-3 미국 통계 연보에서 발췌한 표

볼 수 있는 여지가 남아 있단 뜻으로, 기회나 다름없다. 정말 신나는 일이다. 이 말을 입증하기 위해 스스로 그림 I-4와 같은 그래프를 그려봤다. 그래프는 결혼/이혼율, 주소등록률, 전기 사용량 등을 표현하고 있다. 앞에 나온 표는 읽기도 힘들고 각각의 수치 말고는 어떤 정보도 얻기 어렵다. 하지만 그래픽으로 보면 한눈에 트렌드와 패턴을 비교해볼 수 있다.

「뉴욕타임스」와 「워싱턴포스트」 같은 언론사는 데이터의 접근성을 높이는 시각화에 큰 노력을 기울여왔다. 언론사는 가용한 데이터를 거의 최고로 활용해왔으며, 많은 이야기를 끌어내왔다. 데이터 그래픽은 한 사례를 다른 관점에서 볼 수 있는 입증 자료로 활용되기도 하지만, 데이터 그래픽 자체가 이야기가 되는 경우도 그만큼 있다.

그래픽은 언론의 영역이 종이에서 온라인 미디어로 옮겨가며 그 중요도가 더 강조되고 있다. 일부 언론사는 자체적으로 데이터 인터랙티브, 그래픽, 지도만 작성하는 개별 부서를 신설해서 여기에 대응한다. 「뉴욕타임스」 같은 경우 특히 컴퓨터 보조 기사computer-assisted reporting 편집국이 하나 있을 정도다. 이 부서에선 오로지 데이터 수치에 관련한 기사만 보도한다. 그만큼 「뉴욕타임스」의 데이터 편집국은 대용량 데이터를 능수능란하게 처리한다.

데이터 시각화는 대중 문화pop culture에서도 찾을 수 있다. 온라인 인터랙티브로 잘 알려진 시각화 전문기업 스태멘 디자인Stamen Design은 지난 몇 년간 MTV 뮤직비디오 어워드에 관련한 트윗을 추적해서 보여주는 기능을 제공했다. 스태멘 디자인의 결과는 매년 다른 모습을 보였지만, 결국 사람들이 실시간으로 트위터에서 대화하는 모습을 보여준다는 핵심은 변하지 않았다. 팝가수 테일러 스위프트Taylor Swift의 2009년 기조연설에 대한 카니예 웨스트Kanye West의 트윗이 이슈화됐을 때, 사람들이 어떻게 생각하는지 알 수 있었다.

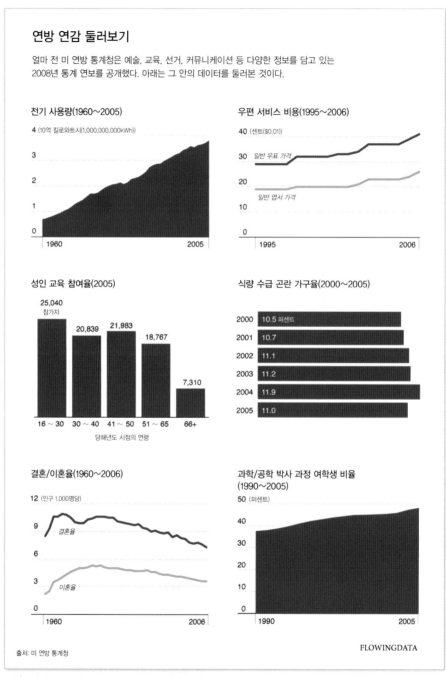

연방 연감 둘러보기

얼마 전 미 연방 통계청은 예술, 교육, 선거, 커뮤니케이션 등 다양한 정보를 담고 있는
2008년 통계 연보를 공개했다. 아래는 그 안의 데이터를 둘러본 것이다.

전기 사용량(1960~2005)

4 (10억 킬로와트시(1,000,000,000kWh))

3

2

1

0

1960　　　　　　　　　2005

우편 서비스 비용(1995~2006)

40 (센트($0.01))

30　일반 우표 가격

20

일반 엽서 가격

10

0

1995　　　　　　　　2006

성인 교육 참여율(2005)

25,040
참가자

20,839　21,983

18,767

7,310

16 ~ 30　30 ~ 40　41 ~ 50　51 ~ 65　66+

당해년도 시점의 연령

식량 수급 곤란 가구율(2000~2005)

2000　10.5 퍼센트

2001　10.7

2002　11.1

2003　11.2

2004　11.9

2005　11.0

결혼/이혼율(1960~2006)

12 (인구 1,000명당)

9　결혼율

6

3

이혼율

0

1960　　　　　　　　　2006

과학/공학 박사 과정 여학생 비율
(1990~2005)

50 (퍼센트)

40

30

20

10

0

1990　　　　　　　　2005

출처: 미 연방 통계청

FLOWINGDATA

그림 I-4 미국 통계 연보 데이터를 그래프로 봤을 때 여기서 설명하는 데이터 시각화는 덜 분석적이고 더 감정적인 영역이다. 시각화의 정의가 애매해지기 시작한다. 데이터 시각화는 오랫동안 사실적인 양을 표현하는 방법으로 여겨져 왔다. 데이터의 패턴을 파악하는 도구로서, 분석을 돕는 역할에 그쳐왔던 것이다. 그러나 시각화는 차가운 현실의 반영에 그치지 않는다. 앞에서 예로 들었던 스태멘의 트위터 시각화는 오락적인 면이 더 강하다. 스태멘의 트위터 시각화는 MTV 시상식을 보는 사람들이 서로 소통하는 한 방편이었다. 조너선 해리스 Jonathan Harris의 작업도 그 좋은 예가 된다. 해리스는 '우리는 괜찮아요 We Feel Fine', '고래사냥 Whale Hunt' 같은 작업을 통해 분석적 통찰보다 이야기 전달을 중시한 작업을 했고, 이렇게 전달된 이야기는 숫자와 통계로 사람의 감정을 불러일으켰다.

차트와 그래프는 단순히 분석을 위한 도구가 아니라 생각의 소통을 위한 전달체이며, 농담거리를 전달하는 매개이기도 하다. 그래프잼 GraphJam, 인덱스드 Indexed 같은 사이트는 빨강, 검정, 흰색 등의 다양한 색채로 꾸민 벤다이어그램 Venn diagram, 파이 차트 pie chart 등의 전형적인 데이터 시각화로 팝송, 공산주의 신문, 판다 살인 등의 사건을 설명한다. 나 또한 비슷한 관점에서 플로잉데이터 사이트에 데이터 언더로드 Data Underload라는 만화로 일상의 관찰을 차트에 담아 연재했던 적이 있다. 그림 I-5에 있는 그림들은 전미영화협회에서 선정한 유명 영화 내용을 그려본 것이다. 괴상하지만, 재미있다(최소한 나에게는).

> 데이터 언더로드가 궁금하다면 플로잉데이터 사이트 http://datafl.ws/underload에서 찾아보자.

그렇다면, 데이터 시각화란 도대체 무엇인가? 글쎄, 누구에게 설명하는가에 따라 다르리라 본다. 보수적인 사람들은 그래프와 차트만이 데이터 시각화라고 생각한다. 그러나 마이크로소프트 엑셀 스프레드시트로 만든 데이터 아트를 비롯해, 데이터를 표현하는 거의 모든 방법을 데이터 시각화라고 생각하는 사람들도 있다. 나 자신은 후자에 가까운 편이지만, 때로는 전자의 입장에 서기도 한다. 그러나 시각화를 무엇이라고 정의하는가는 그

1 "Frankly, I don't give a damb(사실, 내 알 바 아니오)" – 옮긴이

2 "I'm gonna make him an offer he can't refuse(거절할 수 없는 제안을 할 거야)" – 옮긴이

3 "You don't understand! I could've had a class, I could've been a contender, I could've been somebody, instead of a bum, which is what I am. Let's face it!(이해 못 하겠어? 나는 잘 나갈 수도 있었어, 그놈들의 도전자가 될 수도 있었고, 다른 누군가가 될 수 있었지. 지금 같은 날건달이 아니라. 그게 나야. 똑바로 보라고!)" – 옮긴이

4 "We're not in Texas anymore, Toto(여긴 텍사스가 아닌 것 같다, 토토)" – 옮긴이

5 "Here's looking at you, kid(여기 당신을 보고 있지, 꼬마)" – 옮긴이

6 "Go on punk, make my day(갈 데까지 가봐, 나 대신)" – 옮긴이

7 "All right, Mr. DeMille, I'm ready for my closeup(좋아요, 드밀레 씨, 클로즈업 준비가 됐어요)" – 옮긴이

8 "Kid, I've flown from one side of this galaxy to the other. I've seen a lot of strange stuff, but I've never seen anything to make me believe there's one all-powerful force controlling everything. There's no mystical energy field that controls my destiny(꼬마야, 나는 은하 여기저기를 돌아다니며 온갖 신기한 것들을 보아왔지만, 모든 것을 다룬다는 포스 같은 건 듣도 보도 못했어. 운명을 좌우할 수 있는 신비한 힘 같은 건 없어)" – 옮긴이

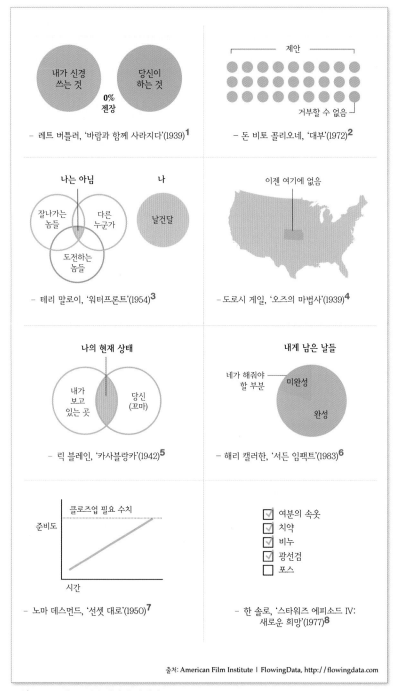

출처: American Film Institute | FlowingData, http://flowingdata.com

그림 I-5 그래프로 본 영화의 명대사

다지 중요한 문제가 아니다. 그것이 데이터 시각화로 인정되거나 말거나, 자신의 목적에 알맞은 결과물을 만들 수 있다면 족하다.

데이터 시각화를 어떻게 정의하든, 프리젠테이션에 어떤 차트를 만들어 쓰든 간에, 또한 대규모 데이터를 분석하든, 데이터로 기사를 설명하든 간에, 공통적이고 절대적인 판단 기준은 있다. 그 내용은 진실이어야 한다. 오늘날에는 통계를 거짓말의 순화된 표현으로 생각하는 사람이 많다. '통계는 사람들이 거짓말에 숫자를 쓰고 싶을 때 사용하는 것이다'라고. 가끔 미리 정해진 결론에 짜 맞추기 위해 실제로 거짓말을 하는 경우도 있긴 하지만, 사실은 만든 사람의 부주의 때문인 경우가 태반이다. 적당한 그래프를 어떻게 만들어야 할지 모른다거나, 데이터를 왜곡 없이 전달할 수 있는 방법을 알지 못하면 거짓말이 폭발적으로 증식한다. 그러나 적절한 시각화 테크닉과 알맞은 데이터 다루는 법을 익힌다면, 자신의 요점을 자신 있게 설명할 수 있고, 그로부터 발견의 기쁨을 누릴 수 있다.

데이터와 배움

나는 대학 1학년 때 통계학을 공부하기 시작했다. 원래 전공인 전기공학의 연관 수업으로 개론 강의를 수강했다. 그 전까지 들어온 괴담과 달리, 통계 수업을 진행하는 교수님은 무척 열정적으로 수업을 진행했다. 그가 통계학을 즐긴다는 사실은 분명히 보였다. 그는 길을 지나면서도 큰 제스처와 열성적인 목소리로 학생들의 참여를 북돋았다. 이 시절의 나는 강사나 교수가 되겠다는 생각이 별로 없었다. 분명 이 시기의 경험이 나를 데이터의 세계로 끌어들여 결국 4년 후 대학원 통계학과로 이끌었을 것이다.

학부생으로서의 생활 내내, 통계란 데이터 분석, 분포, 가설 검증이었고, 나는 이 일을 즐겼다. 데이터 무더기를 바라보며 트렌드, 패턴, 상관관계를 찾아내는 일은 재미있었다. 대학원에 들어가자 관점은 약간 바뀌었다. 이전보다 더 재미있어졌다.

통계는 더 이상 단순한(많은 경우 유용하지 않을 수 있음이 입증된) 가설 검증, 패턴 탐색에 그치지 않았다. 글쎄, 약간 다르다. 그런 방법도 분명 통계의 일부지만, 뉘앙스가 약간 다르다. 통계는 데이터의 스토리텔링이다. 다양한 데이터, 즉 현실 세계의 일면을 갖고, 그 데이터를 분석해서, 전반적인 상관관계, 즉 자신의 주위에서 어떤 일이 일어나는지 밝혀내는 일이다. 데이터가 전해주는 이야기는 범죄 감소, 보건 확대, 고속도로의 원활한 통행 등(혹은 스스로 더 많은 정보를 얻기 위해서라도) 현실 세계의 문제를 해결하는 데 기여한다.

많은 사람이 데이터를 현실 세계와 연관 짓지 못하곤 한다. 내가 통계학 대학원 과정에 있다고 할 때 사람들이 "난 그 강의를 정말 싫어했어요"라고 답하는 이유가 여기에 있다고 생각한다. 당신이라면 이런 오해를 되풀이하지 않을 것이라고 생각한다. 그렇지 않을까? 적어도 이 책을 읽는 당신이라면.

데이터를 활용할 때 필요한 기술은 어떻게 배울 수 있을까? 내 경험처럼 연관 강의를 들을 수도 있고, 자신의 경험으로부터 배울 수도 있다. 대학원에서 하는 일의 전반이 그런 일이다.

데이터 시각화와 정보 그래픽(인포그래픽infographic)도 똑같다. 훌륭한 그래픽을 만들어내는 사람이 꼭 그래픽 디자이너란 법은 없다. 통계학 박사일 필요도 없다. 단지 배움에 대한 갈망이 있고, 다른 모든 분야와 마찬가지로 꾸준히 연습하면 더 나아진다.

내 손으로 만든 최초의 데이터 그래픽은 어릴 적 과학 프로젝트 대회에 제출하기 위해 만들었던 것이다. 파트너와 함께 달팽이가 가장 빨리 움직일 수 있는 표면이 어떤 것인지 (무척 깊이) 실험한 프로젝트였다. 거칠거나 매끈한, 다양한 종류의 표면 위에 달팽이를 올려놓고 정해진 거리를 이동하는 시간이 얼마나 되는지 측정했다. 이렇게 측정한 데이터는 각기 다른 표면에 따라 걸린 시간의 형태로 나타났고, 나는 이 데이터를 막대 그래프로 만들었다. 데이터를 따로 정렬했는지는 확실히 기억나지 않는다. 다만 엑셀과 씨름

했던 일은 분명히 기억한다. 그 다음 해엔 달팽이를 붉은 밀벌레로 바꾸어 실험했는데, 그땐 그래프를 뚝딱 만들어낼 수 있었다. 기본적인 방법과 프로그램 사용법을 익히기만 하면 나머지는 쉽다. 이런 게 경험에서 오는 배움의 예가 될 수 없다면, 무엇을 배움이라 할 수 있을까? 아, 혹시라도 궁금해하는 사람이 있을까 덧붙이자면, 달팽이는 유리에서 가장 빨리 움직이고, 붉은 밀벌레는 그레이프너츠Grape Nuts9에서 가장 빨리 움직인다.

이야기를 진행하기 위해 알아야 할 기본적인 내용은 모든 소프트웨어, 혹은 프로그래밍 언어에서 공통이다. 코드를 한 줄도 짜본 적이 없다면 많은 통계학자가 사용하는 R 프로그래밍 언어가 낯설겠지만, 예제 몇 개만 직접 만들어보고 나면 금방 익숙해질 수 있다. 이 책이 그 과정을 도울 것이다.

나 역시 그렇게 배워왔기 때문에 자신한다. 내가 처음으로 디자인의 관점에서 시각화를 공부할 때를 이야기해보자면, 그때 난 대학원 2년차의 여름이었고, 「뉴욕타임스」의 그래픽 에디터 인턴이 된다는 소식을 접하고 무척 들떠 있었다. 그때까지 그래픽을 분석의 도구(프로젝트 발표에 가끔 등장하는 막대그래프 정도)로만 생각했지, 미감이나 디자인은, 그런 말이 존재하기나 한지 신경 쓰지도 않았다. 데이터, 그리고 언론에서의 데이터의 역할 따위는 전혀 알지 못했다.

그래서 나는 「뉴욕타임스」 인턴 활동을 시작하기 앞서 어도비 일러스트레이터(「뉴욕타임스」에선 일러스트레이터를 사용한다) 설명서를 비롯, 다양한 디자인 안내서를 읽었다. 그러나 진짜 그래픽을 만들게 되기까진 배움을 시작했다고 할 수 없었다. 경험에서 배우려 한다면, 함께할 도구를 반드시 선택해야 한다. 얼마나 많은 데이터, 디자인, 그리고 그래픽을 다루는가에 따라 자신의 기술은 달라질 것이다.

이 책을 읽는 방법

이 책은 그래픽을 만드는 데 필요한 기술을 처음부터 끝까지 예제를 중심으로 설명한다. 처음부터 읽을 수도 있지만, 필요한 데이터가 있고 머릿속에 시각화에 대한 형상을 미리 그려볼 수 있다면 필요한 부분만 찾아서 읽어도 좋다. 내용에 따라 장을 나누고 그 안에 적절한 예제를 담았다. 데이터의 세계를 처음 접한다면, 데이터를 보는 관점, 데이터 안에서 찾아야 할 것, 활용 가능한 도구를 설명하는 초반의 내용이 특히 큰 도움이 될 것이다. 데이터를 구하는 방법과 시각화를 위해 형식화해서 준비하는 과정도 함께 설명한다. 무엇보다, 시각화 기술은 데이터의 형태와 데이터로 하고자 하는 이야기에 따라 나뉜다. 한 가지는 반드시 기억하자. 데이터가 스스로 이야기하게 하자.

이 책을 어떻게 읽기로 마음 먹든 간에, 컴퓨터를 앞에 두고 읽기를 강력하게 추천한다. 각 장마다 설명하는 예제를 단계별로 따라 하고, 본문 옆에 나오는 참고박스 등에 나온 자료를 확인하려면 컴퓨터가 필요하다. 코드와 데이터 파일, 인터랙티브 작업 데모는 www.wiley.com/go/visualizethis 또는 http://book.flowingdata.com에 있다.

설명을 확실히 하기 위해, 그림 I-6의 플로우차트로 어디서부터 찾아 읽어야 할지 그려뒀다. 즐거운 여행이 되기를!

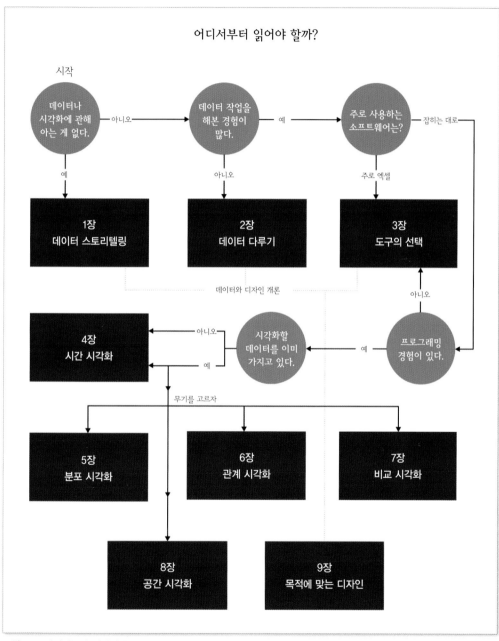

그림 I-6 어디서부터 읽어야 할까

## 1장

데이터 스토리텔링

지금 바로 머릿속으로 데이터 시각화를 떠올려보자. 강의에서, 블로그에서, 어디서건 이 문장을 읽는 이 순간 떠오르는 그림이 있을 것이다. 잘 알려진 데이터 시각화의 공통점이 있다면 무엇일까? 바로 흥미로운 이야기를 담고 있다는 점이다. 데이터가 전하는 이야기가 당신의 행동을 바꾸도록 설득했을 수도 있고, 새로운 정보로 통찰력을 줬을 수도, 현실의 고정관념에 질문을 던지게 했을 수도 있다. 최고의 데이터 시각화는, 크건 작건, 기사의 이미지였건 프리젠테이션 슬라이드였건, 스스로의 이야기를 소리 높여 전하고 있다.

숫자 그 이상

현실을 직시하자. 무엇을 찾아야 할지도 모를 데이터, 한눈에 알아볼 수 없는 데이터는 지루하다. 그런 데이터는 아무 의미 없는 날것의 숫자와 문자의 나열일 뿐이다. 통계와 시각화는 그 이상을 찾는 도구다. 데이터는 실제 삶의 표현이라는 점을 명심하자. 데이터는 숫자 더미가 아니다. 데이터는 이야기 더미다. 데이터에는 의미, 진실, 아름다움이 있다. 그리고 우리네 삶이 그렇듯, 데이터의 이야기는 때로 단순하고 직설적이기도 하지만 복잡하고 애매모호할 때도 있다. 어떤 이야기는 교과서적이고, 어떤 이야기는 드라마틱하다. 이야기를 어떻게 끌어내는가는 그 데이터를 다루는 통계학자, 프로그래머, 디자이너, 데이터 과학자, 결국 당신의 몫이다.

내가 통계학 대학원생으로서 가장 먼저 배운 게 바로 이것이다. 그 전까지는 나 또한 통계를 순수한 분석으로, 데이터를 기계적인 과정의 결과로 생각해왔다. 이 사실을 깨닫는 데는 오랜 시간이 필요하다. 전기공학 전공자인 나 자신부터, 통계와 데이터를 따분하게 생각한다는 건 놀라운 일이 아니었다.

오해하진 않았으면 좋겠다. 데이터와 통계를 지루하게 여기는 게 나쁘다는 말이 아니다. 그러나 나는 수년간 데이터를 다루며, 객관적으로 그 안에 인간의 감성적 차원이 있다는 사실을 깨달았다.

앞서 설명한 실업률 그래프를 예로 보자. 실업률의 주 평균 수치를 구하기는 쉽다. 주마다 차이가 있을 것이다. 인접한 주마다도 차이가 크다. 당신이 아는 누군가가 지난 몇 년 사이에 실직했다 하더라도, 그들의 이야기가 하나의 통계수치인 것은 아니다. 그렇지 않을까? 하나의 숫자는 한 사람이다. 데이터를 이런 관점으로 봐야 한다. 모든 사람의 모든 이야기를 끌어낼 필요는 없다. 그러나 실업률이 5% 증가했다는 수치와 수십만 명의 실직자가 발생했다는 이야기에는 미묘한 차이가 있다. 전자는 맥락 없이 숫자만 읽은 것이고, 후자는 맥락 위에서 관계를 읽어낸 것이다.

저널리즘

「뉴욕타임스」의 그래픽 인턴 과정은 나에게 분명한 목표를 알려줬다. 그 기간은 대학원 2학년 여름의 석 달뿐이었지만, 이후 내가 데이터를 보는 관점에 큰 영향을 미쳤다. 그 시절에 배운 것은 단순히 뉴스 기사에 실을 그래픽을 만드는 방법이 아니었다. 데이터를 디자인, 조직화, 확인, 조사, 연구해서 기사로 만드는 방법이라 해야 할 것이다.

한번은 데이터에서 오직 3개의 숫자만 확인해야 했던 적이 있다. 「뉴욕타임스」의 그래픽국에서 데이터 그래픽을 만들었는데, 이것이 정확한지 확인하고 싶었기 때문이다. 확신할 수 없는 데이터를 발표할 순 없다. 이런 신념이 훌륭한 데이터 그래픽을 만든다.

어떤 것이라도 좋다. 「뉴욕타임스」의 데이터 그래픽을 보라. 데이터를 깔끔하고, 간결하고, 보기 좋게 표현하고 있다. 무슨 의미일까? 데이터 그래픽을 본다는 것은 데이터를 이해할 기회를 얻었다는 뜻이다. 중요한 영역은 강조되어 있고, 기호와 색상은 범례^{legend}와 점으로 주의 깊게 해설하고 있어, 독자들은 데이터의 이야기를 쉽게 이해할 수 있다. 단순한 그래프^{graph}가 아니다. 그래픽^{graphic}이다.

그림 1-1의 그래픽은 「뉴욕타임스」 데스크 스타일을 따라 한 그래픽으로, 현재 나이에 따른 1년 이내 사망률을 보여준다.

그림 1-1 그래픽의 배경은 선 그래프로, 그래프 외의 디자인 요소가 이야기를 더 잘 설명해주고 있다. 설명과 강조점은 맥락을 설명하고 데이터가 왜 흥미로운지 알려주며, 선의 두께와 색상은 중요한 부분에 자연스럽게 시선이 모이도록 만든다.

차트, 그래프 디자인은 단순히 통계수치를 눈에 보이도록 만드는 일이 아니다. 데이터의 이야기를 설명하는 일이다.

「뉴욕타임스」 그래픽 예시
http://datafl.ws/nytimes

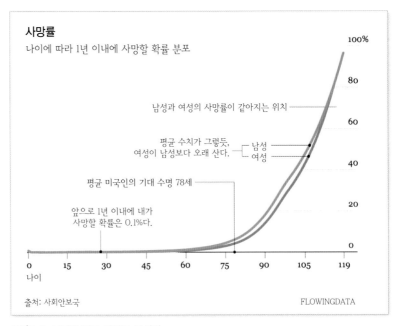

그림 1-1 나이에 따른 사망률 그래픽

예술

「뉴욕타임스」는 객관성을 중시한다. 데이터의 표현은 사실에 근거해야 한다. 데이터 시각화를 보는 스펙트럼의 사실적, 분석적인 극단이라 할 수 있다. 스펙트럼 반대편에서 데이터 시각화는 분석적이라기보단 감성적이다. 조너선 해리스Jonathan Harris와 셉 캄바Sep Kamvar의 '우리는 괜찮아요We Fill Fine' 서비스가 대표적이다(그림 1-2).

그림 1-2의 인터랙티브 그래픽은 개인의 공개 블로그에서 문장이나 표현을 긁어와 말풍선 안에 표시한다. 각각의 말풍선은 표현하는 감정에 따라 다른 색으로 표현된다. 전체를 보면 거품들이 아무렇게나 우주를 떠다니는 것 같지만, 좀 더 오랫동안 보면 거품이 뭉치는 현상을 볼 수 있다. 프로그램의 정렬, 구분 기능을 적용하면 아무렇게나 등장하는 것 같은 거품이 어떻게 연결되는지 볼 수 있다. 각 거품을 클릭하면 거품에 해당하는 문장을 볼 수 있다. 시적인 동시에 사실적이다.

> **참고**
>
> 저널리스트가 현실 사건을 설명하는 데 데이터를 어떻게 쓰는지 더 자세히 알고 싶다면 지프 맥기(Geoff McGhee)의 다큐멘터리 영상 '데이터 시대의 저널리즘(Journalism in the Age of Data)'을 보자. 최고의 사업가, 전문가의 인터뷰가 담겨 있다.

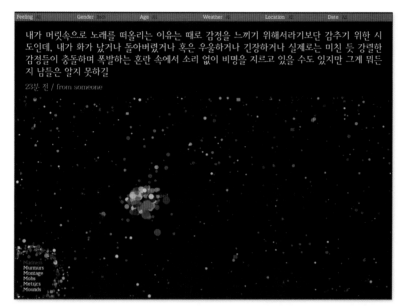

그림 1-2 조너선 해리스와 셉 캄바의 '우리는 괜찮아요'

사람들의 감정 표현을 인터랙티브하게 탐색하는 조너선 해리스와 셉 캄바의 라이브 온라인 작업 '우리는 괜찮아요'
http://wefeelfine.org

그 밖에도 많다. 골란 레빈^{Golan Levin}의 '덤프스터^{The Dumpster}'는 다른 사람을 인용한 블로그 글을 탐색해서 보여준다. 킴 아센도르프^{Kim Asendorf}의 '스메디치나^{Sumedicina}'는 주인공이 부패한 조직으로부터 탈출하는 소설을 글자 하나 없이 그래프와 차트로 전달한다. 미국의 경제 위기를 표현하는 안드레아 니콜라스 피셔^{Andreas Nicolas Fischer}의 조각 작품도 있다.

말인즉슨, 데이터와 시각화가 항상 냉정하고 굳건한 사실만은 아니라는 점을 강조하고 싶다. 때로는 분석적인 통찰이 아닐 수도 있다. 그보단 감정적인 시선, 감정적인 이야기 전달, 공감을 불러일으키는 데이터에 가까울 수도 있다. 비유하자면, 모든 영화가 사실을 전달하는 다큐멘터리일 이유가 없듯, 모든 시각화가 고전적인 차트와 그래프에 매일 필요도 없는 것이다.

플로잉데이터(FlowingData)에서 더 많은 데이터 아트의 예를 찾아보자.
http://datafl.ws/art

오락

시각화를 저널리즘과 예술의 양 극단 사이에서 찾아보면 오락^{entertainment} 목적의 그래픽을 찾을 수 있다. 큰 의미에서 보면, 스프레드시트와 쉼표로 구분된 텍스트 파일 외에 사진이나 상태 업데이트도 분명 데이터의 일종이다.

페이스북은 사용자의 상태 업데이트를 분석해서 그해의 가장 행복한 날을 찾아서 보여주고, 오케이큐피드^{OkCupid} 온라인 데이트 사이트는 사용자들이 입력한 인적사항을 분석해서 흔한 거짓말을 밝혀낸다(그림 1-3). 이런 분석이 사업이나 매출 증대, 시스템 보완에 직접적인 이득을 가져다주진 않는다. 그러나 이런 분석은 오락적인 요소 때문에 인터넷에서 불길처럼 뜨겁게 퍼져나가고, 우리 자신과 우리가 속한 사회의 진실을 약간이라도 밝혀내곤 한다.

페이스북이 찾은 가장 행복한 날은 추수감사절이고, 오케이큐피드는 사람들이 자신의 키를 약 2인치(6~7cm)가량 크게 과장한다는 사실을 밝혀냈다.

더 많은 온라인 데이트 사이트의 거짓, 이를테면 백인이 진정 원하는 것 또는 자칫 못생긴 사람으로 보이지 않으려 어떻게 노력하는지 오케이트렌드(OkTrends) 블로그에서 확인하자.
http://blog.okcupid.com

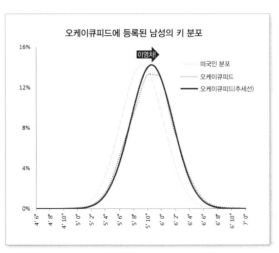

그림 1-3 오케이큐피드에 등록된 남성의 키 분포

설득

물론, 모든 이야기가 정보나 오락에만 국한되지도 않는다. 사람들에게 사태의 시급함을 알리거나 행동을 촉구하려는 목적으로 이뤄지는 이야기도 있다. 앨 고어^{Al Gore}가 '불편한 진실^{An Inconvenient Truth}'[1]에서 지구온난화를 설명하며 해수면 높이를 표현한 리프트를 보여준 장면을 누가 잊을 수 있겠는가?

내 생계수단에 대한 불편한 진실을 고백하자. 이 분야의 최고수는 한스 로슬링^{Hans Rosling}이다. 그만큼 이 일을 잘하는 사람이 없다. 한스 로슬링은 국제 보건학회 교수이자, 갭마인더^{Gapminder} 재단의 지도자다. 그는 국가별 빈곤 상황의 변화를 그림 1-4에 나오는 트렌달라이저^{Trendalyzer} 애니메이션으로 설명한다. 그의 강연은 전반부에서 데이터에 깊이 공감하도록 끌어들이고, 종국에 가선 모든 사람이 기립 박수를 보내게 만든다. 혹시라도 아직 그의 멋진 강연을 보지 않았다면 꼭 찾아보길 추천한다.

강연에서 한스 로슬링이 사용하는 시각화 자체는, 원 하나가 하나의 국가를 표시하며 그해 그 나라의 빈곤율에 따라 움직이는 꽤 기초적인 수준의 모션 차트^{motion chart}다. 그런데 그의 강연은 왜 그토록 널리 알려졌을까? 그 이유는 한스 로슬링의 확신에 찬 태도, 이야기를 전달하는 열정적인 태도에 있다. 차트와 그래프를 동반한 졸린 프리젠테이션이 얼마나 많던가. 한스 로슬링은 딱딱하게 딱딱한 데이터를 설명하지 않는다. 다만 자신의 이야기를 입증하기 위한 재료로서 데이터의 의미를 설명한다. 강연 말미에 가면, 한 편의 쇼와 같은 태도로 목표를 분명하게 이야기한다. 내가 한스 로슬링의 강연을 봤을 땐 그 데이터를 직접 구해서 확인해보고 싶어졌다. 그의 이야기에 나 역시 함께하고 싶은 감정을 숨길 수 없었다.

---

1   데이비스 구겐하임 감독, 앨 고어 주연의 다큐멘터리 영화 - 옮긴이

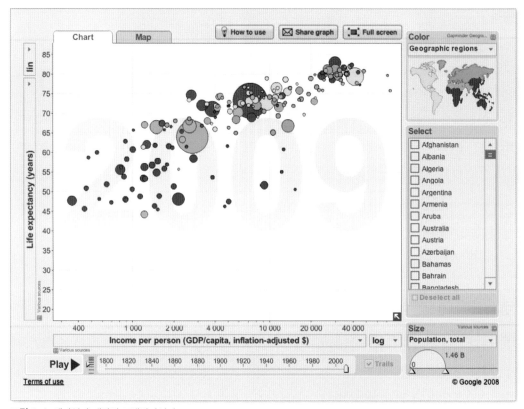

그림 1-4 갭마인더 재단의 트렌달라이저

한스 로슬링이 놀라운 데이터
프리젠테이션을 선보인다.
http://datafl.ws/hans

나중에 한스 로슬링과 같은 주제를 같은 데이터 시각화로 설명하는 갭마인더 강사의 강연을 보게 되었다. 솔직히 한스 로슬링의 강연만큼 흥미롭진 않았다. 데이터에 설득되지도 않았고, 딱히 흥미로울 여지도 없었다. 데이터 그 자체가 흥미로운 이야기를 만들진 않는다. 데이터를 어떻게 디자인해서 전달하는가에 달려 있다.

여기까지 이해했다면 꼭 짚고 넘어가야 할 사실이 있다. 시각화를 스토리텔링의 관점으로 본다 치고. 그렇다면 그 스토리는 무엇이 돼야 할까? 보고서인가, 소설인가, 행동을 촉구하는 연설문인가?

소설의 캐릭터를 만든다고 생각해보자. 이야기에 등장하는 모든 인물, 캐

릭터가 그러하듯, 모든 데이터에는 과거, 현재, 미래의 사건을 내포하고 있다. 각 데이터는 관계를 갖고 서로 영향을 주고받는다. 어떤 이야기를 찾아낼지는 당신의 몫이다. 장편소설을 탈고할 수 있는 노련한 작가가 되고 싶은가? 당연히, 문장 작법부터 배워야 한다. 로마도 하루아침에 이뤄지지 않았다.

목표

이야기, 스토리텔링. 오케이. 그렇다면 데이터로 어떤 이야기를 해야 하는가? 어떤 이야기일지는 데이터에 따라 다르다. 그러나 어떤 목적의 그래픽이든, 공통적으로 유념해야 할 두 가지가 있다. 패턴과 관계다.

패턴

모든 것은 시간에 따라 변해간다. 사람은 늙고, 머리카락은 하얗게 새고, 노안이 와서 시야가 침침해진다(그림 1-5). 가격도 변한다. 로고도 변한다. 사업체는 시작했다가 망하곤 한다. 어떤 변화는 너무 빨라서 알아차리지 못하는 반면, 또 어떤 변화는 너무 느려서 알아차리지 못한다.

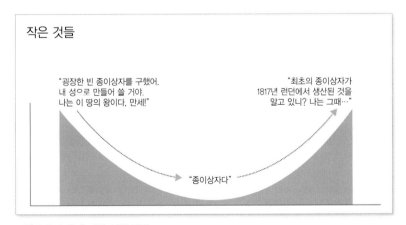

그림 1-5 늙음에 대한 어떤 관점

결과가 무엇이든, 변화는 그 자체로 흥미롭다. 시간에 따른 패턴 변화를 보자. 예를 들어 시간에 따른 주가 변동 데이터가 있다고 해보자. 주가는 올랐다가 떨어지지만, 하루에 얼마나 많이 변하는가? 한 주라면? 한 달이라면? 유난히 폭등한 시점이 있는가? 그 이유는 무엇인가? 어떤 외부 요인이 있었던가?

이처럼, 단 하나의 물음으로 시작해도 꼬리에 꼬리를 무는 물음이 이어진다. 단지 시간에 따른 변화량 데이터만 그런 것이 아니다. 모든 데이터가 그렇다. 데이터에 좀 더 탐색적으로 접근하면, 훨씬 흥미로운 답을 얻을 수 있다.

시간에 따른 데이터는 여러 방법으로 나눠볼 수 있다. 어떤 경우엔 시간 또는 하루 단위의 짧은 단위로 나누는 게 적합하다. 그림 1-6과 같은 사이트의 일별 전송량 그래프를 보면 울퉁불퉁하고 변화의 폭이 커서 높고 낮음이 분명하다.

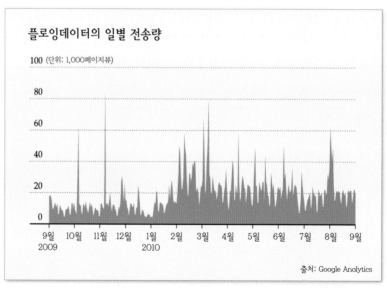

그림 1-6 플로잉데이터 사이트의 일별 방문자 수

이 데이터를 그림 1-7처럼 월 단위로 보면, 같은 그래프에서 같은 시간을 하나로 표시하기 때문에 변화의 폭이 줄어 상대적으로 매끈하게 보인다.

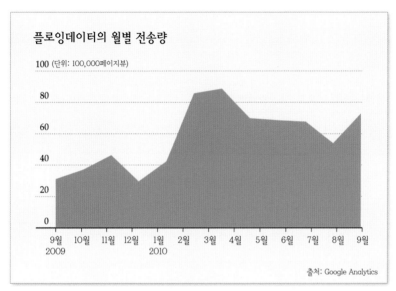

그림 1-7 플로잉데이터 사이트의 월별 방문자 수

둘 중 어느 그래프가 더 낫다는 의미는 아니다. 사실, 관점만 달리해서 본 같은 그래프가 서로 모순적일 수도 있다. 데이터를 나누는 구간은 얼마나 자세하게 알고 싶은지에 따라 다르다(나눌 필요가 없을 수도 있다).

또, 데이터의 이야기가 시간에 따른 패턴 변화에 국한되진 않는다. 집단, 개인, 사물에 대한 종합적인 패턴을 찾을 수도 있다. 자신이 먹고 마시는 것을 주 단위로 본다면? 대통령이 노조 파업기간 동안 했던 연설 문장을 모아본다면? 공화당이 우세한 주는? 이 경우 지리적인 영역에 따라 나눠본 패턴이 유용하다. 물음과 데이터의 유형은 다르지만, 접근 방법은 비슷하다. 다음 장에서 알아보자.

관계

아무렇게나 나열된 차트 무더기 그래픽을 본 적 있는지? 데드라인에 몰린 디자이너가 데이터에 대해선 생각할 틈도 없이 급하게, 중요한 무언가를 빠뜨리고 만든 것 같은, 그런 그래픽 말이다. 이런 경우 빠뜨린 중요한 무언가란, 대개 관계다.

통계는 일반적으로 상관관계correlation 또는 인과관계causation를 설명한다. 다양한 변수는 여러 방식과 차원에서 서로 연결되어 있다. 관계를 보여주는 자세한 방법에 대해서는 6장 '관계 시각화' 한 장 전체로 설명할 것이다.

> 세계 발전 보고서는 UNdata의 데이터로 세계의 발전 상황을 비교한 그래픽 형식의 리포트다. http://datafl.ws/12i에서 전체 내용을 확인하자.

복잡한 방정식과 가설/검증 과정을 빼고 짧게 살펴보자면, 그래픽은 값과 분포를 시각적으로 비교/대조할 수 있도록 디자인돼야 한다. 가장 단순한 예시로 그림 1-8의 '세계 발전 보고서World Progress Report'의 기술 분야 그래픽을 보자.

이 그래픽은 전 세계의 인구 100명당 인터넷 사용자, 인터넷 구독자, 광대역 통신망의 보급을 설명하고 있다. 인터넷 사용자 수치가 여타 수치에 비해 훨씬 폭넓게 분포한 점을 눈여겨보자.

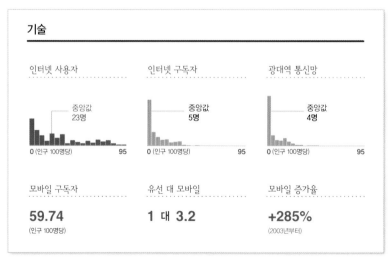

그림 1-8 세계의 기술 보급 현황

이런 그래프를 만드는 가장 쉽고 빠른 길은 소프트웨어에게 맡겨버리는 것이다. 그러나 그림 1-8의 그래프를 보면 인구 100명당 95명의 인터넷 구독자(또는 광대역 사용자) 수치에 해당하는 국가가 하나도 없음에도 똑같은 구간을 유지한 점을 볼 수 있다. 대부분의 소프트웨어는 값에 따라 그래프의 구간을 설정한다. 하지만 이처럼 비슷한 통계를 같은 범위로 모아보면 각 분포를 뚜렷하게 비교할 수 있다.

(양적, 질적으로) 풍부한 데이터를 갖게 됐다면, 각각의 독립적인 부분으로 쪼개서 살펴보기보단 연관관계에 따라 그룹으로 묶어보자. 훨씬 재미있는 답이 나올 수 있다.

데이터에 던지는 질문

데이터에서 스토리를 찾으려면 언제나 무엇을 찾고 있는지 스스로 질문할 수 있어야 한다. 꼭 명심하자. 숫자라고 해서 항상 진실을 정확하게 표현하는 것은 아니다.

이건 인정해야겠다. 나는 개인적으로 그래픽을 만드는 과정에서 가장 재미없는 부분이 데이터 확인이라고 생각한다. 누군가, 어떤 조직이, 혹은 서비스가 데이터를 던져줬다면, 그 데이터가 정확한지는 그들의 책임 아닐까. 하지만 훌륭한 그래프 디자이너는 반드시 데이터를 확인한다. 비유하자면, 명장이 건물을 지을 땐 엉성한 재료를 쓰지 않는다. 데이터 그래픽을 만들 때도 마찬가지다. 그래픽에 조잡한 데이터는 없어야 한다.

데이터 확인은 데이터 그래픽을 만들 때 아주, 어쩌면 가장 중요한 부분이다.

간혹 데이터로부터 찾은 사실이 완전히 의미가 없을 수도 있다. 데이터 입력 과정에서 오류가 있었거나, 아무 값이 없는 데이터가 들어 있을 수도, 입력하면서 일부를 빠뜨렸을 수도 있다. 데이터를 모으는 과정에서부터 연결 오류가 있었을 수도 있고, 무작위로 선정한 샘플 중에서 자칫 편중된 집단에 빠져버렸을 수도 있다. 어떤 경우이든, 미심쩍은 생각이 들면 무조건 원본을 확인해야 한다.

대개 데이터 제공자가 예상하는 정도라는 게 있다. 스스로 데이터를 수집했다면, 자기 자신에게 수집된 데이터가 말이 되는지 반문해보자. 한 지역의 수치가 90%인데 바로 옆의 다른 지역은 전부 10, 20%라면 이건 도대체 어떤 뜻일까?

많은 경우 비정상적인 수치는 웃고 지나칠 수 있는 애교 수준에 불과하다. 그러나 간혹 데이터의 이야기 핵심 주제에 오류가 있는 경우도 발생하곤 한다. 완전무결할 수는 없다. 오류가 있을 수는 있다. 다만 어떤 것이 오류인지 정도는 알고 있어야 한다.

디자인

데이터 정리가 끝났다면 그래픽을 만든다. 보고서에 쓸 것이든, 온라인에 공개할 정보 그래픽이든, 데이터 아트든, 그 어떤 것을 만들더라도, 기본적으로 따라야 할 규칙이 있다. 물론, 모든 규칙에는 예외 조항이 있다. 여기서 설명하는 규칙을 절대적으로 믿고 따라야 할 계명으로 여기기보단, 일종의 유연한 틀이라고 생각하는 편이 좋다. 데이터 그래픽의 초심자라면, 여기서 설명하는 규칙을 익힘으로써 좋은 출발을 할 수 있으리라 생각한다.

상징

모든 그래프 디자인은 비슷한 원칙 안에서 만들어진다. 데이터가 있다면 이를 원, 막대, 색상 등의 구분 상징으로 만들어 보여준다. 이 과정에서 보는 사람은 만든 사람이 사용한 상징을 해석한다. '여기서 원, 막대, 색상은 어떤 의미인가?' 하고.

윌리엄 클리블랜드[William Cleveland]와 로버트 맥길[Robert McGill]은 상징에 대한 상세한 논문을 발표했다. 어떤 상징은 다른 상징보다 널리, 그리고 쉽게 이해된다. 보는 사람이 한눈에 이해하지 못한다면 그 어떤 상징도 소용이 없다. 보는 사람이 상징을 해석할 수 없다면, 상징 체계를 만드는 데 들인 모든 시간이 무의미한 것이다.

참고
보편적으로 사용하는 모양과 색상의 상징에 대해 더 자세히 알고 싶다면, 클리블랜드와 맥길의 논문 'Graphical Perception and Graphical Methods for Analyzing Data'를 찾아보자.

데이터 아트와 인포그래픽에서 이런 식의 맥락이 부족한, 이해하기 힘든 그래픽을 비교적 쉽게 찾아볼 수 있다. 특히 데이터 아트에. 이런 그래픽의 라벨이나 범례는 엉망진창으로 엉킨 작업 내용에 묻혀 보이지도 않는다. 최소한, 짧은 설명문을 첨부해서 실마리를 제공하는 방법도 있다. 자신의 노력에 합당한 감사를 받아내는 데 확실히 도움이 된다.

예술이 아니라 실제 데이터 그래픽이 얻을 수 있는 최악의 결과는 보는 사람의 혼동, 혹은 몰이해일 것이다. 데이터를 직접 다뤄온 자신에게는 모든 것이 간명해 보이기 때문에 간과하기 쉽다. 자신이 쓰는 모든 것이 어떤 의미인지 분명히 알아야 한다. 당신이 분석하는 과정에서 깨닫게 된 어떤 의미와 상징은, 맥락 없이는 도무지 이해할 수 없을 가능성이 높다.

독자가 쉽게 해석할 수 있는 상징은 어떻게 만들어야 할까? 각 상징마다 라벨, 범례, 키워드 등으로 해설하라. 어떤 방법을 선택할지는 상황에 따라 다르다. 한 가지 예로 그림 1-9의 국가별 파이어폭스[Firefox] 인터넷 브라우저 사용량에 관한 그래픽을 보자.

나라마다 색상의 진하기가 다르다는 건 알겠지만, 도대체 무슨 뜻일까? 진한 파란색이 수치가 더 높다는 건가, 낮다는 건가? 색이 짙을수록 수치가 높다고 치면, 그 수치는 사용의 절대량이 많다는 뜻인가, 인구 비례로 많다는 뜻인가? 이렇게 보면 거의 아무 의미가 없다. 그러나 여기에 그림 1-10의 범례를 더하면 모든 것이 분명해진다. 게다가 사용자 비율의 분포를 표현한 막대 그래프를 색상 범례로 쓰기 때문에 일석이조의 효과를 얻었다.

그림 1-9 전 세계의 국가별 파이어폭스 사용량

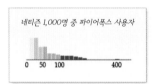

그림 1-10 파이어폭스 사용량 그래프의 범례

구분이 많지 않아 공간이 충분하다면 모양 하나하나마다 라벨을 붙여 설명하는 것도 괜찮은 방법이다. 그림 1-11은 오스카의 최고 배우상을 받은 배우들이 실제 수상 이전에 몇 번의 후보 지명을 받았는지 표시한 것이다.

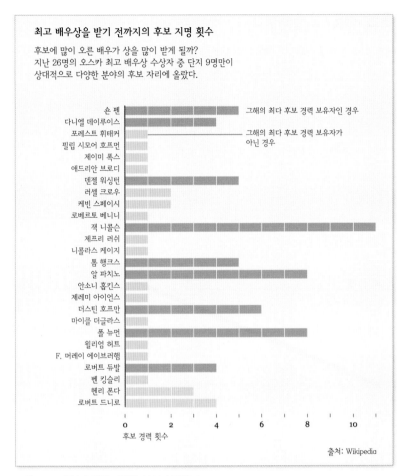

최고 배우상을 받기 전까지의 후보 지명 횟수

후보에 많이 오른 배우가 상을 많이 받게 될까?
지난 26명의 오스카 최고 배우상 수상자 중 단지 9명만이
상대적으로 다양한 분야의 후보 자리에 올랐다.

출처: Wikipedia

그림 1-11 대상에 직접 라벨을 붙여 설명했다.

인터넷을 떠도는 낭설 중, 최고 배우상은 그해의 후보 중 그때까지 가장 많이 후보에 올랐던 배우가 받게 된다는 가설이 있다. 라벨 설명처럼 그해의 최다 후보 경력 보유자가 상을 받은 경우는 짙은 오렌지 색, 그렇지 않은 경우는 옅은 색을 매겼다.

이렇듯, 방법은 얼마든지 있다. 쉽게 붙여넣을 수 있는 작은 차이가 그래픽 해석에 어마어마한 차이를 만든다.

축과 라벨

축^{axis}의 설명은 상징 설명의 연장선상에 있다. 축에도 반드시 라벨이 있어야 한다. 라벨이나 설명이 없는 축은 장식에 불과하다. 보는 사람이 한 점이 어느 정도 수치를 표시하는지 알려면 축에는 라벨이 꼭 필요하다. 로그 스케일인지, 단조 증가인지, 기하급수인지, 아니면 100번의 변기 이용마다인지? 개인적으로 라벨이 없는 축은 마지막으로 생각하며 본다.

이와 관련해서 내가 몇 년 전 플로잉데이터에서 열었던 콘테스트를 상기해봤다. 그림 1-12 같은 이미지를 올리고 사람들에게 가장 웃기는 라벨을 붙여보라 했다.

그림 1-12 당신의 라벨을 붙여주세요.

접수된 라벨은 60개에 달했다. 그림 1-13은 그중 일부에 해당한다.

이처럼, 같은 그래프를 보더라도 축 라벨의 사소한 차이가 완전히 다른 이야기를 만든다. 물론 이 콘테스트는 장난에 지나지 않는다. 그러나 심각한 그래프가 이렇다고 상상해보라. 라벨이 없으면 그래프는 의미가 없다.

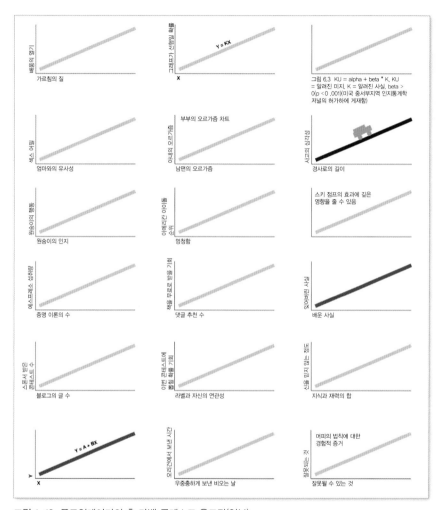

그림 1-13 플로잉데이터의 축 라벨 콘테스트 응모작(일부)

도형의 확인

그래픽 디자인은 기하학적인 도형으로 이뤄진다. 막대 그래프는 사각형 막대의 길이로, 점 그래프는 평면상의 점의 위치로 값을 표시한다. 일상적인 시간 차트도 마찬가지. 파이 차트는 항목별로 차지하는 각도로 전체의 합이 100%가 되는 각각의 값을 표시한다(그림 1-14). 일견 쉽게 여길 수 있는 사실이기 때문에, 오히려 쉽게 망치지 않도록 주의를 기울여야 할 부분이다. 주의를 기울이지 않는다면 얼마든지 망칠 수 있다. 이럴 때 사람들, 특히 인터넷의 관객들은 당신을 박살내는 데 일말의 주저도 없을 것이다.

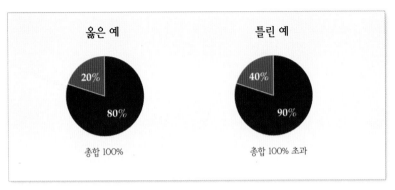

그림 1-14 파이 차트의 옳은 예와 틀린 예

또 한 가지 자주 볼 수 있는 실수는 디자이너가 2차원 도형으로 수치를 표시할 때 1차원 단위로 표현하는 일이다. 막대 그래프의 사각형은 2차원 도형이지만 그중 수치를 표시하는 부분은 1차원적인 양, 길이에 한정된다. 일반적인 막대 그래프에서 막대의 두께는 아무 의미를 담고 있지 않다. 그러나 버블 차트라면, 원의 면적이 값을 나타낸다. 초심자는 (면적으로 표현해야 하는 값을) 지름이나 반지름으로 표현해서 완전히 빗나가곤 한다.

우선 올바르게 면적으로 비교한 예시를 보자(그림 1-15).

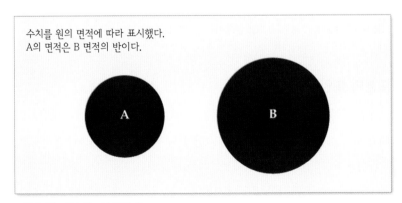

그림 1-15 버블 차트의 좋은 예

같은 표현을 반지름 기준으로 만들면 그림 1-16과 같이 된다. 반지름이 두 배인 원은 면적이 2배가 아니라 4배다.

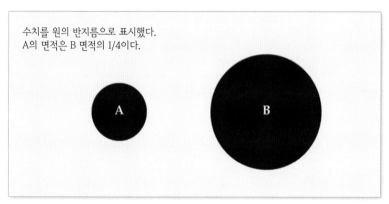

그림 1-16 버블 차트의 틀린 예

사각형, 특히 트리맵treemap**2**에서도 똑같다. 사각형도 길이, 폭, 두께가 아니라 면적으로 수치를 나타내야 한다.

출처의 표시

데이터가 어디에서 비롯하는지 표시해야 하는 건 설명할 필요도 없이 당연한 일이지만, 많은 사람이 이 당연한 사실을 놓쳐버리곤 한다. 도대체 이 데이터의 출처는 어디인가? 신문 기사의 그래프는 항상 데이터의 출처가 어딘가에 표시되어 있다. 보통 그래프 아래쪽에 짧은 설명줄로 붙는다. 이렇게 하라는 말이다. 근본 없는 데이터는 보는 사람으로 하여금 신뢰성에 의심을 품게 만든다.

그래픽의 데이터가 아무렇게나 만들어낸 자료가 아니라는 걸 설명해야 한다는 점에는 이견이 있을 수 없다. 물론 당신은 데이터를 꾸며내지 않겠지만, 다른 사람들은 알 도리가 없다. 출처를 표시하면 다른 사람이 사실 관계

---

2 정방형의 면적을 분류별 사각형 면적으로 표시하는 그래프(http://en.wikipedia.org/wiki/Treemapping) - 옮긴이

를 확인하고 자신의 분석을 해볼 수 있다. 그러니 출처 표시만큼 그래픽에 신뢰성을 더해주는 것도 없다.

때로는 출처가 맥락을 설명하기도 한다. 한 지역에서 실시한 느슨한 설문 조사와 전미 통계청에서 직접 방문을 통해 수집한 데이터의 신뢰 수준은 당연히 다를 수밖에 없다.

받아들이는 사람을 위한 배려

마지막으로, 항상 그래픽의 대상이 되는 사람의 입장에서 깊이 생각해야 한다. 슬라이드 프리젠테이션에 들어가는 차트 디자인은 무조건 단순해야 한다. 물론, 설명을 길게 쓸 방법은 얼마든지 있다. 하지만 그렇게 만들면 맨 앞 줄에 앉아 있는 사람들에게만 보일 것이다. 한편, 포스터라면 설명을 읽기 싫을 만치 길게 적는 일만큼 멍청한 실수가 없다.

사업 보고서를 만든다면? 사업 보고서에 들어가는 차트가 데이터 아트처럼 아름다워야 할 이유는 없다. 명백하고 직설적으로 요점을 설명하는 그래픽을 만들어야 한다. 분석을 위한 그래픽이라면? 자신만 보면 되는 그래픽이므로, 장식 요소나 주석은 필요치 않다. 일반 대중을 위한 그래픽이라면? 의문의 여지 없이, 너무 복잡하지 않아야 한다.

정리

줄여 말하면, 의문으로 시작해서, 날카로운 눈초리로 데이터를 조사하고, 그래픽의 대상이 되는 사람들의 입장에서 목적에 맞는 그래픽을 만들어야 한다. 이 점만 잊지 않는다면 그 어떤 그래픽을 만들어도 사람들이 볼 만한 가치가 있는 말끔한 그래픽을 만들 수 있을 것이다.

그래픽 만들기는 다음 장에서부터 설명한다. 다음 장에서 데이터를 다루고 시각화하는 방법을 알아보자. 그래픽 디자인을 어떻게 하는지 시작부터 끝까지 훑어본다. 그 다음 자신의 데이터를 어떻게 적용할 수 있는지 배우고, 자기 데이터의 이야기를 찾는 방법, 그에 따른 디자인을 알아본다.

데이터 다루기

어떤 데이터 시각화라도 디자인을 하려면 우선 데이터가 있어야 한다. 시각화를 흥미롭게 만들어주는 건 데이터다. 그래픽에 흥미로운 데이터가 없다면, 예쁘지만 아무 쓸모 없고 쉽게 잊혀버릴 그저 그런 그림 한 장에 불과하다. 좋은 데이터는 어디서 찾아야 할까? 어떻게 가져올 수 있을까?

어떤 방법으로든 일단 데이터를 갖게 됐다면, 이제 소프트웨어로 불러와야 한다. 그러기 위해 데이터를 소프트웨어가 해석할 수 있는 일정 형식에 맞춰줘야 한다. 쉼표로 구분된 텍스트 문서(CSV)나 엑셀 스프레드시트 문서를 XML 형태로 바꾸거나, 그 반대인 경우도 있다. 여러 인터넷 페이지에 걸쳐 있는 표를 전부 다 받아와야 할 수도 있다.

2장에서는 데이터를 가져오는 방법과 데이터를 다루는 방법을 배우고, 시각화 기술도 약간 설명한다.

데이터 수집 방법

모든 데이터 시각화의 핵심은 데이터다. 다행히도 데이터를 찾을 수 있는 곳은 많다. 그 분야의 전문가에게 의뢰할 수도 있고, 다양한 애플리케이션도 있으며, 스스로 찾을 수도 있다.

다른 사람에게 받기

일반적으로 데이터는 다른 사람이나 조직으로부터 받게 된다. 특히 프리랜서 디자이너, 대규모 조직의 그래픽 부서 직원일 경우 거의 모든 데이터를 이렇게 얻는다. 다른 사람이 복잡한 데이터 수집을 대신해준다는 점은 대개 큰 장점이라 할 수 있다. 그러나 조심해야 한다. 말끔한 스프레드시트 한 장으로 당신에게 전달되는 과정에 많은 실수가 있을 수 있다.

데이터를 스프레드시트 형태로 공유할 때 가장 일반적인 실수는 입력 실수다. 0이 빠져 있진 않은가? 클라이언트, 혹은 데이터 제공자가 5를 입력해야 하는 곳에 잘못 6을 입력하진 않았는가? 출력물을 엑셀 스프레드시트로 입력하는 경우도 있고, (스프레드시트 소프트웨어가 특정 형식 문서를 가져오지 못한다면) 다른 형식의 스프레드시트로 변환했을지도 모른다. 사소한 입력 실수는 아무 확인 없이 그대로 당신의 손에 떨어질 수 있다.

데이터의 맥락도 확인해야 한다. 그 분야의 전문가가 될 필요는 없지만, 데이터 출처는 어디고, 어떻게 수집됐으며, 무엇에 관한 것인지 정도는 알아야 한다. 데이터의 맥락을 알면 더 좋은 그래픽, 하나의 완결된 이야기로 뒷받침되는 그래픽을 만들 수 있다. 한 설문 결과를 앞에 두고 있다고 가정해 보자. 이 설문은 언제 이뤄졌는가? 누가 조사했는가? 설문 대상자는 누구인가? 1970년대에 있었던 설문이 최근의 설문과 그 의미가 다른 것은 당연하다.

데이터 찾기

다른 사람으로부터 데이터를 받을 수 없다면, 필요한 데이터를 찾는 일은 당신의 몫이다. 단점이라면 더 많은 일을 해야 한다는 것, 장점은 신뢰성을 보장할 수 있고 기계에 입력하기 편한(앞서 설명했듯이, 데이터를 소프트웨어에 불러와야 한다) 형태로 만들기 훨씬 쉬워졌다는 것이다. 데이터 탐색을 시작할 몇 가지 대표적인 사이트를 알아보자.

검색 엔진

요즘은 인터넷에서 무언가 찾으려 한다면 어떻게 하던가? 구글링한다. 이상하게 들리겠지만, 연관 검색만으로 쉽고 빠르게 찾을 수 있는 데이터를 어디서 어떻게 구했는지 질문하는 이메일이 나에게 얼마나 많이 오는지 알면 분명 놀랄 것이다. 개인적으로는 주로 구글이고, 간혹 연산식 검색 엔진인 울프람알파$^{\text{Wolfram|Alpha}}$를 쓴다.

> http://wolframalpha.com에서 울프람알파를 만나보자. 울프람알파 검색 엔진은 기초적인 통계 자료를 찾을 때 특히 유용하다.

직접 문의하기

'데이터'를 찾기 위한 인터넷 검색의 노고가 아무 소용이 없었다면, 데이터를 찾으려는 분야에 정통한 학자를 찾아보라. 자신의 연구에 썼던 데이터를 개인 웹사이트에 공개하는 사람도 많고, 자신의 논문이나 연구를 스캔해서 올려놓았을 수도 있다. 그들에게 이메일을 보낼 수도 있겠다. 단, 이메일을 보내기 전에 그들이 실제로 관련 연구를 했는지 확인하자. 그렇지 않으면 당신이나 상대 모두의 시간을 낭비하는 셈이다.

「뉴욕타임스」 같은 언론에 실려 있는 그래픽에서 데이터를 가져오는 방법도 있다. 데이터의 출처는 그래픽 어딘가에 작게 표시되어 있다. 그래픽에 없다면 기사에 설명이 있을 것이다. 글이나 인터넷에서 더 자세히 알고 싶은 데이터 그래픽을 봤을 때 특히 유용한 방법이다. 출처의 사이트를 찾아보면 대개 데이터를 구할 수 있다.

자신이 유수 언론사의 기자라면 이메일을 보내는 편이 좀 더 쉽게 일을 풀어가는 방법일 수도 있다. 어쨌든 시도해볼 가치는 있다.

대학

나는 대학원생 자격으로 간혹 학술적인 자료가 필요할 때 학교 도서관을 찾는다. 많은 도서관이 자료 수집과 자료 관리 기술에 열광적이며, 실제로 고가의 데이터 아카이브를 보유하고 있는 대학 도서관이 많다. 여러 대학의 통계학과가 데이터 파일의 목록을 갖고 있으며, 그중 많은 수가 일반에 공개되어 있다. 물론 그 데이터의 많은 부분이 수업이나 실습, 숙제에 필요한 것들에 그치곤 하지만 말이다. 다음 목록에 있는 장소를 추천한다.

- 데이터&스토리 라이브러리^{DASL, Data and Story Library}(http://lib.stat.cmu.edu/DASL/): 기본적인 통계 방법론을 설명하는 데이터 파일과 스토리 라이브러리. 카네기 멜론 대학

- 버클리 데이터 연구소^{Berkeley Data Lab}(http://sunsite3.berkeley.edu/wikis/datalab/): 버클리 캘리포니아 주립대학 도서관 시스템의 한 부분

- UCLA 통계 데이터셋^{UCLA Statistics Data Sets}(www.stat.ucla.edu/data/): UCLA 통계학부에서 연구 실습과 숙제에 활용하는 데이터

데이터 애플리케이션

일반적인 데이터를 가져오는 애플리케이션의 숫자는 갈수록 늘어나고 있다. 많은 애플리케이션은 무료로, 혹은 약간의 비용만 지불하고 방대한 데이터를 얻을 수 있도록 제공한다. 개발자가 API^{Application Programming Interface}로 데이터에 접근하도록 제공하기도 한다. 이런 애플리케이션은 트위터 같은 서비스로부터 데이터를 받아 사용자의 애플리케이션에서 활용할 수 있게 연결한다. 다음은 이런 애플리케이션의 목록이다.

- 프리베이스^{Freebase}(www.freebase.com): 사람, 장소, 사물에 대한 대부분의 데이터를 구할 수 있는 커뮤니티. 데이터의 위키피디아 같은 곳이지만, 좀 더 구조적이다. 필요한 데이터는 다운로드하거나, 자신의 애플리케이션에 연결해서 쓸 수 있다.

- 인포침스^{Infochimps}(http://infochimps.org): 유/무료 데이터를 거래하는 데

이터 마켓이다. 일부 데이터는 API로 가져올 수 있도록 제공한다.

- 넘브러리^{Numbrary}(http://numbrary.com): (주로 정부의) 웹에 있는 데이터의 목록을 제공한다.
- 어그데이터^{AggData}(http://aggdata.com): 또 다른 유/무료 데이터 마켓으로, 주로 지역 소매 데이터 목록으로 구할 수 있다.
- 아마존 공공 데이터^{Amazon Public Data Sets}(http://aws.amazon.com/publicdatasets): 크게 성장하진 못하고 있지만, 대규모 과학 데이터를 보유하고 있다.
- 위키피디아^{Wikipedia}(http://wikipedia.org): 커뮤니티 기반으로 운영되는 백과사전 시스템으로, 수많은 소규모 데이터가 HTML 표 형식으로 정리되어 있다.

주제별 보기

일반적인 데이터 제공자 외에, 주제에 특화된 데이터를 제공하는 사이트는 결코 적지 않다.

아래 목록에서 일부 주제에 관련한 데이터를 구할 수 있는 곳이 얼마나 있는지 맛보기로 알아보자.

지리학

지도 소프트웨어는 있는데 지도 데이터가 없다? 그만하면 운이 좋다. 다양한 모양, 혹은 지도 파일은 얼마든지 구할 수 있다.

- 타이거^{TIGER}(www.census.gov/geo/www/tiger/): 미국 통계청에서 제공한다. 구할 수 있는 자료 중에선 도로, 철도, 강과 우편번호를 가장 상세하게 표현하는 데이터일 것이다.
- 오픈스트리트맵^{OpenStreetMap}(www.openstreetmap.org/): 커뮤니티의 노력으로 만드는 데이터의 가장 좋은 예 중 하나
- 지오커먼스^{GeoCommons}(www.geocommons.com/): 데이터와 지도 소프트웨어를 모두 제공한다.

- 플리커 모양파일^{Flickr Shapefiles}(www.flickr.com/services/api/): 플리커 사용
자가 만든 지도 경계 자료

스포츠

사람들은 스포츠 통계를 좋아한다. 지난 수십 년간의 스포츠 데이터를
찾아볼 수 있다. 스포츠 관련 데이터는 「스포츠 일러스트레이티드<sup>Sports
Illustrated</sup>」나 팀의 사이트에서 찾을 수 있고, 분야별로 특화된 데이터를 제공
하는 사이트도 찾아볼 수 있다.

- 바스켓볼 레퍼런스^{Basketball Reference}(www.basketball-reference.com/): 자
세한 NBA 경기별 데이터를 제공한다.
- 베이스볼 데이터뱅크^{Baseball DataBank}(http://baseball-databank.org/): 무척
단순한 사이트로, 전체 데이터를 다운로드 받아볼 수 있다.
- 데이터베이스풋볼^{databaseFootball}(www.databasefootball.com/): NFL 미식축
구 경기 데이터를 팀, 선수, 시즌별로 찾아볼 수 있다.

세계

여러 유명한 국제 기구들이 세계의 데이터를 보유하고 있다. 주로 보건이
나 개발 진척도에 대한 자료가 많다. 데이터의 많은 부분이 비어 있기 때문
에, 치밀한 데이터를 구하기는 쉽지 않다. 국가별로 다양한 차이가 있어 표
준화된 데이터를 구하기도 어렵다.

- 글로벌 헬스 팩트^{Global Health Facts}(www.globalhealthfacts.org/): 전 세계의
국가별 보건 관련 데이터
- 유엔데이터^{UNdata}(http://data.un.org/): 다양한 출처로부터 전 세계의 데
이터를 종합해서 보유하고 있다.
- 국제보건기구^{WHO}(www.who.int/research/en/): 사망률, 기대 수명 등의 다
양한 보건 관련 데이터를 보유하고 있는 또 하나의 사이트
- OECD 통계^{OECD Statistics}(http://stats.oecd.org/): 경제 지표 데이터의 주
출처

- 세계은행^{World Bank}(http://data.worldbank.org/): 수백 가지 경제 지표 데이
  터를 보유하고 있으며, 개발자 친화적이다.

정부와 정치

최근 몇 년 사이에 데이터 투명성의 중요도가 강조되며 많은 정부 기관이
데이터를 제공하기 시작했고, 선라이트^{Sunlight} 재단 같은 단체도 디자이너
와 개발자를 동원하며 데이터 활용을 독려했다. 정부 데이터의 공개는 여
러 정부 기관이 개별적으로 진행해왔지만, Data.gov 서비스가 시작되자 모
든 데이터를 한 장소에서 찾아볼 수 있게 됐다. 그 외에도 여러 비정부 기관
의 웹사이트가 신뢰도 높은 정치적 데이터를 제공한다.

- 미국 통계청^{Census Bureau}(www.census.gov/): 다양한 데모그래픽을 찾아
  볼 수 있다.
- Data.gov(http://data.gov/): 정부 기관 데이터 제공 카탈로그 서비스. 상
  대적인 역사는 깊지 않지만, 다양한 데이터를 제공한다.
- Data.gov.uk(http://data.gov.uk/): 영국의 Data.gov
- DataSF(http://datasf.org): 샌프란시스코의 정책 데이터를 제공한다.
- NYC DataMine(http://nyc.gov/data/): DataSF처럼 뉴욕의 정책 데이터
  를 제공한다.
- 팔로우 더 머니^{Follow the Money}(www.followthemoney.org): 주 정책의 자금
  흐름에 관련된 다양한 데이터와 도구를 제공한다.
- 오픈시크릿^{OpenSecrets}(www.opensecrets.org/): 정부 지출과 로비 데이터
  를 제공한다.

데이터 긁어 모으기

앞에서 설명한 방법을 따라가면 원하는 데이터는 어떻게든 구할 수 있다.
단 한 가지 문제만 제외하고. 모든 데이터가 한 사이트, 파일 하나에 담겨
있진 않다. 오히려 데이터는 수십 장의 HTML 웹 문서와 몇 개의 웹사이트

참고

필요한 데이터를 가져올 수 있는 가장 유연한 방법은 자기 손으로 직접 입력하는 것이다. 그러나 Needlebase, Able2Extract PDF Converter 등의 보조 도구를 쓸 수도 있다. 이런 도구는 사용법이 무척 직관적이며, 시간을 많이 절약해준다.

에 걸쳐 있게 마련이다. 어떻게 해야 하나?

단순무식하게는 모든 웹페이지를 일일이 방문해서 원하는 데이터를 스프레드시트에 하나하나 입력하는 방법이 있다. 오랜 시간이 걸리겠지만, 찾아볼 페이지가 많지 않다면 딱히 문제될 것도 없다. 괜찮은 방법이다.

찾아봐야 할 페이지가 수천 개라면? 시간이 너무 오래 걸린다. 수백 페이지만 하더라도 힘든 작업이다. 이런 경우에 작업을 자동화할 수 있다면 훨씬 쉽다. 데이터를 자동으로 가져오는 이 과정을 데이터 스크래핑data scraping, 또는 데이터 크롤링data crawling(긁어오기)이라고 한다. 짧은 스크립트를 작성하면, 다량의 페이지를 자동으로 방문해서 데이터를 가져와 데이터베이스나 파일에 저장해준다.

예제: 웹사이트 스크랩

데이터 스크래핑을 익히는 가장 좋은 방법은 직접 만들어보는 것이다. 작년의 기온 기록을 찾고 있는데, 도시별로 숫자가 적혀 있는 적당한 표를 찾지 못했다고 해보자. 대부분의 일기예보 웹사이트를 가 보면 거의가 10일 가량의 예보에 적힌 기온만 표시하고 있을 뿐이다. 이런 형식의 데이터는 원하는 바가 아니다. 과거의 기온 기록을 찾고 싶은 것이지, 미래의 기온을 알고 싶은 게 아니기 때문이다.

웨더 언더그라운드
http://wunderground.com

다행히도 비슷한 데이터를 제공하는 웹사이트 웨더 언더그라운드Weather Underground가 있다. 그러나 웨더 언더그라운드의 데이터는 한 페이지에 하루의 기록뿐이다.

좀 더 들어가서 뉴욕 주 버펄로 시의 기온 데이터를 찾아보자. 웨더 언더그라운드 사이트로 가서, 검색창에 **BUF**를 입력해 검색한다. 검색 결과로 버펄로 나이아가라 국제공항 사이트로 이동할 것이다(그림 2-1 참조).

그림 2-1 뉴욕 주 버펄로 시의 기온 정보. 웨더 언더그라운드 제공

페이지의 위에서부터 현재 기온, 5일간의 예보, 그 밖의 오늘의 정보를 표
시한다. 페이지 중간까지 스크롤해 내려가면 History & Almanac 링크가
있다(그림 2-2). 특정 날짜의 기록을 보려면 드롭다운 메뉴로 선택한다.

그림 2-2 드롭다운 메뉴를 선택해서 과거의 기록 데이터를 찾아본다.

드롭다운 메뉴에서 2010년 10월 1일을 선택하고 View보기 버튼을 클릭한다. 선택한 날짜의 상세 자료를 볼 수 있는 새로운 페이지로 이동한다(그림 2-3 참조).

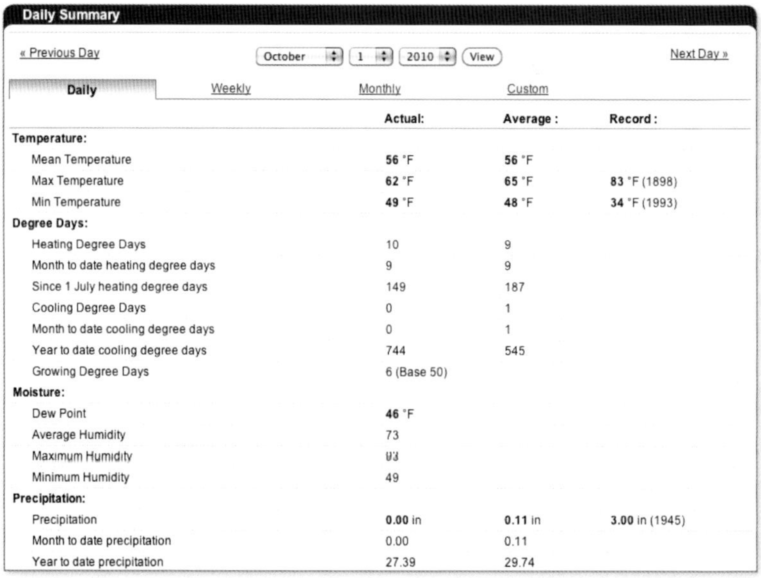

	Actual:	Average :	Record :
Temperature:			
Mean Temperature	**56** °F	**56** °F	
Max Temperature	**62** °F	**65** °F	**83** °F (1898)
Min Temperature	**49** °F	**48** °F	**34** °F (1993)
Degree Days:			
Heating Degree Days	10	9	
Month to date heating degree days	9	9	
Since 1 July heating degree days	149	187	
Cooling Degree Days	0	1	
Month to date cooling degree days	0	1	
Year to date cooling degree days	744	545	
Growing Degree Days	6 (Base 50)		
Moisture:			
Dew Point	**46** °F		
Average Humidity	73		
Maximum Humidity	93		
Minimum Humidity	49		
Precipitation:			
Precipitation	**0.00** in	**0.11** in	**3.00** in (1945)
Month to date precipitation	0.00	0.11	
Year to date precipitation	27.39	29.74	

그림 2-3 특정 날짜의 기온 데이터

온도, 습도, 강수량 등 다양한 데이터가 표시되어 있다. 이 중에서 지금은 표의 둘째 줄 둘째 칸에 적혀 있는 최고 기온Max Temperature만 살펴보자. 2010년 10월 1일 버펄로 시의 최고 기온은 화씨 62도였다.

값 하나를 찾기는 쉽다. 2009년 모든 날의 최고 기온은 어떻게 찾을 수 있을까? 쉽고 직관적인 방법은 드롭다운 메뉴를 일일이 선택해서 찾아보는 것이다. 365페이지만 받아보면 된다.

재미있을까? 그럴 리가. 약간의 프로그래밍과 노하우가 있으면 이 시간을 짧게 줄일 수 있다. 여기에 필요한 것이 파이썬Python 스크립트 언어, 그리고 레너드 리처드슨Leonard Richardson이 개발한 파이썬 라이브러리 뷰티플 수프Beautiful Soup다.

이제부터 잠시 동안 파이썬 프로그래밍을 맛보기로 하자. 프로그래밍 경험이 있다면 이 부분의 설명은 빨리 건너뛰어도 좋다. 프로그래밍 경험이 전혀 없다 하더라도 걱정할 필요는 없다. 단계별로 자세하게 설명할 테니까. 약간의 프로그래밍 기술만 갖추면 데이터 활용의 무한한 가능성을 가질 수 있다. 준비됐는가? 시작하자.

먼저, 컴퓨터에 필요한 소프트웨어가 설치되어 있어야 한다. 맥 OS X을 사용한다면 파이썬은 기본으로 설치되어 있다. 터미널Terminal 애플리케이션을 열고 **python**을 입력한다(그림 2-4 참조).

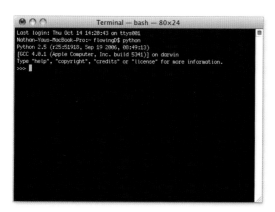

그림 2-4 OS X에서 파이썬 실행하기

윈도우 PC라면 파이썬 사이트에 가서, 사이트의 설명을 따라 파이썬을 다운로드 받아 설치한다.

> http://python.org 사이트를 찾아 파이썬을 다운로드하고 설치한다. 걱정할 필요 없다. 그다지 어렵지 않다.

다음으로 뷰티풀 수프를 다운로드 받는다. 뷰티풀 수프는 웹페이지를 쉽고 빠르게 읽도록 도와준다. 뷰티풀 수프의 파이썬 파일을, 프로그램 코드를 저장할 폴더에 복사한다. 파이썬의 작동 방식을 안다면 뷰티풀 수프를 라이브러리 경로에 설치할 수도 있다. 양쪽 모두 똑같이 작동한다.

> 뷰티풀 수프 라이브러리는 www.crummy.com/software/BeautifulSoup/에서 다운로드 받는다. 설치한 파이썬 버전의 최신 라이브러리를 다운로드 받자.

파이썬과 뷰티풀 수프를 전부 설치했다면, 텍스트/코드 편집기를 열고 코드를 작성한다. 코드 파일의 이름은 get-weather-data.py로 하자. 이제부터 본격적인 프로그래밍을 시작한다.

먼저 날씨 기록 페이지를 불러와야 한다. 버펄로 시의 2010년 10월 1일 날씨 기록 페이지의 웹페이지 주소 URL은 다음과 같다.

http://www.wunderground.com/history/airport/KBUF/2010/10/1/
DailyHistory.html?req_city=NA&req_state=NA&req_statename=NA

주소 중에서 .html 뒤의 모든 요소를 지워도 같은 페이지가 열린다. 일단은 지우자. 여기서는 신경 쓰지 않아도 좋다.

http://www.wunderground.com/history/airport/KBUF/2010/10/1/
DailyHistory.html

URL 주소는 날짜 /2010/10/1을 담고 있다. 2009년의 모든 기록을 받아올 것이므로, 드롭다운 메뉴를 선택해서 2009년 1월 1일을 선택해보자. 다음과 같은 URL로 표시되는 것을 볼 수 있다.

http://www.wunderground.com/history/airport/KBUF/2009/1/1/
DailyHistory.html

날짜에 해당하는 부분을 제외하면 2010년 10월 1일의 URL과 똑같다. 이 부분이 이젠 /2009/1/1이다. 드롭다운 메뉴를 선택하지 않고 2009년 1월 2일 페이지를 불러올 수 있을까? URL 주소의 날짜 부분을 다음과 같이 바꿔보자.

http://www.wunderground.com/history/airport/KBUF/2009/1/2/
DailyHistory.html

이 URL을 브라우저 주소창에 입력하면 2009년 1월 2일의 기록 페이지로 이동한다. 따라서 이젠 웨더 언더그라운드의 페이지 주소 URL을 바꿔가며 특정 날짜의 기록 페이지를 불러올 수 있다. 뒤에 쓰게 될 테니 잘 기억해두자.

이제 파이썬으로 웹페이지를 불러오는 방법을 알아보자. 파이썬으로 웹페이지를 불러올 땐 urllib2 라이브러리를 사용한다. 아래 코드로 urllib2를 가져온다.

```
import urllib2
```

urllib2의 urlopen 함수로 2009년 1월 1일의 페이지를 불러온다.

```
page = urllib2.urlopen("http://www.wunderground.com/
history/airport/KBUF/2009/1/1/DailyHistory.html")
```

urlopen 함수는 입력한 URL 주소의 HTML 문서를 가져온다. 이제 받아온 페이지에서 보고자 하는 그날의 최고 기온 기록을 뽑아내야 한다. 뷰티풀 수프 라이브러리를 쓰면 이 작업을 쉽게 할 수 있다. urllib2를 가져온 줄의 아래에 다음 코드를 적어넣어 뷰티풀 수프 라이브러리를 불러오자.

```
from BeautifulSoup import BeautifulSoup
```

그리고 페이지를 가져온 다음 줄의 코드는, 가져온 페이지를 뷰티풀 수프로 읽는다.

```
soup = BeautifulSoup(page)
```

자잘한 설명을 생략하고, 위 코드는 긴 HTML 문서를 읽어 헤더나 이미지 같은 각각의 페이지 원소를 작업하기 편하도록 분류해 저장한다.

예를 들어, 가져온 HTML 문서의 이미지 파일을 전부 가져오려면 이렇게 한다.

```
images = soup.fetch('img')
```

위 코드는 가져온 HTML 문서에서 <img /> 태그로 되어 있는 모든 줄을 목록으로 가져온다. 문서의 첫 번째 이미지를 가져오려면? 이렇게 한다.

```
first_image = images[0]
```

> **참고**
>
> 뷰티풀 수프 라이브러리는 직관적인 예제와 잘 정리된 문서를 제공한다. 여기서 설명하는 내용이 잘 이해되지 않으면, 라이브러리를 다운로드 받았던 뷰티풀 수프 웹사이트에서 설명을 찾아보길 권한다.

두 번째 이미지는? 위 코드의 0을 1로 바꾸면 된다. 첫 번째 <img /> 태그의 src 속성(이미지 파일의 주소)을 가져오려면 이렇게 한다.

```
src = first_image['src']
```

자, 그러나 여기서 필요한 건 이미지가 아니라 2009년 1월 1일 뉴욕 주 버펄로 시의 최고 기온이다. 숫자로는 화씨 26도다. 이 숫자를 찾는 방법은 이미지를 찾는 것보다 약간 복잡하지만, 여전히 같은 방법을 사용한다. 우선 무엇을 찾아야 할지, fetch() 함수에 입력해야 하므로 원본 HTML 문서의 소스를 보자.

파이어폭스 등 대부분의 브라우저에서는 쉽게 HTML 소스를 볼 수 있는 기능을 제공한다. View보기 메뉴로 가서 Page Source페이지 소스 메뉴를 선택한다. 그림 2-5와 같은, 현재 보고 있는 HTML 문서의 페이지 소스 창이 새로 열린다.

문서를 스크롤해서 내려보며 최고 기온 항목을 찾는다. 좀 더 빨리 찾고 싶다면 검색을 활용한다. 여기서 찾을 값이 화씨 26도이므로, 26으로 검색하면 빠르게 찾을 수 있다. 모든 문서에서 이 부분의 값을 추출해와야 한다.

이 부분은 nobr 클래스 속성을 가진 <span> 태그로 싸여 있다. 이것이 힌트다. 페이지에서 nobr 클래스의 모든 원소를 찾아보자.

```
nobrs = soup.fetch(attrs={"class":"nobr"})
```

앞에서 쓴 것과 같이, 위 코드는 nobr 클래스 속성에 해당하는 모든 태그 목록을 가져온다. 이 중 찾아야 할 데이터는 목록의 6번째에 있으므로, 아래와 같은 코드로 요소를 찾는다.

```
print nobrs[5]
```

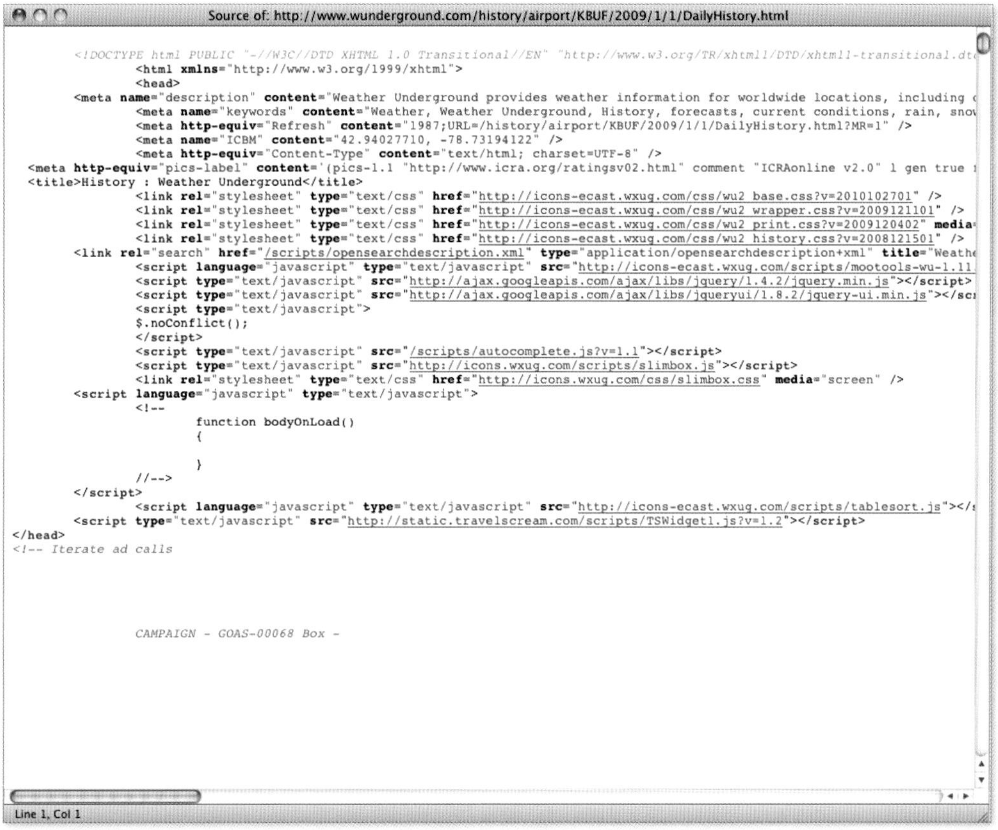

```
Source of: http://www.wunderground.com/history/airport/KBUF/2009/1/1/DailyHistory.html

        <!DOCTYPE html PUBLIC "-//W3C//DTD XHTML 1.0 Transitional//EN" "http://www.w3.org/TR/xhtml1/DTD/xhtml1-transitional.dt
                <html xmlns="http://www.w3.org/1999/xhtml">
                <head>
        <meta name="description" content="Weather Underground provides weather information for worldwide locations, including c
                <meta name="keywords" content="Weather, Weather Underground, History, forecasts, current conditions, rain, snow
                <meta http-equiv="Refresh" content="1987;URL=/history/airport/KBUF/2009/1/1/DailyHistory.html?MR=1" />
                <meta name="ICBM" content="42.94027710, -78.73194122" />
                <meta http-equiv="Content-Type" content="text/html; charset=UTF-8" />
  <meta http-equiv="pics-label" content='(pics-1.1 "http://www.icra.org/ratingsv02.html" comment "ICRAonline v2.0" l gen true r
  <title>History : Weather Underground</title>
                <link rel="stylesheet" type="text/css" href="http://icons-ecast.wxug.com/css/wu2_base.css?v=2010102701" />
                <link rel="stylesheet" type="text/css" href="http://icons-ecast.wxug.com/css/wu2_wrapper.css?v=2009121101" />
                <link rel="stylesheet" type="text/css" href="http://icons-ecast.wxug.com/css/wu2_print.css?v=2009120402" media=
                <link rel="stylesheet" type="text/css" href="http://icons-ecast.wxug.com/css/wu2_history.css?v=2008121501" />
        <link rel="search" href="/scripts/opensearchdescription.xml" type="application/opensearchdescription+xml" title="Weathe
                <script language="javascript" type="text/javascript" src="http://icons-ecast.wxug.com/scripts/mootools-wu-1.11
                <script type="text/javascript" src="http://ajax.googleapis.com/ajax/libs/jquery/1.4.2/jquery.min.js"></script>
                <script type="text/javascript" src="http://ajax.googleapis.com/ajax/libs/jqueryui/1.8.2/jquery-ui.min.js"></scr
                <script type="text/javascript">
                $.noConflict();
                </script>
                <script type="text/javascript" src="/scripts/autocomplete.js?v=1.1"></script>
                <script type="text/javascript" src="http://icons.wxug.com/scripts/slimbox.js"></script>
                <link rel="stylesheet" type="text/css" href="http://icons.wxug.com/css/slimbox.css" media="screen" />
        <script language="javascript" type="text/javascript">
                <!--
                        function bodyOnLoad()
                        {

                        }
                //-->
        </script>
                <script language="javascript" type="text/javascript" src="http://icons-ecast.wxug.com/scripts/tablesort.js"></s
        <script type="text/javascript" src="http://static.travelscream.com/scripts/TSWidget1.js?v=1.2"></script>
</head>
<!-- Iterate ad calls



                CAMPAIGN - GOAS-00068 Box -

Line 1, Col 1
```

그림 2-5 웨더 언더그라운드 날짜별 기록 페이지의 HTML 소스

여기까지 실행해보면 태그 전 영역을 출력한다. 그러나 이 중에서 가져올 값은 숫자 26뿐이다. nobr 클래스 속성을 가진 <span> 태그 안에 <span> 태그가 하나 더 있고, 그 안에 26 값이 있다. 따라서 다음 코드로 숫자 26을 가져온다.

```
dayTemp = nobrs[5].span.string
print dayTemp
```

짜잔! HTML 웹페이지에서 처음으로 값을 가져왔다. 이제 2009년의 모든 날짜 페이지를 가져와 보자. 2009년의 모든 날짜 페이지를 가져오기 위해

URL을 설정하는 부분으로 돌아간다.

http://www.wunderground.com/history/airport/KBUF/2009/1/1/
DailyHistory.html

앞의 설명에서 URL 주소를 바꿔서 각 날짜에 해당하는 페이지를 불러올
수 있었던 것을 떠올려보자. 위 URL은 2009년 1월 1일의 페이지를 가져온
다. 1월 2일의 데이터를 가져오려면 URL에서 날짜에 해당하는 부분만 수
정하면 된다. 2009년의 모든 날짜를 가져오려면, 1월부터 12월의 모든 달
을 순회하며, 다시 그 달의 모든 날짜를 순회해서 가져온다. 아래에 모든 코
드를 주석과 함께 적어봤다. 이 내용을 자신의 get-weather-data.py 파일
에 저장한다.[1]

```python
#! -*- coding: utf8 -*-
import urllib2
from BeautifulSoup import BeautifulSoup

# 데이터를 저장할 wunder-data.txt(쉼표로 구분된 데이터 파일)를 생성하고 연다.
f = open('wunder-data.txt', 'w')

# 매달의, 매 날짜를 순회하며 처리한다.
for m in range(1, 13):
    for d in range(1, 32):

        # 그 달에 없는 날짜가 아닌지 확인한다.
        if (m == 2 and d > 28):
            break
        elif (m in [4, 6, 9, 11] and d > 30):
            break

        # wunderground.com 페이지를 가져온다.
        timestamp = '2009' + str(m) + str(d)
        print '데이터를 가져올 날짜:  ' + timestamp
        url = "http://www.wunderground.com/history/airport/
KBUF/2009/" + str(m) + "/" + str(d) + "/DailyHistory.html"
```

---

1 코드에 한글을 쓰려면 스크립트에서 한글을 인식할 수 있도록 설정해줘야 한다. 파일의 맨 윗줄
   #! -*- coding: utf8 -*- 내용이 여기에 해당한다. – 옮긴이

```
        page = urllib2.urlopen(url)

        # 페이지에서 온도 데이터를 가져온다.
        soup = BeautifulSoup(page)
        # dayTemp = soup.body.nobr.b.string
        dayTemp = soup.fetch(attrs=
                {"class":"nobr"})[5].span.string

        # 월 번호를 출력용 타임스탬프로 변환한다.
        if len(str(m)) < 2:
            mStamp = '0' + str(m)
        else:
            mStamp = str(m)

        # 날짜 번호를 출력용 타임스탬프로 변환한다.
        if len(str(d)) < 2:
            dStamp = '0' + str(d)
        else:
            dStamp = str(d)

        # 출력용 타임스탬프를 생성한다.
        timestamp = '2009' + mStamp + dStamp

        # 파일에 날짜와 기온을 기록한다.
        f.write(timestamp + ',' + dayTemp + '\n')

    # 데이터 가져오기가 끝났다! 파일을 닫는다.
    f.close()
```

필요한 라이브러리를 가져오는 두 번째, 세 번째 줄은 눈에 익을 것이다.
urllib2와 BeautifulSoup 라이브러리를 가져온다.

```
import urllib2
from BeautifulSoup import BeautifulSoup
```

다음 줄은 open() 함수로 wunder-data.txt 파일을 쓰기 권한으로 연다.
앞으로 긁어오는 데이터는 이 텍스트 파일에 저장한다. 이 텍스트 파일은
스크립트 파일이 실행되는 위치에 저장된다.

```
# 데이터를 저장할 wunder-data.txt(쉼표로 구분된 데이터 파일)를 생성하고 연다.
f = open('wunder-data.txt', 'w')
```

다음 줄은 for 반복문으로, 프로그램적으로 각 월을 순회하며 처리한다. 월 번호 숫자는 m 변수를 사용한다. 반복문은 컴퓨터가 각 월마다 해당하는 날짜를 순회하게 한다. 날짜 번호 숫자는 d 변수를 쓴다.

```
# 매달의, 매 날짜를 순회하며 처리한다.
for m in range(1, 13):
    for d in range(1, 32):
```

날짜 범위를 (1, 32)로 지정했다. 이 말은 곧, 1일부터 31일까지 순회한다는 뜻이다. 그러나 매달의 날짜가 31일까지 있진 않다. 2월은 28일뿐이고, 4, 6, 9, 11월은 30일뿐이다. 4월 31일의 페이지를 요청하면 페이지를 찾을 수 없다는 응답이 돌아온다. 따라서 그 달에 맞는 날짜인지 확인해야 한다. 2월의 날짜를 순회하는 중에서 날짜가 29일 이상이면 반복을 중단break하고 다음 달로 넘어간다. 여러 해의 데이터를 받아오려면, 그중 윤년에 대한 추가 if 조건문을 만들어 쓴다.[2]

4, 6, 9, 11월에 대한 처리도 2월의 처리 방법과 비슷하다. 그 달의 30일을 넘어서면 반복을 중단하고 다음 달로 넘어간다.

```
# 그 달에 없는 날짜가 아닌지 확인한다.
if (m == 2 and d > 28):
    break
elif (m in [4, 6, 9, 11] and d > 30):
    break
```

그 뒤에 나오는 코드는 이제 익숙해 보여야 한다. 웨더 언더그라운드의 한 페이지를 불러올 때 썼던 코드와 유사하다. 주소 URL에서 반복 순회하는 달과 날짜 번호가 변수로 되어 있다는 점만 다르다. 날짜 부분이 변수로 되

---

2   더 간단한 방법이 있다. Calendar 객체로 반복하는 방법이다. http://docs.python.org/library/
     calendar.html 참조 – 옮긴이

어 있어, 매 반복문 순회마다 이 부분의 값이 바뀐다. 나머지는 하나의 페이지를 받아오는 부분과 똑같다. urllib2 라이브러리의 함수로 페이지를 받아오고, 뷰티풀 수프 라이브러리로 해석해서 그날의 최고 기온을 찾아 저장한다. 최고 기온은 nobr 클래스 태그 중 여섯 번째에 있다고 전제한다.

```
# wunderground.com 페이지를 가져온다.
timestamp = '2009' + str(m) + str(d)
print '데이터를 가져올 날짜:  ' + timestamp
url = "http://www.wunderground.com/history/airport/
 KBUF/2009/" + str(m) + "/" + str(d) + "/DailyHistory.html"
page = urllib2.urlopen(url)

# 페이지에서 온도 데이터를 가져온다.
soup = BeautifulSoup(page)
# dayTemp = soup.body.nobr.b.string
dayTemp = soup.fetch(attrs=
            {"class":"nobr"})[5].span.string
```

이어지는 부분은 연월일의 날짜 기록을 타임스탬프 문자열로 만들어 저장한다. 타임스탬프는 yyyymmdd의 형식으로 저장한다. 어떤 형식이든 마음대로 설정할 수 있겠지만, 여기서는 단순하게 만들도록 하자.

```
# 월 번호를 출력용 타임스탬프로 변환한다.
if len(str(m)) < 2:
    mStamp = '0' + str(m)
else:
    mStamp = str(m)

# 날짜 번호를 출력용 타임스탬프로 변환한다.
if len(str(d)) < 2:
    dStamp = '0' + str(d)
else:
    dStamp = str(d)

# 출력용 타임스탬프를 생성한다.
timestamp = '2009' + mStamp + dStamp
```

반복문의 마지막 코드는 write() 함수로 기온 데이터와 날짜의 타임스탬프를 wunder-data.txt 파일에 기록한다.

```
# 파일에 날짜와 기온을 기록한다.
f.write(timestamp + ',' + dayTemp + '\n')
```

모든 달, 모든 날짜에 대한 반복을 마치면 close() 함수로 종료한다.

```
# 데이터 가져오기가 끝났다! 파일을 닫는다.
f.close()
```

이제 남은 일은 코드 실행뿐이다. 터미널로 돌아가 아래와 같이 입력한다.

```
$ python get-weather-data.py
```

프로그램 실행은 시간이 꽤 걸린다. 인내심을 갖고 기다리자. 프로그램이 실행되면 2009년의 365개 페이지를 돌면서 받아온다. 실행이 끝나면 프로그램을 실행한 폴더에 wunder-data.txt 파일이 생성된다. 당신을 위한 데이터가 마련됐다. 파일을 열어보면 쉼표(,)로 구분된 목록을 볼 수 있다. 첫 열은 날짜, 두 번째 열은 온도 기록이다. 자신의 결과를 그림 2-6과 비교해보자.

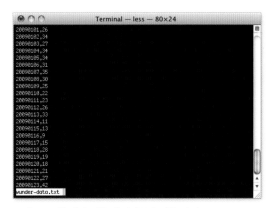

그림 2-6 한 해의 기온 데이터를 긁어온 결과

예제의 일반화

이번 예제에선 웨더 언더그라운드 사이트에서 날씨 데이터를 가져와 봤다. 여기서 알아본 과정은 다른 출처에서 다른 데이터를 가져오는 일반적인 경우로 확장해볼 수 있다. 데이터 스크래핑은 크게 세 과정으로 구성된다.

1. 패턴을 확인한다.
2. 필요한 내용을 반복해서 가져온다.
3. 가져온 데이터를 저장한다.

이번 예제에서 확인할 수 있는 패턴은 두 가지다. 하나는 웹페이지의 URL 주소 패턴이고, 다른 하나는 읽어온 페이지에서 필요한 기온 데이터를 가져올 때의 패턴이다. 2009년의 한 날짜 데이터를 받아보려면 URL에서 날짜 부분을 수정해서 적용하면 된다. 웹페이지 주소 URL에서 명백한 패턴을 찾을 수 없다면, 긁어올 모든 페이지를 찾아보며 URL에 적용할 수 있는 패턴이 있는지 확인한다. 사이트맵이 있는 경우도 있고, 검색 엔진으로 찾은 목록을 순회할 수도 있다. 어쨌거나 결과적으로는 순회해야 할 모든 페이지의 URL을 전부 알고 있어야 한다.

패턴을 알게 됐다면 이제 모든 페이지를 순회[iterate]한다. 즉 필요한 모든 페이지를 프로그램적으로 반복해 돌면서, 가져와서, 해석한다. 이번 예제에선 파이썬의 XML/HTML 해석을 도와주는 라이브러리 뷰티풀 수프를 썼다. 그 밖의 프로그래밍 언어에서도 뷰티풀 수프와 비슷한 XML/HTML 해석 라이브러리를 찾을 수 있을 것이다.

마지막으로, 가져온 데이터를 어딘가에 저장해야 한다. 가장 쉬운 저장 방법은 쉼표로 구분된 텍스트 파일로 저장하는 방법이지만, 데이터베이스가 있다면 데이터베이스에 저장해도 좋다.

웹페이지의 주소 URL이 아니라 자바스크립트[JavaScript]를 써야만 모든 데이터를 받아볼 수 있다고 하면 좀 더 복잡하지만, 전반적인 과정은 똑같다.

데이터 형식화

시각화 도구들은 저마다 다른 형식을 사용하고, 데이터의 구조는 하려는 이야기에 따라 달라진다. 따라서 데이터 구조가 유연할수록 더 폭넓은 가능성을 얻을 수 있다. 데이터 형식화formatting 프로그램과 약간의 프로그래밍 노하우를 동원해서 원하는 대로 데이터의 형식을 바꿔볼 수 있게 해보자.

이번에도 가장 편한 방법은 모든 데이터를 해석하고 구조화할 수 있는 프로그래머에게 맡기는 것이지만, 항상 남에게 맡길 순 없다. 반복과 탐색이 중요한 데이터 시각화 프로젝트의 초기 단계에선 특히 타인에게 설명하기 어렵다. 솔직히, 나 자신도 고용주의 입장이라면 데이터를 다룰 줄 아는 사람을 뽑지, 프로젝트마다 일일이 가르쳐줘야 할 사람을 뽑진 않을 것이다.

형식화에서 배웠다

내가 고등학교에서 처음 통계학을 배울 때 데이터는 흔히 깔끔한 사각형 표로 제공되곤 했다. 고등학생이었던 나는, 갖고 있는 데이터를 엑셀 스프레드시트나, 나의 보물 공학용 그래프 계산기(교실에서 열심히 공부하는 인상을 주면서, 실제로는 테트리스를 할 수 있는 가장 현명한 방법)에 몇 개의 숫자를 입력하면 그만이었다. 대학교 학부 과정에서도 마찬가지였다. 그때까지 나는 분석의 이론과 기술을 배우고 있었기 때문에, 가르치는 입장에서 처리 전의 날 데이터에 시간을 낭비하게 둘 필요가 없었다. 그렇기 때문에, 당시 나는 데이터가 언제나 정확한 형식에 잘 맞춰져 있을 것이라 생각했다.

그 시기의 환경이나 여건 등을 생각해보면 당연한 일이겠지만, 대학원에 들어가자 실생활의 데이터는 절대 필요한 형식으로 잘 정리되어 있지 않다는 사실을 깨달았다. 빠진 값도, 부적절한 라벨도, 철자 오류도, 맥락 없이 배치된 값도 많았다. 이렇게 어수선한 데이터를 하나의 아이디 혹은 식별자로 깔끔하게 정리한 하나의 표로 만들어야 했다.

데이터 시각화 작업을 처음 시작할 때도 마찬가지였다. 오히려 통계 분석을 적용하는 시간보다 갖고 있는 데이터를 다루는 시간이 훨씬 많았다. 문제는 복잡했다. 데이터 그래픽을 만드는 시간보다 데이터를 형식화하는 과정이 더 오래 걸리는 현실은 지금의 나에겐 너무도 당연한 일이다. 때로는 필요한 데이터를 모으는 데 시간이 더 오래 걸릴 때도 있다. 처음 듣기엔 이상하게 생각될지 모르겠지만, 깔끔하게 정리된 데이터를 갖고 있다면 데이터 그래픽을 만드는 일은 고등학교 시절의 통계 수업만큼이나 쉽다.

데이터를 하나의 깔끔한 형식으로 정리하기 위해선 다양한 데이터 형식을 알고, 다양한 형식을 다룰 수 있는 여러 도구를 갖춰야 하며, 데이터를 읽어 올 때 썼던 것과 비슷한 약간의 프로그래밍 기술을 알아야 한다. 이제부터 알아보자.

데이터 형식

대부분의 사람은 데이터를 엑셀로 작업한다. 엑셀 안에서 데이터 분석부터 시각화까지 전부 처리할 요량이라면 괜찮지만, 그 이상을 원한다면 엑셀 외의 데이터 형식에도 익숙해질 필요가 있다. 데이터 형식화의 목표는 데이터를 기계가 읽을 수 있게 만드는 데 있다. 다르게 말하자면 데이터를 컴퓨터가 이해할 수 있는 형식으로 만드는 것이다. 어떤 형식인지는 사용 목적과 시각화 도구에 따라 다르다. 여기서는 대부분의 경우에 적용할 수 있는 세 가지 형식을 알아보자. 그 세 가지 형식이란 구분 텍스트, JSON, XML 이다.

구분 텍스트

구분 텍스트delimited text는 흔하고도 널리 쓰이는 형식이다. 무엇보다, 바로 앞의 데이터 읽어오기 예제 역시 가져온 데이터를 구분 텍스트로 저장했다. 구분 텍스트란, 데이터의 줄바꿈으로 행을, 구분자로 열을 구분하는 텍스트 데이터를 말한다. CSVcomma separated values 파일은 쉼표로 구분하고, TSVtab seperated values라면 탭으로 구분한다. 구분자는 공백space, 세미콜론(;), 콜론(:), 슬래시(/), 그 어떤 것이라도 가능하다. 개행 쉼표와 탭 구분사가 가장 보편적으로 쓰인다.

구분 텍스트는 가장 널리 이용되는 형식으로, 엑셀이나 구글 문서를 포함한 대부분의 스프레드시트에서 불러올 수 있다. 반대로 스프레드시트의 데이터를 구분 텍스트로 저장할 수도 있다. 엑셀 작업 문서workbook에 여러 시트sheet가 있다면, 별도로 지정하지 않을 경우 여러 개의 구분 텍스트 문서로 저장된다.

구분 텍스트 형식은 여러 프로그램에서 공히 지원하기 때문에 데이터를 공유하고 싶을 때도 편리하다.

자바스크립트 객체 형식

JSON 형식의 설정을 좀 더 자세히 알고 싶다면 http://json.org 사이트를 방문해보자. JSON 형식의 모든 규칙을 다 알 필요는 없지만, 갖고 있는 JSON 데이터에서 이해할 수 없는 부분이 있을 때 사이트에서 적절한 설명을 찾을 수 있다.

자바스크립트 객체 형식JSON, JavaScript Object Notation은 주로 웹 API에서 사용한다. JSON 데이터는 기계와 인간 양쪽에서 읽을 수 있는 형식으로 이뤄진다. 물론 눈으로 어마어마하게 많은 데이터를 읽어야 한다면 복잡하고 어지럽긴 하겠지만, 어쨌든 읽을 수는 있다. 자바스크립트 객체 형식은 자바스크립트의 스크립트 언어 규정에 기반한 형식으로 이뤄진다. 그러나 자바스크립트에만 한정되는 형식은 아니다. JSON은 여러 복잡한 규정을 담고 있고, 보통은 기본 규정만 활용해서 만들어진다.

기본적으로 JSON은 키워드와 값으로 구성되고, 키-값 한 쌍key-value entry을 객체처럼 다룬다. JSON 데이터를 쉼표 구분 텍스트CSV로 전환하면 한 쌍의 키-값이 한 줄이 된다.

이 책의 뒤에서 더 자세히 설명하겠지만, JSON은 다양한 프로그램과 프로그래밍 언어, 라이브러리의 입력으로 쓸 수 있다. 웹용 데이터 그래픽 디자인을 만든다면 JSON 형식을 사용할 가능성이 높다.

확장 마크업 언어

확장 마크업 언어XML, eXtensible Markup Language 역시 웹과 API에서 일반적으로 쓰이는 형식이다. XML에도 여러 종류가 있고, 그중에도 다양한 규정이 있다. XML의 기본은 태그로 싸여 있는 텍스트 문서다. 예를 들어 RSSReally Simple Syndication 피드 문서는 플로잉데이터 같은 블로그를 구독할 때 쓰는 형식으로, 이 역시 XML이다(그림 2-7).

RSS 피드는 최근 발행된 아이템을 <item></item> 태그로 감싼 목록을 만든다. 각 아이템마다 제목title, 설명description, 글쓴이author, 발행날짜publish date 등의 속성 정보를 담고 있다.

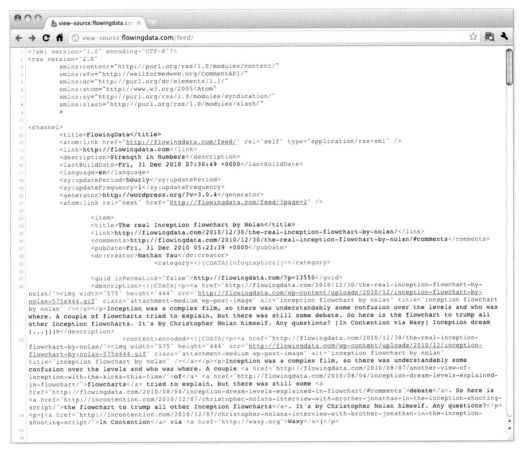

그림 2-7 RSS 피드 예시: 플로잉데이터의 RSS 피드

XML 데이터 해석은 뷰티플 수프 같은 파이썬 라이브러리를 활용해서 상
대적으로 편하게 할 수 있다. 이제부터 설명하는 내용을 보며 XML과 CSV,
JSON에 익숙해지자.

형식화 도구

몇 년 전만 해도 스크립트 언어는 데이터를 다루거나 형식화하는 데만 쓰
였다. 약간의 스크립트만 작성하면 논리적인 패턴을 알아차릴 수 있다. 자
신에게 있는 데이터를 처리할 스크립트를 새로 만들기는 그렇게까지 어렵

지 않지만, 어쨌거나 시간이 걸리는 일이다. 다행히도 오늘날엔 다뤄야 할 데이터의 양이 늘어나면서 지루하고 천편일률적인 데이터 형식화 작업을 도와주는 여러 데이터 형식화 도구가 개발되어 있다.

구글 리파인

구글 리파인^{Google Refine}은 프리베이스 그리드웍스^{Freebase Gridworks}에서 비롯했다. 그리드웍스는 최초의 공개 데이터 플랫폼인 프리베이스에서 만든 데이터 도구다. 이후 프리베이스가 구글에 인수되며 새로운 이름, 구글 리파인을 갖게 됐다. 구글 리파인은 그리드웍스 2.0을 기반으로 대부분의 기능에 쉽게 활용 가능한 사용자 인터페이스를 제공한다(그림 2-8).

구글 리파인은 데스크톱(의 브라우저)에서 실행할 수 있다. 이는 큰 장점이다. 공개되면 곤란한 데이터를 구글 서버에 올려야 할지 고민할 필요가 없기 때문이다. 모든 과정은 자신의 컴퓨터에서만 처리할 수 있다. 또, 구글 리파인은 오픈소스 프로젝트이기 때문에, 자신만 있다면 필요에 따라 도구를 수정해서 쓸 수도 있다.

구글 리파인을 열면 행과 열로 구성된 친숙한 스프레드시트를 볼 수 있다. 값에 따라 쉽게 정렬할 수 있고, 검색도 편하다. 데이터의 정합이 맞지 않는 부분을 찾아내거나 병합하는 일도 상대적으로 쉽게 할 수 있다.

예를 들어, 어떤 이유에서든 부엌에 있는 집기의 목록을 만들고 싶어졌다고 하자. 이 목록을 구글 리파인으로 불러오면 입력 오류 또는 분류 오류를 쉽게 찾아낼 수 있다. 포크^{fork}가 'frk'로 잘못 적혀 있을 수도 있고, 포크, 숟가락, 젓가락, 나이프를 수저라는 새 구분으로 묶고 싶을 수도 있다. 이런 경우 필요한 기능을 쉽게 찾아서 적용할 수 있다. 새로 적용한 변경이 마음에 들지 않거나, 실수가 있었다면 되돌아가기^{undo} 기능으로 쉽게 기존 데이터로 복구할 수도 있다.

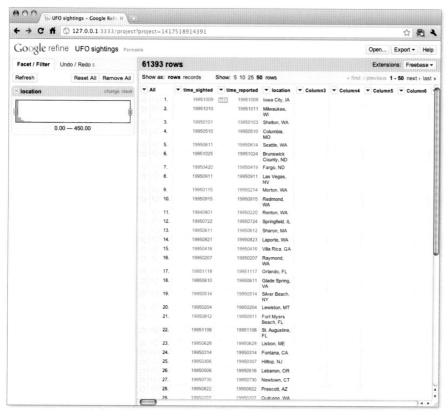

그림 2-8 구글 리파인의 사용자 인터페이스

더 고급 기능으로는 여러 출처의 데이터를 병합해서 활용할 수도 있다. 이를테면, 자신이 가진 데이터와 프리베이스에서 제공하는 데이터를 합쳐 더 풍부한 데이터를 만들어볼 수 있다.

구글 리파인은 활용도가 높은 무척 유용한 도구다. 강력하며, 오픈소스로서 무료로 다운로드 받아 사용할 수 있다. 따라서 적어도 이 도구를 한 번쯤은 경험해보길 강력히 권한다.

> 구글 리파인은 오픈소스다.
> http://code.google.com/p/
> google-refine에서 프로그램을
> 다운로드 받아보고, 튜토리얼을
> 따라 하며 사용법을 익혀보자.

Mr. Data Converter

간혹 엑셀로 갖고 있는 데이터를 다른 형식으로 변환해야 할 때가 있다. 웹용 데이터 그래픽을 만들 땐 거의 언제나 필요하다고 해도 좋다. 앞에서 엑셀의 스프레드시트를 CSV 형식으로 저장할 수 있다고 설명했지만, 다른 형식으로 저장해야 한다면 어떻게 할까? 이럴 때 Mr. Data Converter가 도움이 돼준다.

Mr. Data Converter는 「뉴욕타임스」의 그래픽 에디터 샨 카터Shan Carter가 만든 간단한 무료 데이터 형식 전환 도구다. 샨 카터는 웹에 적용하는 인터랙티브 데이터 그래픽을 오랫동안 만들어왔다. 그 자신이 데이터를 시각화 도구에 맞는 형식으로 전환할 일이 많았기 때문에, 당연하게 이 과정을 도와줄 수 있는 도구를 만들자는 결론을 내리게 됐다.

Mr. Data Converter는 사용하기 쉽다. 그림 2-9처럼 인터페이스가 무척 단순하다. 입력 화면에 엑셀에서 복사한 데이터를 입력하고 아래에서 출력 형식을 선택하면 된다. XML, JSON을 포함해 몇 가지 출력 형식을 지원한다.

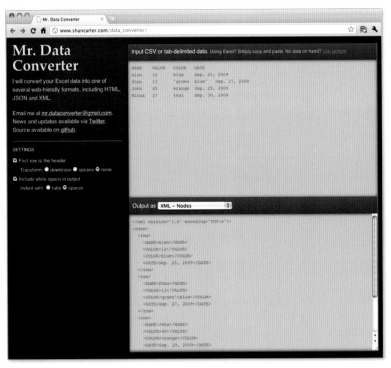

그림 2-9　Mr. Data Converter는 쉽게 데이터 형식을 전환할 수 있도록 돕는 도구다.

스스로의 필요에 따라 확장 기능을 만들고 싶다면, Mr. Data Converter의 소스코드를 받아서 자신만의 변환기를 만들어볼 수도 있다.

Mr. People

샨 카터의 Mr. Data Converter에서 영감을 받아 「뉴욕타임스」의 그래픽 국장 매튜 에릭슨Matthew Ericson은 Mr. People을 만들었다. Mr. People은 Mr. Data Converter처럼 입력창에 데이터를 복사해넣으면 이 데이터를 해석해서 추출한다. 특히, 그 이름에서 짐작할 수 있듯이 Mr. People은 사람 이름을 추출하는 기능이 강력하다.

별다른 형식 없이 이름이 길게 목록으로 들어 있는 데이터를 갖고 있을 수도 있다. 이때 목록에서 사람의 성과 이름, 중간 이니셜이나 앞뒤 구분자를 찾고 싶다거나, 한 줄에 여러 사람의 이름이 두서없이 섞여 있을 때 특히 Mr. People이 유용하다. 그림 2-10처럼 사람의 이름을 복사해넣으면 스프레드시트에 복사해넣을 수 있는 깔끔한 표를 얻을 수 있다(그림 2-11).

Mr. Data Converter와 마찬가지로 Mr. People도 깃허브github에서 다운로드 받을 수 있는 오픈소스 소프트웨어다.

Mr. Data Converter는 www. shancarter.com/data_converter/에서 실행하거나, 깃허브(https://github.com/shancarter/Mr-Data-Converter)에서 소스코드를 다운로드 받아 확인할 수 있다. 엑셀 스프레드시트를 웹에서 보편적으로 쓰는 형식으로 전환해보자.

Mr. People은 http://people.ericson.net/에서 다운로드 받을 수 있다. 혹은 깃허브(https://github.com/mericson/people)에서 루비(Ruby) 소스코드를 다운로드 받아 수정해 쓸 수도 있다.

그림 2-10 Mr. People의 이름 입력창

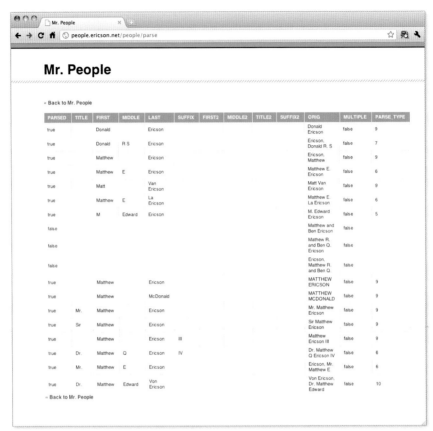

그림 2-11 Mr. People이 표로 정리한 이름 목록

스프레드시트

물론, 단순한 정렬이나 몇 개의 개별 데이터를 수정하는 정도로 충분하다면, 스프레드시트[3] 소프트웨어만으로도 충분하다. 수작업으로 데이터를 수정해도 괜찮다면 이 방법도 좋다. 그렇지 않다면, 몇 개의 샘플만 작업하며 패턴을 확인하고(대규모 데이터를 다루고 있다면 특히) 직접 프로그래밍하는 편이 낫다.

---

3 도표와 데이터 관리, 분석을 위한 소프트웨어 분류. 대표적으로 마이크로소프트 오피스의 엑셀(Excel), 오픈오피스(Open Office) 스프레드시트(SpreadSheet), 애플 iWork의 넘버스(Numbers)가 있다. - 옮긴이

프로그램으로 형식화하기

손으로 작업하는 방법도 통할 수는 있지만, 데이터가 너무 크면 소프트웨어에 적용할 수 없을 때도 있다. 소프트웨어가 다룰 수 있는 데이터에도 한계는 있다. 데이터의 크기가 너무 클 경우 속도가 느려지거나 멈춰버리곤 한다.

이럴 땐 어떻게 해야 할까? 두 손 들고 항복하는 방법도 있겠지만, 별로 생산적인 태도는 아니다. 그 대신 처리를 맡아줄 스크립트를 직접 만들어보자. 직접 코드를 작성할 수 있다면 데이터를 훨씬 유연하게 다룰 수 있고, 자신이 갖고 있는 데이터에 딱 맞는 처리를 할 수 있다.

지금부터 바로 예제 스크립트로 넘어가 몇 줄의 코드만으로 데이터 전환을 쉽게 할 수 있다는 사실을 확인해보자.

예제: 데이터 형식 변환

이번 예제는 파이썬을 사용하지만, 같은 동작을 실행할 수 있다면 자신에게 익숙한 어떤 프로그래밍 언어를 써도 좋다. 어떤 언어를 쓰더라도 실행 로직은 같다. 코드의 구문이 다를 뿐이다(개인적으로는 파이썬 개발을 좋아해서, 날데이터를 다룰 때 파이썬을 많이 활용한다).

앞의 데이터 긁어오기 예제의 결과, 뉴욕 주 버펄로 시의 2009년 최고 기온 기록을 저장한 wunder-data.txt 파일로 잠시 돌아가 보자. 파일의 첫 줄은 다음과 같이 시작한다.

```
20090101,26
20090102,34
20090103,27
20090104,34
20090105,34
20090106,31
20090107,35
20090108,30
20090109,25
...
```

지금의 형식은 CSV다. 같은 형식을 XML로 표현한다면 아래와 같다.

```
<weather_data>
    <observation>
        <date>20090101</date>
        <max_temperature>26</max_temperature>
    </observation>
    <observation>
        <date>20090102</date>
        <max_temperature>34</max_temperature>
    </observation>
    <observation>
        <date>20090103</date>
        <max_temperature>27</max_temperature>
    </observation>
    <observation>
        <date>20090104</date>
        <max_temperature>34</max_temperature>
    </observation>
    ...
</weather_data>
```

매일의 날씨는 <observation> 태그 안에 <date>와 <max_temperature> 태그로 담긴다.

앞에 나온 CSV 파일을 뒤에 나온 XML 형식으로 전환하기 위해 다음 코드 예제를 실행해보자.

```
import csv
reader = csv.reader(open('wunder-data.txt', 'r'), delimiter=",")
print '<weather_data>'

for row in reader:
    print '<observation>'
    print '<date>' + row[0] + '</date>'
    print '<max_temperature>' + row[1] + '</max_temperature>'
    print '</observation>'

print '</weather_data>'
```

첫 줄은 앞선 예제와 같이 필요한 모듈을 가져오는 부분이다. 여기서는
wunder-data.txt 파일을 읽기 위한 csv 모듈만 사용한다.

```
import csv
```

두 번째 줄은 wunder-data.txt 파일을 읽어 csv 모듈의 해석기 reader()
로 전달한다.

```
reader = csv.reader(open('wunder-data.txt', 'r'), delimiter=",")
```

구분자를 쉼표로 정의한 부분에 주목하자. 파일의 구분자가 탭이라면 '\t'
를 입력해서 구분자를 지정해준다.

다음으로 XML 파일의 첫 줄을 출력한다.

```
print '<weather_data>'
```

이 코드의 주요 기능은 데이터의 매 줄을 반복적으로 순회하며 해석해서
XML 형식으로 적어넣는 것이다. 이번 예제의 입력 값은 CSV 파일의 한 줄
이 XML의 한 항목에 해당한다.

```
for row in reader:
    print '<observation>'
    print '<date>' + row[0] + '</date>'
    print '<max_temperature>' + row[1] + '</max_temperature>'
    print '</observation>'
```

입력 파일은 0번의 날짜와 1번의 최고 기온, 두 개의 값으로 구분된다.

태그를 마무리하며 XML 변환을 종료한다.

```
print '</weather_data>'
```

이 예제 스크립트의 주요 기능은 두 가지로 나누어볼 수 있다. 우선, 입력
데이터를 읽어들인다. 다음으로 읽어들인 데이터의 한 줄마다 반복문을 순

회하면서 알맞은 형식으로 변환해서 출력한다. 역으로 XML을 CSV로 전환하는 방법도 마찬가지다. 아래 코드 예제를 보자. XML 파일을 해석하기 위한 해석용 라이브러리 모듈이 추가됐다는 점만 다르다.

```
from BeautifulSoup import BeautifulStoneSoup

f = open( 'wunder-data.xml', 'r')
xml = f.read()

soup = BeautifulStoneSoup(xml)
observations = soup.fetch('observation')
for o in observations:
    print o.date.string + ',' + o.max_temperature.string
```

얼핏 보면 코드가 다른 것 같아도 작동 방식은 똑같다. csv 라이브러리 모듈 대신 BeautifulSoup 라이브러리의 BeautifulStoneSoup 모듈을 가져왔다. 앞선 예제에서 HTML을 해석할 때 BeautifulSoup 모듈을 썼던 점을 떠올려보자. BeautifulStoneSoup은 더 일반적인 XML을 해석할 때 사용한다.

이어지는 open() 함수로 파일을 열어 내용을 xml 변수에 저장한다. 이 시점에서 내용은 변수에 문자열의 형태로 저장된다. xml 변수에 담긴 문자열을 해석하려면 이 문자열을 BeautifulStoneSoup 객체로 전달해서, 각각의 <observation> 아이템에 대해 반복 순회한다. 마지막으로, CSV 파일을 XML로 전환할 때와 마찬가지로 각 아이템을 이번엔 CSV 형식으로 출력한다.

위 코드를 실행하면 다음과 같은 결과를 확인할 수 있다.

```
20090101,26
20090102,34
20090103,27
20090104,34
...
```

좀 더 완벽을 기하기 위해, 다음 CSV 파일을 JSON으로 전환하는 코드도
확인해보자.

```
import csv
reader = csv.reader(open('wunder-data.txt', 'r'), delimiter=",")

print "{ observations: ["
rows_so_far = 0
for row in reader:

    rows_so_far += 1

    print '{'
    print '"date": ' + '"' + row[0] + '", '
    print '"temperature": ' + row[1]

    if rows_so_far < 365:
        print " },"
    else:
        print " }"

print "] }"
```

어떤 기능인지 전체 코드를 훑어보자. 다시 한 번, 출력 형식만 다를 뿐 똑
같은 루틴의 반복임을 알 수 있다. 결과로 출력되는 JSON 형식 데이터는
다음과 같다.

```
{
    "observations": [
        {
            "date": "20090101",
            "temperature": 26
        },
        {
            "date": "20090102",
            "temperature": 34
        },
        ...
    ]
}
```

날짜와 기온 데이터를 담고 있는 똑같은 내용의 데이터다. 컴퓨터는 그저 다양성을 사랑한다.

for 반복문 내부 구성

마지막 코드, CSV 파일을 JSON 형식으로 변환하는 코드를 보면 for 반복문 안에 if-else 조건문이 들어 있음을 볼 수 있다. 이 조건문은 반복할 때 위치가 데이터의 마지막인지 확인해서 마지막 줄에 다르게 적용한다. 그렇지 않으면 마지막으로 인식하지 않는다. JSON 양식의 규칙 중 하나다. 여기에 대해선 따로 자세하게 알아보자.

반복문 안에 조건문 if를 추가해서 그날의 최고 기온이 경계값^{threshold}을 넘었다면 1을, 넘지 않았다면 0을 추가할 수 있다. 또는 값이 없는 날짜를 따로 분류해서 표시할 수도 있다.

사실, 단순한 경계값 확인 이상이 가능하다. 평균값의 변화나 전날과의 차이를 한 값으로 추가할 수 있다. 반복문 안에서 추가할 수 있는 속성은 다양하다. 단순한 변경부터 고급 분석까지 너무도 많은 방법이 있기 때문에 여기서 전부 설명하진 않는다. 간단한 예제 하나만 살펴보자.

원본 CSV 파일 wunder-data.txt로 돌아가서, 그날의 최고 기온이 영상인지 영하인지 알아보자. 최고 기온이 물의 어는점 이상, 즉 영상의 기온이면 0을, 0도 이하이면 1을 새로운 속성으로 추가한다.

```
import csv
reader = csv.reader(open('wunder-data.txt', 'r'), delimiter=",")
for row in reader:
    if int(row[1]) <= 32:
        is_freezing = '1'
    else:
        is_freezing = '0'

    print row[0] + "," + row[1] + "," + is_freezing
```

CSV 파일을 파이썬으로 읽어들여 각 줄마다 반복하며 처리하는 부분은 앞선 예제와 같다. 이때 반복 안에서 기온을 확인해서 새로운 속성으로 추가한다.

물론 아주 쉬운 예시지만, 형식화나 데이터 속성 추가 방법을 쉽게 알아볼 수 있을 것이다. 가져오기, 반복하기, 처리하기의 세 단계를 기억하며, 추가 기능을 덧붙여보자.

정리

2장에서는 데이터를 가져오는 방법과 가져온 데이터를 다루는 방법에 대해 알아봤다. 이 부분은 시각화를 만드는 과정에서 무척 중요한 단계다. 데이터 그래픽이 흥미로운 이유는 기본적으로 데이터 그래픽이 담고 있는 데이터 때문이다. 어떤 식으로 그래픽을 입히더라도 결국 바탕이 되는 재료는 데이터(혹은 분석의 결과)다. 이제 데이터를 구할 수 있는 곳과 데이터를 구하는 방법을 알게 됐으므로, 큰 진보를 이룬 셈이다.

이번 장에서는 또 한 가지, 프로그래밍을 맛보기로 알아봤다. 데이터를 웹 사이트에서 긁어왔고, 데이터의 형식을 변환하고, 재배치했다. 여기서 살펴본 프로그래밍 방법은 앞으로 설명할 내용을 따라갈 때 유용하게 활용할 수 있을 것이다. 이번 장에서는 파이썬으로 설명했지만, 중요한 것은 코드가 아니라 기능의 로직이다. 루비 Ruby, 펄 Perl, PHP 등의 언어로도 똑같은 로직을 쉽게 만들어볼 수 있다. 프로그래밍 언어는 달라도 작동 로직은 같다. 한 가지 프로그래밍 언어를 배웠으므로(이미 프로그래머였던 것이 아니라면. 프로그래머는 이 장을 건너뛰어도 된다고 이야기했다), 다른 언어를 배우기는 훨씬 쉽다.

항상 코드를 만들어야 하는 건 아니다. 소프트웨어를 구해서 클릭 몇 번, 드래그나 복사 붙여넣기로 쉽게 작업하는 방법도 있다. 다른 사람이 만든 소프트웨어를 쓸 수 있다면, 그 장점을 충분히 활용해야 한다. 무엇보다, 쓸 수 있는 도구가 다양할수록 도중에 멈칫거릴 확률이 적다.

자, 이제 데이터를 갖게 됐다. 데이터 그래픽을 만들어보자.

## 3장

도구의 선택

앞 장에서 데이터를 찾을 수 있는 곳과 데이터를 원하는 형태로 얻어내는 방법을 알아봤다. 데이터를 가졌으므로, 이제 시각화를 시작할 준비가 된 셈이다. 이 시점에 다다른 사람들이 공통적으로 하는 질문이 있다. "이 데이터로 시각화를 만들려면 어떤 소프트웨어를 쓰는 게 좋을까요?"

다행히도, 다양한 선택이 가능하다. 어떤 소프트웨어는 마우스 클릭 몇 번으로 끝날 만큼 쉽다. 또 데이터 그래픽 용도로 만들어지지 않은 일부 소프트웨어는 약간의 프로그래밍이 필요할 수도 있다. 그러나 어렵고 복잡하다고 포기할 필요는 없다. 이번 장에서 다양한 도구와 그 활용법을 알아보자.

더 많은 도구의 활용법과 장단점을 잘 알고 있을수록, 데이터 시각화 과정에서 벽에 부딪힐 확률도 줄어들고, 실제 결과 그래픽도 꿈꾸었던 이상에 더 가깝게 만들 수 있다.

종합세트 시각화 도구

초심자에게 가장 쉬운 선택은 (모든 일반적인 기능과 도구를 내장한) 종합세트 소프트웨어다. 데이터를 복사하거나 CSV를 그대로 가져오면 준비가 끝난다. 그래프는 클릭 몇 번으로 만들 수 있다. 만들어진 그래프를 수정하고 싶으면 몇 가지 옵션을 선택하면 그만이다.

종류

종합세트 도구는 디자인 목적에 따라서 몇 가지 종류가 있다. 마이크로소프트 엑셀, 구글 스프레드시트처럼 기본적인 데이터 관리와 그래프 작성을 위해 만들어진 도구가 있는가 하면, 분석과 시각적인 데이터 탐색을 목표로 만들어진 도구도 있다.

마이크로소프트 엑셀

엑셀은 누구나 알고 있다. 그림 3-1 같은 아주 익숙한 스프레드시트에 데이터를 입력해서 쓴다.

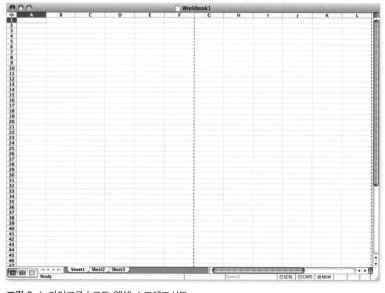

그림 3-1 마이크로소프트 엑셀 스프레드시트

데이터를 입력하면 메뉴의 그래프graph를 클릭해 손쉽게 원하는 차트를 만들 수 있다. 막대 그래프, 선 그래프, 파이 차트, 스캐터플롯 등 널리 쓰이는 표준 차트 종류가 대부분 제공된다(그림 3-2).

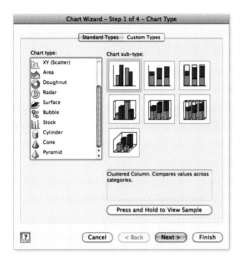

그림 3-2 마이크로소프트 엑셀의 차트 옵션

엑셀을 비웃는 사람도 있지만, 어떤 작업이든 그리 나쁜 선택은 아니다. 개인적으로도 일반에 공개할 심도 있는 분석이나 그래픽이 필요할 땐 엑셀을 쓰지 않지만, 엑셀 파일에 담긴 작은 데이터를 갖게 됐을 때(자주 있는 일이다), 데이터를 빨리 이해하고 싶을 땐 확실하다. 몇 번의 클릭만으로 순식간에 그래프를 만들 수 있기 때문에 유명하다는 점을 간과할 수 없다.

그래프는 정말 재미있을 수 있다

내가 처음 만들었던 컴퓨터 그래픽은 어릴 적 과학 콘테스트 제출용으로 만들었던 마이크로소프트 엑셀의 그래프였다. 그때 나는 프로젝트 파트너와 함께 달팽이가 가장 빨리 움직일 수 있는 표면을 찾고 있었다. 나에게는 연구 활동의 첫걸음이 된 프로젝트였다. 누구나 이런 경험이 있으리라 생각한다.

그때에도 그래프 만들기를 재미있게 했던 것으로 기억한다. 기술을 익히기는 무척 어려웠지만(컴퓨터는 아직도 낯설다), 마지막 결과를 만들어냈을 땐 무척 기뻤다. 스프레드시트의 숫자를 입력하고, 그래프의 색상을 마음대로 바꾸는 일(무채색에서 밝은 노란색까지)은 매우 재미있었다.

엑셀의 쉬운 사용성이 도리어 엑셀을 중구난방으로 보이게 만들었지만, 괜찮다. 더 높은 수준의 데이터 그래픽을 만들고 싶다면 엑셀에 천착할 이유가 없다. 목적에 더 적합한 도구는 얼마든지 있다.

구글 스프레드시트

구글 스프레드시트는 마이크로소프트 엑셀의 클라우드[cloud1] 버전으로, 아주 익숙한 인터페이스를 보여준다(그림 3-3).

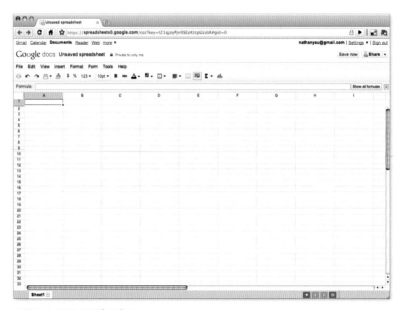

그림 3-3 구글 스프레드시트

구글 스프레드시트 역시 그림 3-4와 같이 표준 차트 기능을 제공한다.

구글 스프레드시트는 일부 엑셀보다 더 고차원적인 기능을 제공한다. 첫째, 구글 스프레드시트의 데이터는 구글 서버에 저장되기 때문에, 웹 브라우저가 설치된 어떤 컴퓨터에서도 접속해서 보고 수정할 수 있다. 구글 계정으로 접속하면 바로 쓸 수 있다. 쉽게 다른 사람과 공유해서 실시간으로 공동

> 구글 문서 http://docs.google.com에서 구글 스프레드시트를 직접 써보자.

1　네트워크로 연결된 컴퓨터 기능 집단 – 옮긴이

작업을 할 수도 있다. 가젯^{Gadget} 옵션으로 추가 차트 옵션을 선택할 수도 있다(그림 3-5).

그림 3-4 구글 스프레드시트의 차트 옵션

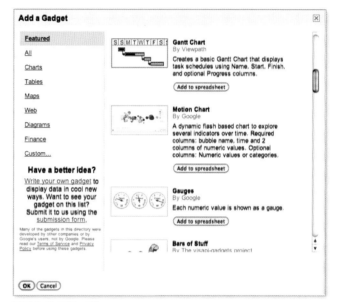

그림 3-5 구글 가젯

대부분의 가젯 기능은 쓸모가 없지만, 몇 가지는 무척 유용하다. (한스 로슬링 Hans Rosling처럼) 시계열 데이터로 움직이는 차트를 만들 수 있다. 구글 파이낸스$^{Google Finance}$처럼 인터랙티브 시계열 차트도 만들 수 있다(그림 3-6).

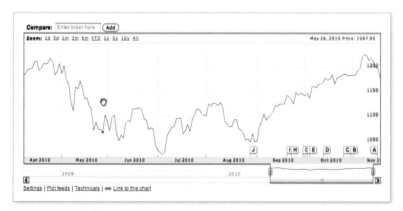

그림 3-6 구글 파이낸스

매니아이즈

IBM 비주얼 커뮤니케이션 연구실에서 진행 중인 프로젝트 매니아이즈^{Many} Eyes는 온라인 서비스로, 구분 텍스트 형태로 데이터를 업로드하면 그 데이터를 인터랙티브 시각화 도구로 살펴보도록 지원한다. 매니아이즈는 이름 그대로 대규모 데이터를 여러 사람이 함께 보기 위한 용도로 만들어졌다. 대규모 데이터를 여러 사람이 함께 찾아본다면, 혼자 살펴볼 때보다 더 나은 통찰과 더 빠른 탐색, 더 자세한 확인이 가능하지 않을까?

원래 목적처럼 집단의 데이터 분석 기능이 부각되진 않았지만, 개인에게는 여전히 유용하다. 선 그래프(그림 3-7), 스캐터플롯^{scatterplot}(그림 3-8) 같은 대부분의 고전적인 시각화 기능이 있다.

매니아이즈 시각화 기능 중에서도 가장 훌륭한 점은, 인터랙티브 기능과 몇 가지 사용자 옵션이 있다는 것이다. 스캐터플롯을 예로 들어보면, 점의 크기를 데이터를 나타내는 또 다른 차원으로 표현할 수도 있고, 보고 싶은 지점을 선택해서 개별 값을 찾아볼 수도 있다.

또, 매니아이즈는 기본적인 매핑 도구와 함께 다양한 고급 시각화와 실험적인 기능을 제공한다. 단어 트리^{word tree} 기능으로 텍스트(책 또는 신문 기사)의 전체 본문을 탐색할 수 있고, 단어나 구문을 선택하면 텍스트 전체에서 선택한 부분이 무엇과 함께 쓰였는지 알 수 있다. 그 예시가 그림 3-9로, 미국 헌법에서 **right**^{권리}로 찾은 결과를 보여준다.

또, 같은 데이터를 여러 도구를 바꿔가며 적용할 수 있다. 그림 3-10은 앞에서 썼던 미국 헌법 텍스트를 워들^{Wordle}(스타일 단어 클라우드^{stylized word cloud})로 나타내본 것이다. 많이 등장하는 단어일수록 크기가 크다.

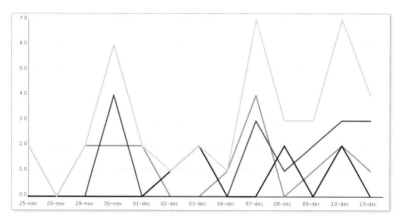

그림 3-7 매니아이즈의 선 그래프

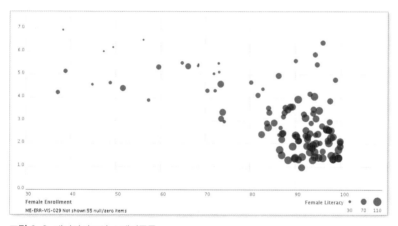

그림 3-8 매니아이즈의 스캐터플롯

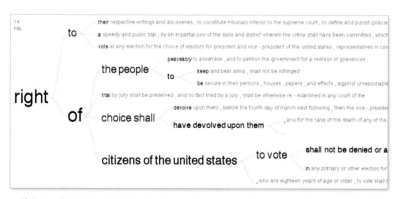

그림 3-9 매니아이즈의 단어 트리. 미국 헌법 부분을 보여준다.

그림 3-10 미국 헌법으로 만든 워들

이처럼, 매니아이즈는 데이터를 가지고 놀 수 있도록 다양한 옵션을 제공하는 가장 확장성이 뛰어난 무료 데이터 탐색 도구다. 그러나 몇 가지 제약이 있다. 첫째, 매니아이즈는 자바 애플릿 도구이기 때문에 자바를 설치하지 않으면 할 수 있는 기능이 거의 없다(대부분의 사람에겐 별 것 아닌 제약이지만, 어떤 이유에서든 프로그램 설치에 까다로운 사람들이 내 주변에도 있다).

또 다른 제약은 사용을 가로막을 정도로 훨씬 심각한데, 바로 매니아이즈에 업로드하는 모든 데이터는 공공에 공개된다는 점이다. 따라서 구매자 개인정보가 포함된 데이터나 영업기밀에 해당하는 재무 데이터를 다뤄야한다면 매니아이즈를 써선 안 된다.

> 매니아이즈에 자신의 데이터를 업로드해서 알아보자.
> http://many-eyes.com

타블로 소프트웨어

타블로Tableau 소프트는 윈도우에서만 실행할 수 있는 프로그램으로, 만들어진 지는 오래되지 않았지만 최근 몇 년간 급격히 유명해지고 있다. 타블로 소프트는 데이터 탐색과 시각적 분석을 주 목적으로 제작됐다. 타블로 소프트는 미학적인 측면, 특히 인터페이스 디자인에 많은 신경을 썼다는 점을 명백하게 보여준다. 많은 사람이 좋아하는 이유가 바로 여기에 있다.

타블로 소프트는 다양한 인터랙티브 시각화 도구와 훌륭한 데이터 관리 도구를 함께 제공한다. 엑셀의 데이터, 텍스트 파일, 데이터베이스로부터 데이터를 가져와서 쓸 수 있다. 그리고 일반적인 시계열 차트, 막대 그래프, 파이 차트, 기본 매핑 등 많은 그래픽 제작을 지원한다. 다양한 그래픽을 혼합하거나 비교할 수 있고, 동적인 데이터를 알림판 같은 자체 형식으로, 혹은 스냅샷으로 연결해서 보여주는 기능을 지원한다.

최근 타블로 소프트는 타블로 퍼블릭^{Tableau Public} 서비스를 출시했다. 타블로 퍼블릭은 타블로 소프트의 데스크톱 에디션 기능을 일부 지원하는 무료 도구다. 사용자는 타블로 퍼블릭에 데이터를 업로드해서 인터랙티브 화면을 만들어 자신의 웹사이트나 블로그에 쉽게 붙일 수 있다. 그러나 매니아이즈처럼, 타블로 퍼블릭에 업로드된 데이터는 모두 일반에 공개된다는 점을 유념하자.

> 타블로 소프트웨어의 웹사이트를 찾아보자.
> http://tableausoftware.com에서 모든 기능을 담고 있는 무료 시험버전을 다운로드 받을 수 있다.

타블로 소프트를 쓰고 싶지만 데이터를 공개하기 싫다면, 데스크톱 에디션을 구입하자. 책을 쓰는 지금 시점에 타블로 소프트의 가격은 개인용이 $999, 전문가용은 $1,999다.

YFD(your.flowingdata)

개인적인 데이터 수집의 열망은 나만의 애플리케이션을 만들게 했다. your.flowingdata^{YFD}가 그것이다. YFD는 온라인 애플리케이션으로, 트위터에서 데이터를 수집해 여러 인터랙티브 시각화 도구로 패턴과 관계를 찾아볼 수 있게 만들었다. 이 도구로 자신의 식습관이나 수면일기를 작성하는 사람도 있고, 자신의 습관을 파악하거나, 아기 사진의 스크랩북으로 쓰는 사람도 있다. 데이터 활용 방법은 다양하다.

> 자신의 트위터 데이터 컬렉션을 만들어보자.
> http://your.flowingdata.com

YFD는 개인적인 데이터를 다루기 위해 만들었지만, 많은 사람이 웹 활동성 추적이나 기차 운행시간 같은 좀 더 일반적인 경우의 데이터 수집에서 유용하게 쓴다.

장단점

지금까지 설명한 도구들은 쓰기 쉬운 만큼 단점도 명백하다. 단순한 조작법 대신 유연한 가능성을 포기해야 한다. 앞서 설명한 프로그램으로 만든 그래픽의 색상, 글자체, 제목을 바꾸는 기능은 제공하지만, 소프트웨어의 제약을 벗어날 순 없다. 원하는 차트 수정 옵션을 찾을 수 없으면 끝이다.

동전의 양면과 같다. 다양한 기능을 지원하는 소프트웨어는 엄청난 숫자의 버튼 활용법을 따로 배워야 한다. 개인적으로 (여기에는 없는) 한 프로그램을 내부 스터디에서 썼던 적이 있다. 시간에 맞출 수만 있다면 많은 역할을 해줄 것이 분명해 보였다. 그러나 작업을 처리하는 과정이 너무나 반직관적이어서 거들떠보기도 싫어졌다. 다른 데이터로 같은 작업을 반복하기도 어려웠다. 내가 따라온 메뉴와 과정을 전부 알아서 기억하고 있어야 했기 때문이다. 자신의 코드를 만들 요량이라면 꼭 명심하라. 다른 데이터에 대해 전에 썼던 코드를 그대로 가져와 입력만 바꿔 쓰면 편리하다.

오해는 없었으면 한다. 종합세트 소프트웨어를 피하라는 뜻이 아니다. 종합세트 소프트웨어를 쓰면 쉽고 빠르게 데이터를 탐색할 수 있다. 그러나 데이터 활용 방법이 늘어날수록, 소프트웨어의 지원 범위를 벗어나는 기능을 원하게 될 가능성이 높다. 이럴 때 필요한 게 프로그래밍이다.

프로그래밍

약간의 프로그래밍 기술만 있다면 데이터 활용 방안의 무한한 가능성이 열리고, 종합세트 소프트웨어에 집착할 이유가 없다. 몇 번을 강조해도 모자라다. 약간의 프로그래밍 기술은 다양한 형태의 데이터에 대한 유연한 적응 능력을 크게 높여준다.

종합세트 소프트웨어의 범주를 벗어나는 데이터 그래픽에 감명을 받은 적이 있는가? 직접 프로그램한 결과이거나 그리기 도구를 썼을 가능성이 높다. 대부분 양쪽을 다 활용한다. 그리기 도구는 바로 이 다음에서 알아보자.

초심자에게 프로그래밍 코드는 암호처럼 보일 것이다. 나도 그랬으니까. 프로그래밍을, 새로운 언어를 배우는 것과 마찬가지라고 생각해보자. 분명 그러하다. 코드 한 줄은 컴퓨터가 해야 할 일을 알려준다. 컴퓨터는 사람의 대화를 알아듣지 못하므로, 컴퓨터가 알아들을 수 있는 언어와 구문으로 대화를 전달해야 한다.

프로그래밍 언어도 다른 모든 언어와 같다. 곧바로 대화부터 시작할 순 없다. 기본부터 시작해서 자신의 방법을 찾아가야 한다. 자신도 알지 못하는 새 코딩을 하고 있을 것이다. 프로그래밍 로직은 비슷하기 때문에, 한 프로그래밍 언어를 배우면 다른 언어를 배우기는 상대적으로 훨씬 쉽다. 프로그래밍의 멋진 점이다.

종류

기름때 얼룩진 코드의 세계에 발을 들일 결심을 굳혔다면, 축하한다. 다양한 선택이 거의 무한히 열려 있다. 어떤 언어는 수행 성능이 타 언어보다 뚜렷하게 높고, 어떤 언어는 대규모 데이터를 다룰 수 있으며, 또 어떤 언어는 데이터 분석에는 약한 대신 시각화와 인터랙션에 강점이 있다. 프로그래밍 언어의 선택은 자신이 목표로 하는 데이터 그래픽이 무엇인가에 따라 좌우된다.

한 프로그래밍 언어를 잘 알게 될 때까지 그 언어만 고집하는 사람도 있다. 괜찮은 방법이다. 개인적으로는 프로그래밍 초보에게 이 전략을 추천한다. 기본기와 코드의 중요한 개념, 로직에 익숙해져야 한다.

자신의 목적에 맞는 프로그래밍 언어를 선택하자. 어쨌든 새로운 프로그래밍 언어, 새로운 데이터 조작 방법을 익히는 일은 즐거운 배움이다. 자신에게 가장 알맞은 대안을 선택하기에 앞서 다양한, 좋은 프로그래밍 경험을 쌓을 수 있어야 한다.

파이썬

파이썬은 앞 장에서 데이터를 다루는 예제에서 써봤다. 파이썬은 훌륭한 도구로 대규모 데이터를 무리 없이 다룰 수 있다. 바로 이 점 때문에 대용량 데이터, 큰 규모의 계산이 필요할 때 많이 사용된다.

파이썬은 또한 전문 프로그래머의 코드처럼 깔끔하고 읽기 쉬운 구문 형식을 지원하며, 그래프를 그릴 때 쓰는 graphic 모듈 등의 다양한 라이브러리 모듈을 지원하기 때문에 적은 코드만으로 많은 기능을 만들 수 있다(그림 3-11).

미학적인 관점에서 파이썬은 그다지 훌륭하진 않다. 파이썬으로 만든 그래픽을 바로 공개하기 꺼릴 공산이 크다. 파이썬으로 만든 결과는 대개 거친 마감을 보인다. 어쨌든 데이터 탐색 단계라면 파이썬이 괜찮은 시작점이다. 결과 이미지를 저장했다가 그래픽 수정 소프트웨어로 보정하고, 필요한 정보를 더해서 공개할 수도 있다.

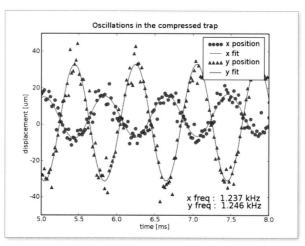

그림 3-11 파이썬으로 만든 그래프

파이썬 참고자료

- 파이썬 공식 사이트(http://python.org)
- NumPy와 SciPy(http://numpy.scipy.org): 과학 계산용 라이브러리

PHP

개인적으로 가장 먼저 배운 웹 프로그래밍 언어는 PHP다. PHP가 지저분하다고 하는 사람도 있지만(사실이다), 쉽게 정리할 수 있기도 하다. 대부분의 웹 서버는 PHP를 미리 설치해서 활용하고 있기 때문에 시작하기도 쉽다. 바로 뛰어들어 시작할 수 있다.

PHP 표준 설치에 포함된 GD 그래픽 라이브러리로 다양한 그래픽을 만들 수 있다. GD 라이브러리는 이미지를 처음부터 새로 만드는 기능과 수정 기능을 함께 제공한다. 또 차트와 그래프 제작을 지원하는 PHP 그래픽 라이브러리도 여러 가지가 있다. 그중 대표적인 것이 스파크라인Sparklines 그래프 라이브러리로, 그림 3-12처럼 작은 그래프를 만들어 텍스트나 그림처럼 문서에 끼워 넣는 기능을 제공한다.

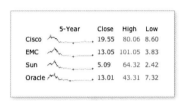

그림 3-12 스파크라인 PHP 그래프 라이브러리로 만든 그래프

PHP 참고자료

- PHP 공식 사이트(http://php.net)
- 스파크라인 PHP 그래프 라이브러리(http://sparkline.org)

프로세싱

프로세싱Processing은 디자이너와 데이터 아티스트 활용을 목적으로 만들어진 오픈소스 프로그래밍 언어다. 초기의 프로세싱은 그래픽을 빠르게 만들기 위한 스케치북Sketchbook 형식으로 시작했다. 그러나 시간이 지나며 많은 발전을 거쳤고, 다양한 고난이도 프로젝트가 프로세싱을 기반으로 작성됐다. 1장 '데이터 스토리텔링'에서 봤던 '우리는 괜찮아요' 프로젝트가 대표적인 예시다.

프로세싱의 가장 큰 장점은 준비와 실행이 빠르다는 점이다. 개발 환경도 작고 가벼우며, 몇 줄의 코드만으로 애니메이션과 인터랙티브 그래픽을 만들 수 있다. 처음부터 머릿속으로 구상한 이미지를 쉽게 만들어볼 수 있게 하려는 목적으로 만들어졌기 때문에, 기본 기능을 익히거나 고품질 작품을 만들기도 쉽다.

프로세싱은 본래 디자이너와 아티스트용으로 만들어졌지만, 시간이 흐르며 프로세싱 사용자 그룹에는 여러 그룹이 포함됐다. 다양한 라이브러리가 제공되어 많은 기능을 활용할 수 있다.

프로세싱의 단점은, 결과물이 자바 애플릿으로 만들어진다는 점이다. 자바 애플릿은 구동 환경에 따라 느려질 수 있고, 자바를 설치하지 않은 사람도 있다(대부분의 컴퓨터엔 자바가 설치되어 있다). 해결책은 있다. 최근 결과물을 자바 스크립트로 만들어주는 프로세싱 버전이 개발 버전에서 일반에 공개됐다.

프로세싱은 처음 시작하는 사람들에겐 좋은 출발이다. 프로그래밍 경험이 전혀 없는 사람들도 간편하게 작품을 만들어낼 수 있다.

프로세싱 참고자료

• 프로세싱 공식 사이트(http://processing.org)

플래시/액션스크립트

> **참고**
>
> 무료 제공되는 액션스크립트 라이브러리가 많긴 하지만, 플래시의 개발 환경(어도비 플래시/플래시 빌더 등)은 비싸다. 소프트웨어를 선택할 때 가격을 고려해봐야 한다.

웹에서 볼 수 있는 애니메이션이나 인터랙티브 데이터 그래픽은 플래시Flash와 액션스크립트ActionScript로 만들어진다. 특히 「뉴욕타임스」 같은 언론 사이트의 데이터 그래픽은 거의 전부 플래시와 액션스크립트다. 플래시의 직관적이고 쉬운 인터페이스로 그래픽 디자인만 할 수도 있지만, 액션스크립트를 활용하면 더 많은 조작과 인터랙션을 추가할 수 있다. 많은 수의 애플리케이션은 플래시 환경을 쓰지 않고 온전히 액션스크립트만으로 만들어진다. 플래시 환경을 활용하거나, 혹은 액션스크립트만 썼더라도 결과는 플래시 애플리케이션으로 만들어진다.

그림 3-13의 월마트 성장에 관한 인터랙티브 애니메이션 그래픽을 보자. 이 그래픽은 액션스크립트로 만들어졌다. 타일 기반으로 표시한 화면에서 사용자 입력을 받아 반응하는 모디스트맵Modest Maps 라이브러리를 썼다. 모디스트맵 라이브러리는 BSDBerkeley Software Distribution 라이선스로 제공된

다. 무료라는 뜻이다. 게다가 원하는 어디든 적용해볼 수 있다.[2]

그림 3-13 월마트의 성장을 표현하는 인터랙티브 애니메이션 그래픽. 액션스크립트로 제작됐다.

그림 3-14와 같은 인터랙티브 스택도 액션스크립트로 만들어졌다. 이 스택 카테고리는 구분별, 연도별 변화를 보여준다. UC 버클리에서 만든 플레어Flare 액션스크립트 라이브러리가 복잡한 구현을 많이 줄여줬다.

웹용 인터랙티브 그래픽을 만들려는 경우라면 플래시/액션스크립트가 훌륭한 선택이다. 플래시 애플리케이션은 상대적으로 빠르게 가져올 수 있고, 대부분의 사용자 컴퓨터엔 플래시 런타임이 설치되어 있다.

그러나 플래시 액션스크립트가 쉽게 시작할 수 있는 언어는 아니다. 구문이 복잡하진 않지만, 초심자에게는 제작 환경 만들기와 코드 구조화가 쉽지 않다. 프로세싱에서 했던 것처럼 몇 줄의 코드로 애플리케이션을 실행할 순 없다. 이 책의 뒷부분에선 몇 가지 기본 과정을 돌아보며 유용한 온라인 튜토리얼을 찾아볼 것이다. 오늘날 플래시는 아주 보편적으로 사용되기 때문이다.

---

2 개인용/상용의 수정, 재배포, 사용에 거의 제약이 없는 라이선스. http://en.wikipedia.org/wiki/BSD_licenses 참조 – 옮긴이

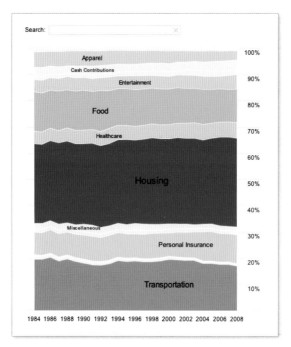

그림 3-14 소비자 지출내역 분포를 보여주는 인터랙티브 스택 차트. 액션스크립트로 제작됐다.

하지만 플래시가 유일한 방법은 아니다. 웹 브라우저의 속도와 효율성이 발전함에 따라 많은 대안이 새로 생겨나고 있다.

> **플래시/액션스크립트 참고자료**
>
> • 어도비 플래시 공식 사이트(http://www.adobe.com/products/flash.html): 플래시, 액션스크립트 공식 사이트
> • 플레어 시각화 툴킷(http://flare.prefuse.org)
> • 모디스트맵(http://modestmaps.com)

HTML, 자바스크립트, CSS

기술의 발달에 따라 웹 브라우저는 점점 빨라지고 그 기능도 다양해지고 있다. 오늘날 컴퓨터에서 가장 많이 사용하는 프로그램은 단연 웹 브라우저다. 최근엔 HTML, 자바스크립트, CSS를 활용해서 웹 브라우저의 기능으로 그래픽을 만들고 실행하는 일대 변혁이 있었다. 그 전까지 데이터 그래

픽은 인터랙티브 요소가 필요할 경우 플래시/액션스크립트로, 그렇지 않을 경우 정적인 이미지로 만들어졌다. 아직도 대부분은 이 둘 중 하나에 해당하지만, 이제 새로운 선택이 가능해졌다.

최근 인터랙티브 애니메이션이나 정적인 데이터 시각화 제작을 도와주는 강력한 패키지와 라이브러리가 많이 나왔다. 이런 패키지와 라이브러리는 많은 옵션을 제공해서 자신만의 옵션과 다양한 데이터에 적용해볼 수 있다.

대표적으로 스탠퍼드 비주얼라이제이션 그룹^{Stanford Visualization Group}에서 만든, 무료 오픈소스 시각화 라이브러리 프로토비즈^{Protovis}를 들 수 있다. 프로토비즈는 웹 기반 데이터 시각화 기능을 제공한다. 쉽게 적용할 수 있는 몇 가지 인스턴트 시각화도 있지만, 그 정도로 그치지 않는다. 그림 3-15와 같은 스택 차트를 인터랙티브 시각화로 만들 수도 있다.

그림 3-15는 프로토비즈의 내장 차트 유형 중 하나다. 그러나 그림 3-16처럼 신선한 스트림 그래프도 만들어볼 수 있다.

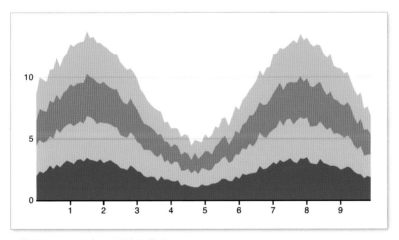

그림 3-15 프로토비즈로 만든 스택 차트

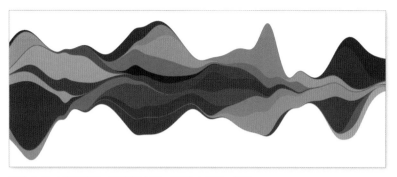

그림 3-16 프로토비즈 기반으로 자체 제작한 스트림 그래프

그 밖에도 더 많은 기능을 담고 있는 여러 라이브러리를 쉽게 활용할 수 있다. 이렇게 제공되는 기능은 플래시로도 거의 가능하지만, 자바스크립트로 만들면 코드 실행의 부담이 훨씬 줄어든다. 자바스크립트와 함께 제이쿼리 jQuery, 무툴스MooTools 같은 라이브러리를 적용하면 훨씬 쉽게 읽고 쓸 수 있다. 제이쿼리나 무툴스는 시각화 목적의 라이브러리는 아니지만, 무척 유용하다. 이 라이브러리들은 훨씬 적은 양의 코드로 많은 기능을 제작할 수 있게 도와준다. 이런 라이브러리를 쓰지 않는다면 더 많은 코드를 적어야 하고, 그만큼 지저분한 코드를 급하게 만들어내야 한다.

기본적인 그래픽 작성을 도와주는 라이브러리의 플러그인도 찾아볼 수 있다. 그림 3-17은 제이쿼리의 스파크라인 플러그인을 써서 작은 차트를 만들어본 것이다.

그림 3-17 제이쿼리의 스파크라인 플러그인으로 만든 그래픽

PHP로도 같은 작업을 할 수 있지만, 자바스크립트의 이점이 더 분명하다. 우선, 자바스크립트로 만든 그래픽은 PHP로 만든 그래픽과 달리 서버가 아닌 사용자의 컴퓨터 웹 브라우저에서 작동한다. 따라서 서버의 작업 부담을 덜어주고, 웹사이트 트래픽의 부담도 함께 줄여준다.

자바스크립트의 또 다른 장점은 PHP 그래픽 라이브러리를 따로 설치할 필요가 없다는 점이다. 대개의 서버는 PHP와 PHP의 그래픽 라이브러리를 설치했지만, 그렇지 않은 경우도 분명히 있다. 서버 시스템에 익숙하지 않다면 설치 과정이 까다로울 수 있다.

플러그인을 쓰고 싶지 않다면, 표준 웹 프로그래밍으로 자신만의 시각화 디자인을 만들어볼 수 있다. 그림 3-18은 이 방식으로 만든 YFD의 인터랙티브 히트맵을 펼쳐본 것이다.

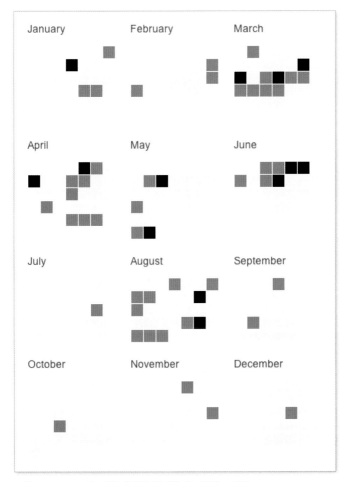

그림 3-18 YFD 히트맵을 활용한 인터랙티브 달력 그래픽

어쨌거나, 이 방식에도 한계는 있다. 이 방법에서 쓰는 소프트웨어와 기술은 나온 시간이 얼마 안 된 것이기 때문에, 브라우저에 따라 차이가 발생한다. 인터넷 익스플로러 6처럼 오래된 브라우저에서는 일부 기능이 작동하지 않는다. 이 점은 그다지 큰 문제가 되지 않는다. 파이어폭스나 구글 크롬 같은 최신 브라우저가 훨씬 널리 보급되어 있기 때문이다. 결과적으로 대상이 누구인가가 중요하다. 플로잉데이터 사이트의 방문객 중 구형 인터넷 익스플로러 사용자의 비율은 5% 미만이기 때문에, 그리 중요한 문제가 아니라 할 수 있다.

또, 기술이 상대적으로 최신의 것이기 때문에 자바스크립트의 라이브러리는 플래시 액션스크립트의 라이브러리에 비해 상대적으로 적은 편이다. 많은 주요 뉴스 사이트가 아직도 플래시를 주로 사용하는 이유가 여기에 있다. 시간이 흘러 발전하면서 이 격차는 점점 줄어들 것으로 보인다.

HTML, 자바스크립트, CSS 참고자료

- 제이쿼리(http://jquery.com/): 자바스크립트 코딩의 효율성을 높여주는 도구. 더 적고 읽기 편한 코드를 작성할 수 있도록 돕는 역할을 한다.
- 제이쿼리 스파크라인(http://omnipotent.net/jquery.sparkline/): 정적/동적 스파크라인을 자바스크립트 기반으로 만든다.
- 프로토비즈(http://vis.stanford.edu/protovis/): 예제로 시각화를 배우기 위해 만들어진 시각화용 자바스크립트 라이브러리
- 자바스크립트 인포비즈(InfoVis) 툴킷(http://datafl.ws/l5f): 시각화용 라이브러리. 프로토비즈에 비해 기능이 적은 편이다.
- 구글 차트 API(http://code.google.com/apis/chart/): 보편적인 차트를 URL만 바꿔서 순식간에 만들 수 있도록 도와주는 라이브러리

R

플로잉데이터 블로그를 읽어본 사람이라면 내가 가장 선호하는 데이터 그래픽 소프트웨어가 R[R-project]임을 알 것이다. R은 무료 오픈소스 통계 소프트웨어로, 훌륭한 통계 그래픽 기능도 함께 담고 있다. 대다수의 통계학자, 분석가가 선호하는 소프트웨어이기도 하다. S-plus나 SAS 같은 비슷한 유

료 소프트웨어도 있긴 하지만, R은 무료인데다 사용자 커뮤니티가 활발해
훨씬 우세하다.

R은 처음부터 데이터 통계 분석을 목적으로 만들어졌다. 앞에서 설명한 다
른 어떤 소프트웨어보다도 큰 장점이 여기에 기인한다. HTML은 웹페이지
를 만들기 위해 시작됐고, 플래시는 수많은 일반적인 소품, 그중에서도 영
상, 미디어, 애니메이션 광고를 제작하기 위해 만들어졌다. 반면 R은 통계
학자가 만들어 통계학자들이 고쳐왔기 때문에, 관점에 따라 분명한 장단점
을 볼 수 있다.

코드 몇 줄로 데이터 그래픽을 만들어주는 R 패키지는 많다. 데이터를 R로
가져오면 코드 단 한 줄만으로도 그래픽을 만들 수 있다. 포트폴리오^{Portfolio}
패키지를 쓰면 그림 3-19 같은 트리맵을 순식간에 만들어볼 수 있다.

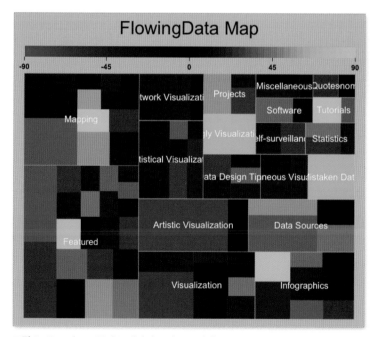

그림 3-19 R과 포트폴리오 패키지로 만든 트리맵

그림 3-20과 같은 히트맵도 그만큼 쉽게 만들 수 있다.

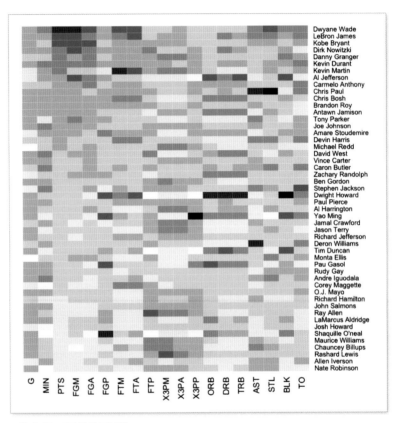

그림 3-20 R로 만든 히트맵

전통적인 통계 그래프의 선택이 다양함은 당연하다. 4장 '시간 시각화'에서 설명할 스캐터플롯이나 시계열 차트를 보자.

그러나 솔직히 말해 R 사이트는 지독하게 시대에 뒤떨어졌고(그림 3-21), 처음 시작하는 사용자에 대한 설명은 불친절한 편이다. R은 단순한 소프트웨어가 아니라, 또 하나의 프로그래밍 언어라는 점을 명심하자. 개인적으로 봐온 R에 대한 불평불만은 대개 마우스에 익숙한 사람들에게서 나오곤 했다. R을 쓰겠다면 마우스만으로 어떻게 해볼 수 있으리란 기대는 버리는 게 좋다. 불친절한 인터페이스도 각오해야 한다.

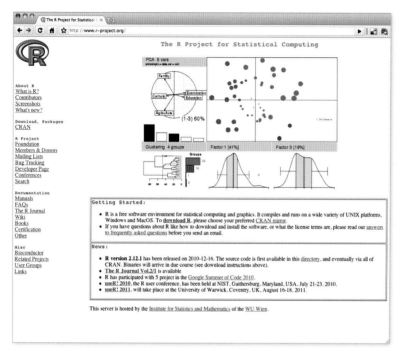

그림 3-21 R 공식 홈페이지(http://www.r-project.org)

이런 단점에도 불구하고, R로 할 수 있는 일은 무척 다양하다. R을 사용하면 전문적인 수준(혹은 최소한 전문적으로 보이는)의 그래픽을 만들 수 있다. 얼마나 다양한 가능성이 있는지 곧 알 수 있을 것이다. 원한다면 직접 원하는 그래픽을 만들어주는 자신의 기능, 자신만의 패키지를 만들거나, R 라이브러리에 있는 다른 패키지를 적용할 수 있다.

R엔 기본적인 그리기 도구가 있어 사용자가 원하는 이미지를 만들 수 있다. 선, 도형, 축 그리기가 가능하다. 여타 소프트웨어나 프로그래밍 언어와 마찬가지로 가능성의 한계는 상상력뿐이다. 덧붙여, 많이 쓰이는 차트 기능을 지원하는 다양한 R 패키지를 쓸 수 있다.

R이 그렇게 강력하다면 R 외의 도구가 왜 필요할까? 모든 작업을 R만으로 하면 안 될까? 몇 가지 이유가 있다. R은 데스크톱에서 작동하기 때문에,

팁

검색 엔진으로 인터넷에서 R을 찾으면, 원하는 결과는 전혀 엉뚱한 위치에 있을 수도 있다. **R** 대신 **r-project**로 찾아야 원하는 결과를 쉽게 얻을 수 있을 것이다.

동적인 웹 요소를 만드는 목적에는 적합하지 않다. 그래픽, 이미지를 웹페이지에 올리는 건 문제가 안 되지만, 자동으로 움직이게 할 순 없다. 웹에서 요청을 받았을 때마다 새로 만드는 방법이 있긴 해도, 자바스크립트 같은 웹 기반의 해결책에 비할 수 없다.

또 R은 인터랙티브 그래픽과 애니메이션 기능이 취약하다. 애니메이션도 마찬가지로 가능하긴 하지만, 여타 도구들의 결과가 훨씬 멋지다. 플래시나 프로세싱에 비하면 애니메이션과 인터랙티브 기능은 상대적으로 떨어진다.

마지막으로, 그림 3-19와 그림 3-20의 그래픽을 보면 상당한 보정이 필요함을 알 수 있다. 이런 그래픽을 신문에 바로 실을 수는 없다. 결과물의 품질은 다양한 옵션 조정과 추가 코드 작성을 통해 보정할 수 있다. 개인적으로는 R로 기반이 되는 그래픽을 만든 다음 어도비 일러스트레이터 같은 그래픽 도구로 수정한다. 그래픽 도구는 이 뒤에서 알아보자. R은 분석과 기본적인 결과물을 만들기엔 완벽하다 할 수 있겠지만, 프리젠테이션이나 스토리텔링에는 부족하다. 예쁘게 보정해줘야 한다.

R 참고자료

• R 프로젝트 공식 사이트(www.r-project.org): 통계 분석용 프로그래밍 언어

장단점

프로그래밍 배우기는 새로운 언어를 배우는 일이다. 프로그래밍 언어는 비트와 로직으로 만들어진 기계의 언어다. 엑셀이나 타블로 같은 종합세트 소프트웨어는 통역자의 역할을 한다고 볼 수 있다. 사람의 언어로 만들어진 버튼이나 메뉴를 클릭하면, 소프트웨어가 사용자의 의사를 기계로 통역해 전달한다. 기계(컴퓨터)는 전달받은 의사에 따라 그래프를 만들거나 데이터를 전환하는 등의 작업을 실행하는 것이다.

따라서 관건은 시간이다. 새로운 언어를 배워 익히려면 충분한 시간이 필

요하다. 나를 비롯해 이 장애를 극복하기 어려워하는 사람들이 많다. 그러나 눈앞에 데이터 무더기가 있고, 결과를 기다리는 사람들이 있기에, 작업을 해야만 한다. 앞으로 이런 데이터 관련 작업을 거의 하지 않을 것 같다면, 종합세트 시각화 도구에 머무는 편이 낫다.

그러나 데이터를 좀 더 자세히 뜯어보고 싶다면, 그리고 많은 데이터 관련 작업을 할 예정이라면(혹은 하고 싶다면), 프로그래밍 방법을 익히는 데 투자한 시간은 작업 시간 절약과 더 멋진 결과로 보상받는다. 프로젝트를 반복할수록 프로그래밍 기술을 많이 알게 될 것이고, 그만큼 작업은 더 쉬워진다. 외국어와 마찬가지다. 배우자마자 바로 책을 쓸 수는 없다. 기본부터 시작해서 조금씩 발전하는 것이다.

다른 예를 들어볼까? 비유적으로 말해서, 자신의 언어가 아닌 다른 언어를 쓰는 나라에 던져졌다고 생각해보자. 대신 통역자가 딸려왔다고 생각해보자(개인적으로 좋아하는 비유. 똑같은 상황이다). 당신이 어떤 말을 하면 통역이 그 나라의 말로 바꾸어 전달한다. 하지만 그 통역이 당신이 말한 단어의 뜻을 모른다면, 당신의 말을 아예 이해하지 못한다면 어떻게 될까? 내용 전달에 실패할 것이다. 기지 넘치는 통역이라면 사전을 뒤져볼지도 모른다.

종합세트 소프트웨어는 여기서 말하는 통역에 해당한다. 소프트웨어가 무엇을 어떻게 해야 할지 모르면 작업을 포기하거나, 대신 쓸 수 있는 방법을 찾아봐야 한다. 소프트웨어는 사람과 달라서 바로바로 새 단어(여기서는 그래프 또는 데이터 조작법)를 배우지 못한다. 새로운 단어(기능)는 소프트웨어 업데이트란 이름으로 전달된다. 끝내 배우지 못할지도 모르고, 배울 때까지 기다려야 한다. 차라리 스스로 그 나라 말을 배우는 편이 낫지 않겠는가?

다시 한 번 강조하건대, 종합세트 소프트웨어를 부정하자는 의미는 아니다. 나 자신도 종합세트 소프트웨어를 자주 쓴다. 종합세트 소프트웨어는 다양하고 복잡한 작업을 쉽고 빠르게 수행해준다. 분명한 장점이다. 단지 소프트웨어의 한계에 갇힐 이유가 없다는 뜻이다.

다음 장에서 더 설명하겠지만, 프로그래밍을 익히면 온전히 손으로 했어야
할 작업의 효율성을 매우 높일 수 있다. 다르게 말하자면, 프로그래밍을 하
더라도 여전히 손으로 해야 하는 작업은 있다. 데이터 스토리텔링 등은 프
로그래밍으로 대신할 수 없다. 여기에 필요한 것이 일러스트레이션이다.

일러스트레이션

이제부턴 그래픽 디자이너의 고향이다. 분석가나 기타 기술 영역의 사람
이라면 약간 다른 세계로 느껴질 것이다. 프로그래밍을 하든, 종합세트 도
구를 사용하든 결과 그래픽은 기계적인 공산물처럼 보인다. 라벨이 엉뚱
한 위치에 있을 수도 있고, 범례가 알아보기 힘들도록 빽빽할 수도 있다.
분석을 위해서라면 그 정도로 괜찮다. 자기 자신만은 어떤 의미인지 알 테
니까.

그러나 프리젠테이션, 보고서, 출판물에 쓸 그래픽을 만들려 한다면 데이터
그래픽을 좀 더 매끈하게 다듬어야 일반적으로 보는 사람의 시각에서 이야
기를 이해하기 편하다.

R로 만든 결과 그림 3-19를 다시 보자. 그림 3-19는 플로잉데이터 블로그
에서 사람들이 가장 많이 본 글, 가장 코멘트가 많았던 글 100개를 표시하
고 있다. 사각형의 영역 하나가 글에 해당하고, 각 글은 분류에 따라 모아서
구분했다. 라벨로 표시된 '매핑Mapping'이 글의 분류다. 영역의 밝기는 코멘
트 수를 나타내고, 영역의 면적은 글의 노출 수를 표시한다. 당신은 뭐가 뭔
지 모르겠지만 나에게는 모든 사실이 일목요연하다. 내가 직접 R 코드를 작
성해서 만든 그래픽이기 때문이다.

이것을 수정한 결과가 그림 3-22다. 분류 라벨은 각각을 읽기 쉽게 수정했
고, 윗부분에 설명문이 포함돼서 보는 사람에게 어떤 의미인지 알려주며,
색상의 스펙트럼에서 빨간색(음의 값을 나타내는 색상. -1개의 코멘트가 달린 글은 없

으므로)을 제거했다. 배경도 회색에서 흰색으로 바뀌었다. 그쪽이 더 뚜렷해 보이기 때문이다.

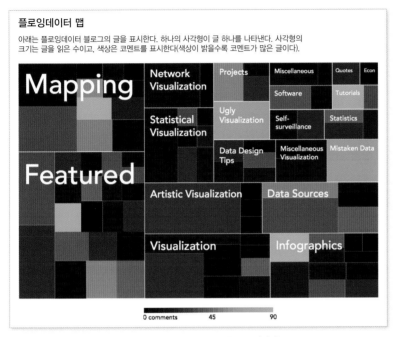

그림 3-22 R로 만든 트리맵을 어도비 일러스트레이터로 수정했다.

내가 직접 짠 코드로 만든 그래픽이기 때문에 코드를 수정해서 새 그래픽 을 만들 수도 있지만, 그보다는 어도비 일러스트레이터에서 마우스로 보 정하는 게 훨씬 편하다. 일러스트레이터로는 그래픽을 처음부터 끝까지 만들 수도 있고, 다른 곳에서 만든 그래픽(R의 결과 그래픽이라든가)을 가져와 서 수정할 수도 있다. 원하는 대로 선택하면 된다. 이제까지 봐온 소프트 웨어들은 시각화에 한계가 있었다. 그 소프트웨어들은 시각화를 목적으 로 만들어지지 않았기 때문이다. 목표가 막대 그래프보다 복잡하다면 다 른 곳에서 만든 그래픽을 보정하는 것이 최선이다. 처음부터 그래픽 도 구로 만들려 하면 많은 작업을 손으로 해내야 하며, 실수의 가능성도 늘 어난다.

그리기 도구의 가장 좋은 점은 마우스 클릭만으로 (글자 그대로) 모든 것을 수정할 수 있다는 점이다. 요소의 색상을 바꾸는 정도 이상이다. 한 지표의 색을 바꾸거나, 여러 지표의 색을 바꿀 수 있고, 축 선의 폭도 조정할 수 있고, 중요한 부분을 강조해서 보여주는 등 많은 작업이 몇 번의 마우스 클릭으로 가능하다.

종류

많고 많은 그리기 도구가 있지만 사람들이 쓰는 건 몇 개에 불과하다. 그리고 모든 사람이 쓰는 단 하나의 도구가 있다. 비용도 선택의 중요한 한 부분이다. 그리기 도구의 가격대는 무료(오픈소스)부터 수백 달러에 이르기까지 다양하다.

어도비 일러스트레이터

수요 언론사에서 뉴스에 싣는 말끔한 데이터 그래픽은 전부 어도비 일러스트레이터Adobe Illustrator로 만든다. 어도비 일러스트레이터가 이 산업계의 표준이다. 「뉴욕타임스」에서 인쇄하는 모든 그래픽은 일러스트레이터를 거쳐 만들어진다.

출력 분야에서 일러스트레이터가 이토록 유명한 이유는, 일러스트레이터가 픽셀(비트맵) 기반이 아니라 벡터 기반으로 작동하기 때문이다. 벡터 그래픽이기 때문에 크기를 키워도 이미지의 품질이 훼손되지 않는다. 픽셀 기반의 저해상도 사진을 인쇄해보면 픽셀레이트pixelate[3]를 면할 수 없다.

일러스트레이터는 본래 폰트(글자체) 개발을 위해 만들어졌다. 그러나 많은 디자이너가 로고 등 미술적 요소가 강한 이미지를 그려야 할 때 더 널리 쓴다. 오늘날까지 일러스트레이터의 가장 기본적인 기능은 그림이다.

---

3   픽셀의 크기가 커져서 이미지의 품질이 떨어지는 현상 – 옮긴이

하지만 일러스트레이터는 그래프 도구$^{Graph tool}$로 몇 가지 기본적인 그래프 형식을 지원한다. 막대 그래프, 파이 차트, 시계열 점 그래프 등 기본적인 그래프 그리기 기능은 일러스트레이터에도 있다. 데이터 관리 한계가 무척 작긴 해도, 딸려오는 작은 스프레드시트에 데이터를 복사해넣어서 간단한 그래프 정도는 그릴 수 있다.

데이터 그래픽 제작에 있어 일러스트레이터의 가장 큰 장점은 유연함과 사용 편이성이다. 일러스트레이터엔 수많은 버튼과 메뉴가 있어, 처음 보는 사람은 혼란스러워하지만, 필요한 기능을 쉽게 선택해서 쓸 수 있다. 활용 방법은 4장 '시간 시각화'에서 알아보자. 데이터 디자이너가 깔끔하고 압축 적인 그래픽을 만들 수 있게 된 것은 일러스트레이터의 다양한 기능과, 그 기능들이 만들어주는 유연성 덕분이다.

일러스트레이터는 윈도우와 맥에서 작동한다. 일러스트레이터의 가장 큰 단 점은, (프로그램을 설치할 수 있는 인터넷에 연결된 컴퓨터만 있다면) 전부 무료로 쓸 수 있는 프로그래밍 도구에 비해 훨씬 많은 비용이 필요하단 것이다. 그러나 몇 몇 종합세트 소프트웨어에 비해 본다면 그렇게 비싸다고 하긴 어렵다.

책을 쓰는 시점에서 어도비 사이트에서 공시하는 일러스트레이터 최신 버 전의 가격은 $599다. 여기에 몇 가지 조건부 할인을 받을 수도 있고, 오래 된 버전은 좀 더 싼 가격에 살 수 있다. 어도비는 학생과 교육용을 대폭 할 인해서 판매하고 있으므로, 꼭 확인해보자(일러스트레이터는 내가 샀던 소프트웨어 중 가장 비쌌다. 그래도 매일같이 쓰니까).

어도비 일러스트레이터 참고자료

- 어도비 일러스트레이터 제품 페이지(http://www.adobe.com/products/illustrator.html)
- VectorTuts(http://vectortuts.com): 일러스트레이터 사용법 설명 사이트. 쉽고 자세하다.

팁

이 책에서 설명하는 많은 예제는 일러스트레이터를 기반으로 작업한다. 하지만 잉크스케이프로도 동일한 작업을 할 수 있는 방법을 쉽게 찾을 수 있다. 일러스트레이터와 잉크스케이프의 도구와 기능의 이름은 서로 비슷하다.

잉크스케이프

잉크스케이프Inkscape는 일러스트레이터의 무료 오픈소스 버전이라 할 수 있다. 충격적인 청구서를 받고 싶은 생각이 없다면 잉크스케이프가 최고의 대안이다. 개인적으로 매일 일러스트레이터를 쓰는 이유는, 우선 직업적으로 데이터 그래픽 작업을 시작할 때 일러스트레이터로 배웠고, 동료들이 다들 일러스트레이터를 썼기 때문에, 나도 따라 쓰게 됐다. 잉크스케이프에도 많은 장점이 있다는 사실을 익히 들어왔고, 무료 도구이기 때문에 한 번 써봐서 손해볼 것은 없다 생각한다. 자세한 소프트웨어 사용법 설명만 기대하지 않는다면.

잉크스케이프 참고자료

- 잉크스케이프(http://inkscape.org)
- 잉크스케이프 튜토리얼(http://inkscapetutorials.wordpress.com/)

기타

분명 일러스트레이터와 잉크스케이프만이 데이터 그래픽 보정 도구의 전부는 아니다. 가장 널리 쓰이는 두 가지일 뿐이다. 자신에게 익숙한 다른 도구를 선택할 수도 있다. 윈도우 기반의, 일러스트레이터와 맞먹는 가격을 자랑하는 코렐 드로우Corel Draw를 즐겨 쓰는 사람들도 있다. 국가에 따라 일러스트레이터보다 약간 저렴한 곳이 있을지도 모르겠다.

래이븐Raven이나 라인폼Lineform 같은, 상대적으로 기능이 떨어지는 도구도 있다. 일러스트레이터와 잉크스케이프는 보편적인 그래픽 디자이너가 일반적으로 사용하는 도구이기 때문에, 대단히 많은 종류의 기능을 포함하고 있다. 하지만 만들어진 데이터 그래픽을 다소 수정하는 작업 정도라면, 좀 더 최적화된 작고 저렴한 소프트웨어를 찾을 수 있다.

장단점

그리기 도구 소프트웨어는 순전히 그리기용이다. 일반적인 그래픽 디자인을 위해 만들어졌지, 그중에서도 특별히 데이터 그래픽을 위해 만들어지지 않았다. 따라서 그래픽 디자인만 만들려 한다면 일러스트레이터나 잉크스케이프 내장 기능의 대부분을 건드리지도 않게 될 것이다. 게다가 앞에서 본 데이터 도구나 프로그래밍 방식, 그리고 데이터 시각화에 특화된 도구들에 비하면, 데이터를 다루는 기능은 지극히 떨어진다. 그리기 도구로 데이터를 살펴볼 수는 없다.

말인즉슨, 출판 수준의 깔끔한 데이터 그래픽을 만들려면 그리기 도구를 반드시 갖춰야 한다는 의미도 있다. 단순히 미적인 측면뿐 아니라 가독성과 구분을 명백하게 만들어 이해를 돕는다. 자동 제작한 결과물로는 이 정도의 수준을 달성하기 어렵다.

지도

앞서 설명한 시각화 도구와 지도상의 위치를 대입하는 도구에는 일부 공통점이 있다. 최근 몇 년간 지도를 활용할 수 있는 도구와 데이터는 눈에 띄게 증가했다. 모바일 위치정보 서비스의 보급과 함께 맵에 넣을 수 있는 위도와 경도를 나타내는 데이터는 더 많이 늘어날 것이다. 지도는 굉장히 직관적인 데이터 시각화 방법이므로, 이 부분을 자세히 알아볼 필요가 있다.

초기의 지도 시각화는 쉬운 일이 아니었다. 멋지지도 않았다. 맵퀘스트 MapQuest 사이트에서 지도 이미지를 보며 길을 찾던 시절을 기억하는가? 야후 서비스도 그와 같았던 시절이 있다.

수년 후 구글에서 매끄러운 지도 slippy map 를 만들어 제공하기까지 상황은 개선되지 않았다. 구글의 기술이 처음 등장했을 때 주목을 받기도 했지만, 많은 사람에게 지도를 끊임없이 업데이트할 수 있는 수준의 빠른 인터넷 속

참고

매끄러운 지도는 오늘날 일반적으로 쓰이는 지도 서비스를 말한다. 화면의 범위를 벗어나는 커다란 지도는 여러 작은 이미지 타일로 쪼개져 구성된다. 화면 디스플레이에 맞는 지도만 표시되고, 나머지는 뒷단으로 숨겨진다. 맵을 끌어 옮기면 숨겨졌던 부분을 표시하면서, 하나의 거대한 지도를 보고 있는 듯한 느낌을 준다. 고화질 사진에도 이 방식을 적용한 예를 찾을 수 있을 것이다.

도가 보급되기 전까지는 유용하게 쓰이지 못했다. 오늘날 우리가 쓰는 지도 서비스가 바로 이 매끄러운 지도 서비스다. 쉽게 당겨 보거나 멀리 볼 수 있고, 경우에 따라 단순히 길을 찾는 서비스 이상이 되기도 한다. 지도는 데이터를 탐색해보는 도구가 됐다.

그림 3-23 구글 맵의 길찾기 서비스

종류

지도 데이터의 공개가 확대됨에 따라 지도 시각화를 위한 도구도 다양하게 늘어났다. 몇 줄의 코드만으로 적용해볼 수 있는 도구가 있는가 하면, 그보다 약간의 작업이 더 필요한 것들도 있다. 프로그래밍이 전혀 필요 없는 도구 또한 있다.

구글, 야후, 마이크로소프트 지도

구글, 야후, 마이크로소프트에서 제공하는 지도 서비스는 온라인 지도 데이터 시각화의 가장 쉬운 방법이지만, 약간의 프로그래밍이 필요하다. 프로그래밍에 익숙할수록, 가능성의 영역이 넓다.

구글, 야후, 마이크로소프트 지도 서비스의 기본적인 기능은 거의 비슷하다. 지도 서비스를 처음 접한다면 구글을 추천한다. 구글의 지도가 가장 신뢰성이 높다고 생각하기 때문이다. 구글 지도 API는 자바스크립트와 플래시 양쪽으로 제공되며, 위치정보geocoding와 길찾기 등의 여러 연관 서비스를 묶어서 제공한다. 튜토리얼을 따라하며 위치 마커(그림 3-24), 경로 그리기, 레이어 추가와 같은 다양한 기능을 직접 체험해보자. 종합적인 코드 예제와 튜토리얼이 있기 때문에 빠르게 적용하고 자신의 기능을 만들어 실행해볼 수 있다.

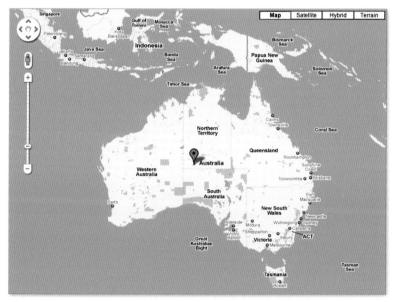

그림 3-24 구글 맵 위치 마커

야후 지도 서비스 API 역시 자바스크립트와 플래시 양쪽으로 제공되며, 일부 지도 관련 서비스가 있지만, 야후의 현재 상태에 비춰봤을 때 얼마나 오랫동안 제공될지 모르겠다. 이 책을 쓰는 시점에 야후는 애플리케이션 제작, 개발사에서 컨텐츠 제공 회사로 입지를 옮겨가는 중이다. 마이크로소프트도 빙^{Bing} 지도 서비스로 자바스크립트와 실버라이트의 API를 제공하며, 플래시에서 받아볼 수 있다.

지도 API 참고자료

- 구글 맵 API 모음(http://code.google.com/apis/maps/)
- 야후! 맵 웹 서비스(http://maps.yahoo.com/)
- 빙 지도 API(http://www.microsoft.com/maps/developers/web.aspx)

ArcGIS

앞에서 설명한 온라인 지도 서비스는 핵심 기능에 있어 상당히 기본적인 부분만 제공한다. 좀 더 고도의 지도 데이터 매핑이 필요하다면 스스로 원하는 기능을 만들어내야만 한다. 데스크톱 애플리케이션인 ArcGIS는 온라인 지도 서비스의 반대편에 해당한다. ArcGIS는 대규모 프로그램으로서 방대한 데이터를 받아 다양한 작업(지도 보정과 계산 처리 등)을 수행할 수 있도록 제공한다. 이 모든 작업을 사용자 인터페이스로 처리할 수 있어 프로그래밍은 전혀 필요치 않다.

지도 데이터 시각화 전문가가 없는 그래픽 부서라면 ArcGIS를 쓸 법하다. 전문적인 지도 제작자도 ArcGIS를 사용한다. ArcGIS를 사랑한다는 사람이 있을 정도다. 따라서 정밀한 지도 데이터 시각화를 만드는 데 관심이 있다면 한 번쯤 ArcGIS를 알아보는 편이 좋다.

내 경우엔 몇 개의 프로젝트에 ArcGIS를 활용해봤을 뿐이다. 개인적으로 내가 조정할 수 있는 선에서는 스스로 프로그래밍을 통해 해결하고 싶기도 했고, ArcGIS의 모든 기능이 필요하지도 않았기 때문이다. 이와 같은 풍부한 기능을 담고 있는 앱은 기능이 너무 많기 때문에 선택해야 할 메뉴와 버튼이 너무 많다는 단점이 있다. ArcGIS는 온라인 서비스와 서버 솔루션도 제공하지만, 여타 솔루션에 비해 어수선한 느낌을 준다.

ArcGIS 참고자료

- ArcGIS 제품 페이지(www.esri.com/software/arcgis/)

모디스트맵

모디스트맵Modest Maps은 앞선 그림 3-13의 월마트 성장 맵에서 등장했다. 모디스트맵은 플래시와 액션스크립트로 구동되는 타일 기반 지도로서, 자체적으로 파이썬을 지원한다. 모디스트맵 서비스는 상용, 개인적인 흥미를 위해 온라인 매핑이 큰 가치가 있다는 사실을 알고 있는 사람들 모임의 대단한 노력으로 관리되고 있다. 라이브러리의 품질에 대해선 충분히 짐작할 수 있을 것이다.

재미있는 점은, 모디스트맵은 구글에서 제공하는 지도 서비스 API보단 프레임워크에 더 가깝다는 것이다. 온라인 지도를 만드는 기능은 거의 최소한만 제공하는 한편, 다른 원하는 기능을 만드는 데 필요한 요소를 더 많이 제공한다. 다양한 제공 자료의 타일을 만들 수 있고, 자신의 애플리케이션에 필요한 지도를 목적에 맞게 수정할 수 있다. 일례로 그림 3-13의 그림은 검정색과 파란색 테마로 표시됐지만, 간단하게 그림 3-25와 같이 흰색과 빨간색으로 바꿀 수 있다.

모디스트맵은 BSD 라이선스를 사용하므로, 아무 비용 지불 없이 원하는 기능을 만들 수 있다. 모디스트맵을 활용하려면 플래시와 자바스크립트를 연결하는 방법을 알아야 한다. 그 기본은 8장 '공간 시각화'에서 설명한다.

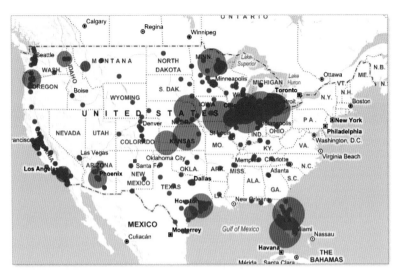

그림 3-25 모디스트맵으로 만든 흰색-빨간색 테마 지도

폴리맵

폴리맵Polymaps은, 모디스트맵의 자바스크립트 버전이라 할 수 있다. 모디스트맵의 일부 개발자가 참여한 그룹이 개발, 관리하며 동일한 기능과 약간의 추가 기능을 제공한다. 모디스트맵은 지도 표시 기능의 기본만 제공하지만, 폴리맵은 그림 3-26과 같이 코로플레스 지도choropleth와 버블 차트bubble 등의 기능을 내장하고 있다.

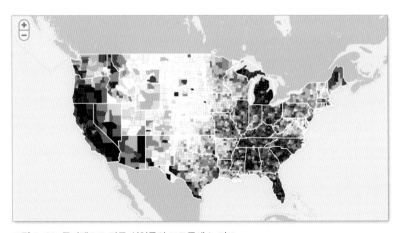

그림 3-26 폴리맵으로 만든 실업률의 코로플레스 지도

폴리맵은 자바스크립트로 만들어졌기 때문에 구동이 상대적으로 경량으로 느껴지며(적은 코드만으로 구동시킬 수 있는 듯 느껴진다), 신형 브라우저에서만 작동한다. 폴리맵은 데이터 표현에 벡터 이미지^{SVG, Scalable Vector Graphics}를 사용하기 때문에 구 버전의 인터넷 익스플로러에선 작동하지 않는다. 다행히 이 정도의 구 버전 인터넷 익스플로러 사용자는 많지 않다. 참고로, 플로잉 데이터 블로그를 방문하는 5% 미만의 사용자만이 문제의 소지가 있는 구형 버전을 사용한다. 이 비율은 곧 0%가 될 것이라고 생각한다.

개인적으로 폴리맵을 선호하는 이유는, 모든 코드가 자바스크립트로 만들어져 브라우저 안에서 실행시킬 수 있기 때문이다. 코드 컴파일이나 플래시 파일 저장 등 중간 과정이 필요하지 않고, 따라서 나중에 수정할 때 훨씬 쉽다.

폴리맵 참고자료

- 폴리맵(http://polymaps.org)

R

R의 기본 배포 버전에는 지도 시각화 기능이 없지만, 그 기능을 제공하는 별도 패키지를 찾아볼 수 있다. 그림 3-27은 R로 만들어본 지도 데이터 시각화다. 설명문 등은 어도비 일러스트레이터로 추가했다.

R로 만든 지도 데이터 시각화는 기능의 제약이 많고 문서화도 부족한 편이다. 개인적으로는 R을 사용하고 있을 때, 간단한 지도 데이터 시각화를 해야 할 때만 R 지도를 쓴다. 그렇지 않은 경우에는 보통 앞에서 설명했던 도구를 사용한다.

그림 3-27 R로 만든 미국의 지도 데이터 시각화

R 지도 데이터 시각화 참고자료

- 공간 데이터 분석(http://cran.r-project.org/web/views/Spatial.html): R의 공간적인 데이터 분석에 대한 패키지를 목록으로 정리한 페이지
- 지리 통계 시각화의 실전 가이드(http://spatial-analyst.net/book/download): 공간 데이터를 위한 R 및 기타 도구 활용법을 설명한 무료 책 다운로드 링크

온라인 기반 솔루션

지도 그래픽 데이터 시각화를 돕는 몇 가지 온라인 도구도 있다. 대개는 ArcGIS에서 제공하는 기능의 간략화 버전처럼, 널리 사용되는 지도를 쪼

개서 다른 곳에 이어 붙이곤 한다. 여기에 해당하는 두 가지 무료 도구로 매니아이즈와 지오커먼스GeoCommons가 있다. 매니아이즈의 데이터 기능은 앞에서 이미 설명했듯이, 기초적인 수준으로 국가별 데이터 혹은 미국의 주별 데이터 정도를 제공한다. 지오커먼스는 더 많은 기능과 풍부한 인터랙션을 담고 있다. 지오커먼스로는 일반적인 모양 파일과 지도 파일로 많이 사용하는 KML을 불러와서 사용할 수 있다.

유료 도구에도 몇 가지가 있지만, 개중 인디매퍼Indiemapper와 스파셜키SpatialKey 서비스가 가장 낫다. 스파셜키는 비지니스와 전략 구상을 돕는 도구로서 시작했고, 인디매퍼는 지도 제작자와 디자이너의 활용을 위해 만들어졌다. 그림 3-28은 내가 인디매퍼로 몇 분 만에 빠르게 만들어본 결과물이다.

그림 3-28 인디매퍼로 만든 코로플레스 지도

장단점

매핑 도구는 사용자의 다양한 요구에 따라 여러 모양과 여러 크기 구분을 지원한다. 한 가지 프로그램만 배워서 상상할 수 있는 모든 지도를 만들어볼 수 있다면 참 좋겠지만, 불행히도 아직은 그렇지 못하다.

ArcGIS가 많은 기능을 담고 있긴 하지만, 간단한 지도만 그리려 한다면 비싼 비용을 들인 가치가 없다. 반면 R은 무료로 기본적인 매핑 기능을 담고 있지만, 원하는 내용을 만들기엔 기능이 지나치게 단순하다. 온라인의 인터 랙티브 지도를 만들고자 한다면 오픈소스인 모디스트맵이나 폴리맵을 쓸 수 있지만, 그러려면 프로그래밍을 좀 알아야 한다. 어떤 경우에 어떤 프로 그램을 선택할 수 있을지에 대해선 8장에서 좀 더 자세히 알아보겠다.

각자의 선택

데이터 시각화를 위해 쓸 수 있는 도구를 모두 살펴보진 않았지만, 초심자 에게도 여기서 설명하는 내용만으로 충분할 것이다. 적합한 도구는 달성하 고자 하는 목표가 무엇인가에 따라 달라지고, 어떤 목표든 간에 여러 가지 방법을 찾을 수 있다. 심지어 하나의 프로그램 안에서도 여러 방법을 찾아 볼 수 있다. 정적인 데이터 그래픽을 만들고자 한다면? R과 일러스트레이 터를 쓸 수 있다. 웹 애플리케이션에 붙일 인터랙티브 도구를 만들려 한다 면? 자바스크립트와 플래시를 써보자.

한번은 플로잉데이터 블로그에서 사람들에게 주로 사용하는 분석, 시각화 도구가 어떤 것인지 설문을 한 적이 있다. 1,000명을 약간 상회하는 사람 들이 응답했고, 결과는 그림 3-29와 같이 나타났다.

플로잉데이터의 주제에 맞게 분명한 특징이 드러난다. 엑셀이 맨 위에 오 고, 그 다음으로 R이 있다. 그러나 바로 다음에 이어지는 소프트웨어는 다 채롭다. 200명 이상의 응답자가 '기타'를 선택했다. 목적에 따라 여러 도구 를 조합한다는 많은 사람의 댓글이 이어졌다. 장기적으로 봤을 때 최선의 방법이다.

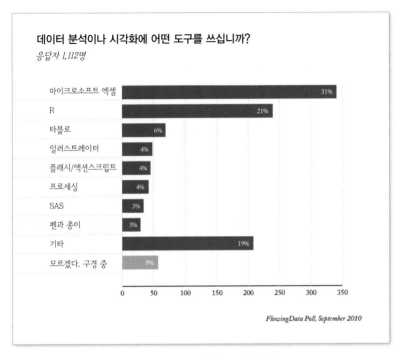

그림 3-29 플로잉데이터 독자들이 사용하는 데이터 분석/시각화 도구

조합

많은 사람이 한 도구를 좋아하며 머무르곤 한다. 쉽고 편하기 때문이다. 또 다른 도구를 배워야 할 필요도 없다. 통하는 방식을 찾았다면 그 방식에 안 주하면 그만이다. 그러나 어느 순간 큰 데이터를 다뤄야 할 때 소프트웨어 가 다룰 수 있는 한계치를 넘어서는 때가 닥쳐온다. 데이터를 어떻게 처리 해서 어떻게 시각화로 만들어야 할지, 그 방법은 알고 있지만 소프트웨어 는 그만큼의 데이터를 처리하기 곤란해한다. 혹은 과정이 훨씬 복잡해지기 도 한다.

더 복잡해진 과정을 묵묵히 참고 견딜 수도 있지만, 다른 소프트웨어를 선 택해서 시간을 들여 공부하는 쪽이 원하는 디자인을 만드는 데 더 도움이 되는 태도다. 꼭 다른 도구도 공부해보길 바란다. 여러 도구를 공부함으로

써 단순한 데이터를 다루는 한 태도에 머무르지 않고, 다양한 시각화 작업의 종합적이고 풍부한 결과물을 얻어낼 수 있는 유연함을 갖출 수 있다.

정리

기억하자. 여기서 설명한 그 어떤 도구도 만병통치약은 될 수 없다. 결과적으로 데이터 분석과 디자인은 여러분 자신에게 달려 있다. 도구는 그저 도구에 불과하다. 아무나 망치를 잡게 됐다고 집 한 채를 뚝딱 지을 수 있는 건 아니다. 마찬가지로, 훌륭한 소프트웨어와 최신의 고성능 컴퓨터가 있다고 해도 쓸 줄 모르면 무용지물이다. 데이터가 무엇을 의미하는지, 어떤 데이터를 써야 할지, 어떤 점을 중요하게 부각할 것인지는 자신이 결정해야 한다. 이 모두는 연습을 해야 쉽고 정확하게 선택할 수 있다.

이 책을 집어든 당신은 행운아다. 이 책의 뒷부분부터 설명하는 내용이 온통 여기에 대한 내용이기 때문이다. 이 뒤에서부터는 데이터 디자인의 중요한 관념을 설명하며, 이제까지 설명한 다양한 도구의 조합을 통해 추상적인 관념을 실질적인 결과물로 만드는 방법을 지도한다. 자신의 데이터에서 무엇을 찾아야 하는지, 어떻게 보여줄 것인지, 이제부터 알아보자.

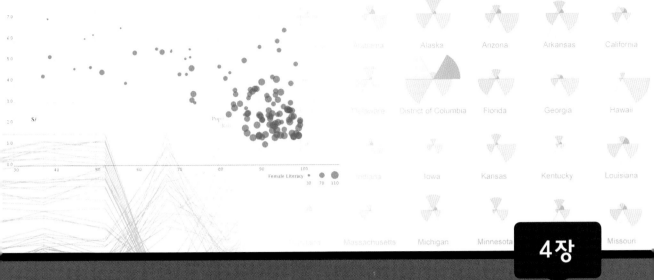

## 4장

시간 시각화

시계열 데이터(time series data)는 어디에나 있다. 사람들의 생각도 바뀌고, 인구 분포도 변하며, 사업은 확장한다. 이런 변화가 얼마나 있었는지 측정해서 기록하면 시계열 데이터가 된다. 4장에서는 분절형(discrete)과 연속형(continuous) 데이터 그래픽을 살펴본다. 데이터 그래픽이 다른 이유는 데이터가 다르기 때문이다. 또 R 및 어도비 일러스트레이터와 함께 나뒹굴어보자. 두 프로그램의 조합은 훌륭하다.

무엇을 볼 것인가

우리는 매일의 일상 속에서 시간을 본다. 시간은 컴퓨터에도, 시계에도, 휴대 전화에도, 눈에 보이는 모든 곳에 있다. 시계가 없더라도 일어나야 할 시간과 잠들어야 할 시간을 스스로 느끼며, 해는 뜨고 진다. 따라서 시간에 대한 데이터는 그저 자연스럽다. 시간에 따른 데이터는 변화를 표현한다.

시계열 데이터, 즉 시간에 관련된 데이터에서 찾을 수 있는 가장 특징적인 요소는 트렌드trend, 경향성이다. 증가하는가, 감소하는가? 계절에 따른 변화가 있는가? 이런 패턴을 찾으려면 개별적인 데이터보다 전체 그림을 볼 수 있어야 한다. 한 가지 구간의 값에 대해 어떤 의미로 잘라 말하기는 쉽다. 그러나 전후관계를 감안하면 값의 의미를 더 분명하게 이해할 수 있다. 그리고 데이터를 더 잘 이해할수록 더 좋은 이야기를 할 수 있다.

그 예로 오바마 정부가 집권하던 해의 고용-실직 데이터를 그림 4-1과 같은 차트로 보자. 부시 행정부가 끝나는 시점에서 실직률이 급격히 늘어났다가, 오바마 집권 이후 줄어드는 현상을 볼 수 있다.

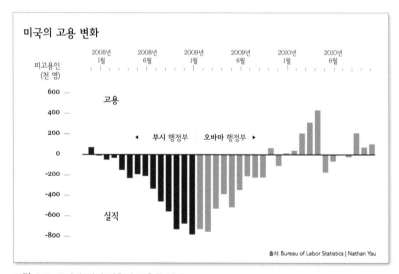

그림 4-1 오바마 집권 이후의 고용률 변화

이 차트만 보면 오바마의 새 행정부가 고용 상태에 확실히 긍정적인 영향을 가져온 듯 느껴진다. 하지만 좀 더 긴 시간의 단위에서 봐도 과연 똑같을까? 그림 4-2는 더 긴 시간 단위로 본 것이다. 차이가 느껴지는가?

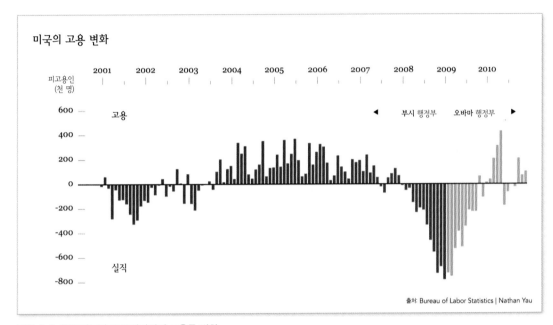

그림 4-2 2001년부터 2010년까지의 고용률 변화

큰 그림을 그려보는 것은 항상 중요하다. 그러나 디테일, 데이터의 특정 수치도 간과할 수 없다. 예외적인 경우가 있는가? 유난히 눈에 띄는 구간이 있는가? 급격한 증가^{spike}나 감소^{dip} 지점이 있는가? 있다면, 이 기간에 어떤 일이 있었던 걸까? 대개 이런 급격한 변화는 실제의 급격한 변화를 반영하고 있다. 그러나 간혹 데이터 입력 실수 때문일 수도 있다. 큰 그림, 전체 맥락을 보고 어느 쪽인지 스스로 판단해야 한다.

시간 나눔

시간 데이터는 분절형과 연속형으로 나눠볼 수 있다. 데이터가 어떤 구분에 해당하는지 알면 시각화 방법을 결정하는 데 도움이 된다. 분절형의 경우, 데이터는 특정 시점 또는 특정 시간의 구간 값으로 나타난다. 예를 들어 어떤 시험의 평균 통과율은 분절형 데이터다. 한 시점에 사람들이 시험을 치르면 그걸로 끝이다. 시험이 완전히 끝난 이후엔 시험 점수가 바뀌지 않고, 시험은 한 시점에 치뤄진다. 반면 기온 변화 같은 데이터는 연속형이다. 기온은 하루 중에도 어느 시점, 어떤 구간의 평균값으로도 측정할 수 있고, 지속적으로 변화한다.

이 절에서는 시간에 따른 분절형 데이터를 시각화하는 차트의 유형에 어떤 것이 있는지 살펴보고, R과 일러스트레이터를 통해 이런 차트를 만드는 방법을 상세히 알아본다. 일단은 전반적인 소개로 시작하고, 그 다음 배우는 디자인 패턴은 이 장 전체에서 반복적으로 적용해볼 수 있다. 따라서 이번 절은 무척 중요하다. 여기서 예제로 만들어보는 차트는 특정 종류에 국한되지만, 원리는 모든 시각화에 적용할 수 있다. 항상 큰 그림과 맥락을 생각해야 한다는 점을 기억하라.

막대 그래프

막대 그래프는 가장 흔한 차트 중 하나다. 누구나 다양한 유형의 막대 그래프를 봐왔으리라 생각한다. 스스로도 몇 가지 만들어봤을 수 있다. 막대 그래프는 다양한 데이터 유형에 적용해볼 수 있지만, 여기서는 시간에 관한 데이터에 적용하는 방법을 알아보자.

그림 4-3은 막대 그래프의 기본적인 구조를 설명한다. 시간축(가로축, x축)은 시간 순서대로 정렬된 시간의 특정 시점을 나타낸다. 그림에서는 시간이 2011년 1월부터 6월까지의 각 달을 나타내고 있지만, 연도, 날짜, 그 외의 다양한 시간 단위가 여기에 올 수 있다. 막대의 폭과 막대 간격은 어떤 값을 표시하지 않는다.

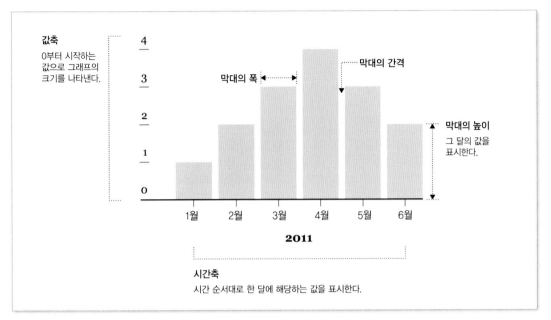

그림 4-3 막대 그래프의 구성

값축(세로축, y축)은 그래프의 크기 범위를 나타낸다. 그림 4-3에서는 전체 값축에서 0부터 최대값까지 간격에 따라 일정한 값을 표시한다. 막대의 높이는 값축의 한 값에 따라 그 달의 값을 나타낸다. 예를 들어 1월의 막대를 보면 1단위의 값을 나타내고, 4월의 막대는 그래프의 최대값 4를 나타내고 있다.

> **팁**
> 0 이상의 값을 표현해야 한다면 값축은 항상 0부터 시작해야 한다. 막대 그래프에서 길이를 비교하기 어려울 때만큼 이해하기 힘든 경우가 없다.

중요하다. 막대 그래프에서 값은 막대의 높이로 표시된다. 값이 작을수록 막대의 길이는 짧고, 값이 클수록 막대의 길이는 길어진다. 따라서 4단위 값을 표시하는 4월의 막대 길이가 2단위 값에 해당하는 2월의 막대 길이보다 2배 더 길다.

많은 프로그램이 기본 설정으로 값축의 최저값을 전체 데이터에서 가장 작은 값으로 조정한다. 이렇게 만든 그래프 그림 4-4는 값축이 1부터 시작한다. 그러나 이렇게 만든 경우 2월의 막대 길이는 4월 막대 길이의 절반이 되지 않는다. 도리어 1/3 정도의 값으로 보인다. 1월의 막대는 숫제 보이지도 않는다. 다시 한번 강조하자. 값축은 항상 0부터 시작하라. 0이 아닌 다른 값으로부터 시작하는 값축은 숫자 비례를 왜곡한다.

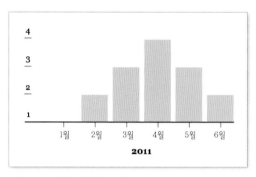

그림 4-4 1부터 시작하는 막대 그래프

막대 그래프 만들기

이제 실제 데이터로 첫 그래프를 만들어볼 시간이다. 여기서 사용하는 데이터는 스스로를 인간이라 칭하는 우리 인류의 역사에서 아주 중요한 기록이다. 지난 30년간 열려온 네이선의 핫도그 먹기 대회 결과를 보자.

최종 결과는 그림 4-5와 같다. 작업은 두 단계로 이뤄진다. 먼저 R로 막대 그래프를 만들고, 그 다음으로 일러스트레이터를 이용해 그래프를 보정했다.

이 먹기 대회를 잘 알지 못하는 사람들을 위해 부연설명을 하자면, 네이선 핫도그 먹기 대회는 매년 미국 독립기념일인 7월 4일 열리는 연간 대회로, ESPN에 방영될 정도로 유명하다.

1990년대 말의 우승자는 15분 안에 10~20개의 핫도그와 빵[HDB, hotdog and bun]을 먹었다. 그러나 2001년 일본의 프로 먹보 다케루 고바야시가 등장하면서부터, 이 대회에서 우승하려면 적어도 50HDB를 먹어야만 했다. 종전 세계 최고기록의 두 배에 달하는 양이다. 이야기는 여기에서 시작한다.

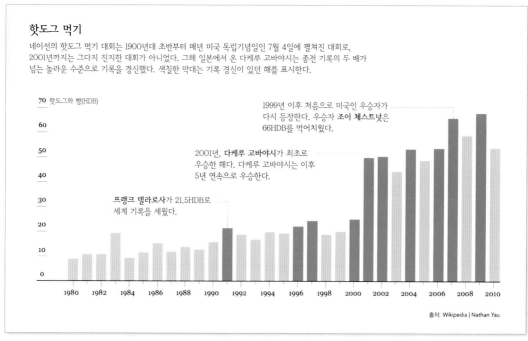

그림 4-5 네이션 핫도그 먹기 대회 기록을 보여주는 막대 그래프

위키피디아는 1916년 대회부터의 데이터를 보유하고 있지만, 이 대회가 정규적으로 개최되기 시작한 건 1980년부터이기 때문에 이 시점에서 시작한다. 위키피디아의 데이터는 HTML 테이블의 형태로 연도, 우승자의 이름, 먹어치운 HDB, 우승자의 국적을 나타낸다. 이 데이터를 CSV 파일로 엮어 http://datasets.flowingdata.com/hot-dog-contest-winners.csv에서 다운로드 받을 수 있도록 공개됐다. 앞의 다섯 줄을 살펴보자.

이 그래프의 데이터는 http://datasets.flowingdata.com/hot-dog-contest-winners.csv에서 CSV 파일로 받을 수 있다. 위키피디아의 'Nathan's Hot Dog Eating Contest' 페이지에서 원본 데이터와 대회의 역사를 확인해보자.

```
"Year","Winner","Dogs eaten","Country","New record"
1980,"Paul Siederman & Joe Baldini",9.1,"United States",0
1981,"Thomas DeBerry ",11,"United States",0
1982,"Steven Abrams ",11,"United States",0
1983,"Luis Llamas ",19.5,"Mexico",1
1984,"Birgit Felden ",9.5,"Germany",0
```

R에서 이 데이터를 불러오려면 read.csv() 명령을 사용한다. 이때 입력
변수로 자신의 컴퓨터에 다운로드 받은 위치를 지정하거나, 인터넷의 문서
주소 URL을 입력할 수도 있다. URL을 사용하는 경우로 가정하고 다음과
같이 적어보자.

```
hotdogs <- read.csv("http://datasets.flowingdata.com/hot-
dog-contest-winners.csv", sep=",", header=TRUE)
```

데이터를 자신의 컴퓨터에 저장해 다음 분석에 활용하려면 R의 작업 디렉
토리를 설정해서 메인 메뉴로 파일을 저장해서 쓴다. 또는 setwd() 함수로
저장할 수도 있다.

프로그래밍 초심자에겐 알 수 없는 암호의 나열처럼 보일 것이다. 이제부
터 그 암호를 쪼개서 부분별로 이해해보자. 위에 적은 한 줄의 문장은 R 프
로그램의 한 줄이다. read.csv() 함수는 3개의 인수를 받아 데이터를 가
져온다. 첫 번째 인수는 데이터의 위치로, 여기서는 파일의 주소에 해당하
는 URL 문자열을 넣었다.

두 번째 sep 인수는 데이터의 열을 구분하는 구분자가 무엇인지 결정한다.
원본 파일이 쉼표로 구분된 파일이므로, 쉼표 문자로 설정했다. 원본이 탭
으로 구분된 파일이었다면 쉼표 대신 탭 문자(\t)를 입력한다.

마지막 인수 header는 데이터 파일에 헤더, 즉 열 이름이 첫 줄에 적혀 있
는지 여부를 설정한다. 원본 파일은 열 순서대로 연도Year, 우승자의 이름
Winner, 우승자가 먹어치운 핫도그 수Dogs eaten, 우승자의 국적Country이다. 그
리고 나는 마지막에 속성 하나를 추가했다. 눈치 챘는지? 바로 새 기록New
record이다. 세계 기록이 경신된 해라면 1의 값을, 그렇지 않을 경우 0으로
설정되어 있다. 바로 다음부터 이 값을 쓰게 될 것이다.

이제부터 R로 가져온 데이터를 hotdogs라는 이름의 변수로 쓰게 된다. 기
술적으로 보면 데이터는 데이터 프레임으로서 저장되지만, 당장 이 사실은

중요하지도 않고 알 필요도 없다. **hotdogs**를 입력해보면 다음과 같은 데이 터 프레임을 볼 수 있을 것이다.

```
  Year                      Winner Dogs.eaten      Country New.record
1 1980 Paul Siederman & Joe Baldini      9.10 United States          0
2 1981             Thomas DeBerry        11.00 United States          0
3 1982             Steven Abrams         11.00 United States          0
4 1983               Luis Llamas         19.50        Mexico          1
5 1984              Birgit Felden         9.50       Germany          0
```

Dogs eaten이 Dogs.eaten으로 바뀐 것처럼, 열 이름에 있던 공백 문자 는 마침표(.)로 바뀌어 있다. New record도 마찬가지다. 데이터의 특정 열 에 접근하려면 데이터 프레임 뒤에 달러 표시($)를 넣고 열 이름으로 불러 온다. 예를 들어, Dogs.eaten 열을 가져오는 코드는 다음과 같다.

```
hotdogs$Dogs.eaten
```

이제 R로 데이터를 가져왔으니, 바로 barplot() 명령으로 그래프를 그려 보자.

```
barplot(hotdogs$Dogs.eaten)
```

이 명령은 R에게 Dogs.eaten 열로 그래프를 그리라는 뜻이다. 그림 4-6 과 같은 결과가 표시된다.

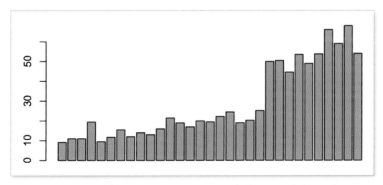

그림 4-6 R에서 barplot() 명령으로 만든, 우승자가 먹은 핫도그 수의 기본 그래프

이 결과도 나쁘진 않지만, 발전의 여지는 있겠다. barplot() 함수에 names.arg 인수를 설정해서 막대에 이름을 매겨보자. 이 경우, 하나의 막대는 그해의 대회를 나타낸다.

```
barplot(hotdogs$Dogs.eaten, names.arg=hotdogs$Year)
```

그림 4-7과 같이 아래에 라벨이 표시된 결과 그래프를 볼 수 있다.

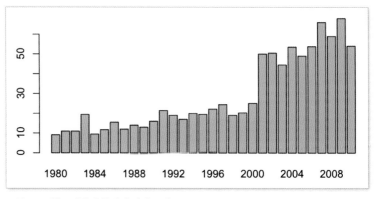

그림 4-7 연도 라벨이 추가된 막대 그래프

다른 인수도 바꿔보자. 축의 라벨을 더할 수 있고, 막대의 외곽선을 설정할 수 있으며, 색상을 바꿀 수 있다. 그림 4-8과 같이 만들어보자.

```
barplot(hotdogs$Dogs.eaten, names.arg=hotdogs$Year,
    col="red", border=NA, xlab="Year",
    ylab="Hot dogs and buns (HDB) eaten")
```

col 인수는 색상을 설정한다. R에 정의된 색상 이름을 넣거나, #821122처럼 16진수 색상 코드를 넣을 수 있다. border 인수는 막대의 외곽선을 설정하며, 여기서는 외곽선을 그리지 않는다는 의미로 '값이 없음'을 의미하는 논리상수 NA를 넣었다. xlab과 ylab 인수는 x, y축의 라벨을 결정하며, 각각 "Year"와 "Hot dogs and buns (HDB) eaten"을 입력했다.

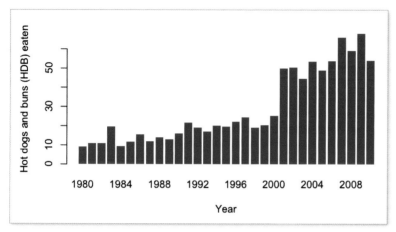

그림 4-8 막대 색상을 바꾸고 축에 라벨을 부여한 막대 그래프

스스로를 단 하나의 색상으로 제한하지 말자. barplot()에 여러 색상을 집어넣어, 각 막대를 원하는 색상으로 칠해볼 수 있다. 그 예로 그림 4-9를 보자. 미국인이 우승한 해의 막대를 짙은 빨간색(#821122)으로 강조하고, 그렇지 않은 해를 옅은 회색(#cccccc)으로 칠했다.

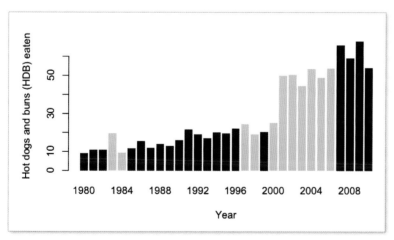

그림 4-9 막대의 색상을 달리해서 그린 막대 그래프

이런 기능을 적용하려면 우선 색상 정보를 담은 R의 리스트^{list} 또는 벡터 ^{vector}를 만들어둬야 한다. 리스트, 벡터의 한 값은 그 순서에 해당하는 연도 막대의 색상값을 담게 된다. 여기서는 미국인이 우승한 해의 막대는 짙은 빨강으로, 나머지를 옅은 회색으로 칠했다. 이 부분에 대한 코드를 보자.

```
fill_colors <- c()
for( i in 1:length(hotdogs$Country) ) {
    if (hotdogs$Country[i] == "United States") {
        fill_colors <- c(fill_colors, "#821122")
    } else {
        fill_colors <- c(fill_colors, "#cccccc")
    }
}
```

코드의 첫 줄은 fill_colors라는 빈 벡터 변수를 만든다. R에서 c() 명령은 벡터 변수를 생성한다.

다음 줄부터는 for 반복문이다. 1부터 hotdogs 데이터 프레임의 항목 숫자만큼을 i번째에 대해 반복 수행한다. 더 정확하게는 hotdogs 데이터 프레임에서 한 열, Country를 가져와 그 길이만큼 반복한다. 길이를 가져오는 length() 함수를 hotdogs 데이터 프레임에 적용하면 열의 숫자를 반환한다. hotdogs 데이터 프레임엔 5개의 열이 있으므로 5가 반환된다. 그러나 우리에게 필요한 것은 행의 숫자, 31(1980~2010)이다. 따라서 반복문은 Country 원소 숫자에 해당하는 행 숫자만큼 31번을 반복하고, 매 반복마다 i 값은 1씩 증가한다.

따라서 반복문이 처음 시작되면 i의 값은 1이 되고, 그 다음 줄 if 조건문에서 hotdogs 데이터 프레임의 Country 열 목록의 첫 번째 값을 참조한다. 그 값이 미국^{United States}이라면 짙은 빨강의 16진수 색상값 #821122를 fill_colors 벡터에 추가하고, 그렇지 않은 경우 옅은 회색의 16진수 색상값 #cccccc를 추가한다.

1980년의 우승자는 미국인이었으므로 조건문의 앞 줄을 실행한다. 같은

> **참고**
>
> 대부분의 프로그래밍 언어는 배열이나 리스트, 벡터의 원소를 0번부터 매기는 0 인덱스 방식을 사용한다. 그러나 R은 1부터 시작하는 1 인덱스 방식을 쓴다.

방법으로 나머지 연도의 기록에 대해 30번을 더 반복한다. R 콘솔에 **fill_colors**를 입력해서 결과를 보자. 원하던 값이 순서대로 들어간 벡터를 확인할 수 있다.

이제 barplot() 함수의 col 인수에, 앞에서 만든 fill_colors 벡터를 넘겨준다.

```
barplot(hotdogs$Dogs.eaten, names.arg=hotdogs$Year,
    col=fill_colors, border=NA, xlab="Year",
    ylab="Hot dogs and buns (HDB) eaten")
```

바로 전에 썼던 코드와 비교하면 col 인수가 "red" 대신 fill_colors로 바뀌었고 나머지는 같다.

그림 4-5에서 봤던 최종 결과 막대 그래프는 미국인이 우승한 해가 아니라 새로운 세계 기록이 세워진 해의 색상을 달리해서 표시하고 있다. 과정과 구조는 같다. 앞에서 썼던 코드의 조건문 조건만 바꾸면 된다. New.record 열이 종전 세계 기록의 갱신 여부를 담고 있으므로, 이 열의 값이 1이라면 짙은 빨강(#821122)으로, 아닐 경우 회색(#cccccc)으로 칠하자. 아래는 막대의 색상값을 담은 벡터를 만들어주는 코드다.

```
fill_colors <- c()
for( i in 1:length(hotdogs$New.record) ) {
    if (hotdogs$New.record[i] == 1) {
        fill_colors <- c(fill_colors, "#821122")
    } else {
        fill_colors <- c(fill_colors, "#cccccc")
    }
}
barplot(hotdogs$Dogs.eaten, names.arg=hotdogs$Year,
    col=fill_colors, border=NA, xlab="Year",
    ylab="Hot dogs and buns (HDB) eaten")
```

미국인이 우승한 해의 막대만 색상을 달리했던 그래프의 코드에서 조건문의 조건만 바꾼 코드다. 다음 그림 4-10과 같은 결과를 볼 수 있다.

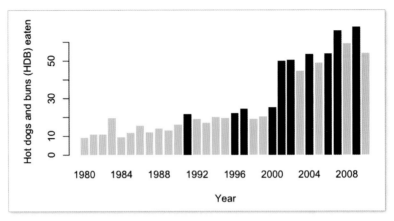

그림 4-10 그림 4-9와 다른 조건으로 막대의 색을 달리한 막대 그래프 결과

> **팁**
>
> 막대의 간격 설정 시 유의하라.
> 막대의 폭과 간격이 거의 같으
> 면 사이 공간에 가상의 막대가
> 있는 듯한 착시현상을 일으킬
> 수 있다.

마지막으로 barplot()의 기타 인수를 알아보자. 막대의 간격을 설정하는
space와 제목을 설정하는 main 등이 있다.

```
barplot(hotdogs$Dogs.eaten, names.arg=hotdogs$Year,
    main="Nathan's Hot Dog Eating Contest Results,
    1980-2010", col=fill_colors, border=NA, space=0.3
    xlab="Year", ylab="Hot dogs and buns (HDB) eaten")
```

위 명령의 결과는 그림 4-11과 같다. 막대 간의 간격이 약간 늘어나고 그
래프 위에 제목이 추가됐음을 확인할 수 있다.

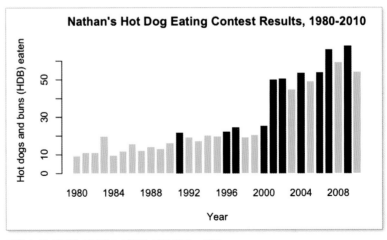

그림 4-11 간격을 조정하고 제목을 붙인 막대 그래프

짜잔! 이로써 R 맛보기가 끝났다.

File파일 메뉴의 저장 항목으로 그래프를 저장할 수 있다. 지금 만든 그래프는 바로 뒤에서 쓰기 위해 PDF 형식으로 저장한다.

> **팁**
> R에서 함수의 참조 문서를 보려면 물음표(?) 뒤에 함수 이름을 입력하면 된다. 예를 들어 barplot 명령의 설명을 보고 싶다면 **?barplot**이라 적는다. 이렇게 적어넣으면 함수의 설명과 입력 가능한 인수의 목록이 출력된다. 또한 적용 가능한 예제가 함께 출력되기 때문에 무척 유용하게 활용할 수 있다.

일러스트레이터로 그래프 보정하기

지금까지 기본이 되는 막대 그래프를 만들었다. 이대로도 나쁘진 않다. 분석을 위해 만든 그래프라면 추가로 작업할 게 없다. 그러나 이 그래프 자체로 의미를 지니게 하려면, 다른 사람들이 좀 더 쉽게 이해할 수 있도록 추가 작업을 해야 한다.

이제 그래프를 스토리텔링의 관점에서 바라보자. 스스로 그림 4-11의 그래프를 보게 된 독자라고 가정해보자. 이 그래프에서 무엇을 얻을 수 있는가? 제목을 보고 막대가 연도에 따른 핫도그 숫자를 표시한다는 건 알겠다. 한 사람의 식습관을 나타낸 걸까? 한 사람이 한 번에 먹었다고 생각하기엔 다소 많은 양이다. 그렇다면 짐승이 먹어치운 양인가? 거리의 새들이 먹어치우는 양을 말하는 걸까? 한 사람이 1년 동안 먹었던 평균 핫도그 숫자를 말하는 건가? 그러면 왜 몇몇 막대가 색상으로 강조되어 있을까?

> **팁**
> 데이터 그래픽을 디자인할 땐 독자의 눈으로 보자. 어디에 보충 설명이 필요할까?

그래프를 만든 사람은 숫자 뒤의 맥락을 분명하게 알 수 있지만, 독자는 맥락을 알지 못한다. 따라서 그 맥락을 설명해줘야 한다. 좋은 데이터 디자인은 독자로 하여금 이야기를 쉽고 분명하게 이해하도록 한다. 그래프의 개별 구성요소를 손으로 수정할 수 있도록 돕는 도구, 일러스트레이터가 도움을 줄 수 있는 부분이다. 일러스트레이터로 글자체를 바꾸거나, 설명을 추가하고, 축을 수정하거나, 색상을 바꾸는 등 상상할 수 있는 거의 모든 일

> **팁**
> 일러스트레이터가 없다면 무료 오픈소스 도구, 잉크스케이프를 쓰자. 잉크스케이프의 기능이나 메뉴 항목은 일러스트레이터와 똑같진 않아도 거의 비슷한 기능을 찾아낼 수 있다.

을 할 수 있다.

이 책에서 설명하는 일러스트레이터 수정은 간단한 기능뿐이다. 그러나 예제를 직접 진행하고 스스로 데이터 그래픽을 만들어보며, 작은 수정이 데이터 그래픽의 의미를 분명하게 정리해주는지 직접 확인하게 될 것이다.

모든 일에는 우선순위가 있다. 먼저 앞에서 만든 막대 그래프의 PDF 파일을 일러스트레이터로 연다. 그래프가 하나의 창으로 열리며 그 옆에 도구tools, 색상colors, 폰트fonts 등 몇 개의 작은 도구창이 열려 있는 모습을 볼 수 있다. 설명문을 추가하기 위한 기능은 그림 4-12와 같은 도구상자Tools window에 있다. 도구상자를 가장 많이 쓰게 될 것이다. 화면에 도구상자가 보이지 않으면 메뉴의 Window원도우 항목에서 Tools도구상자를 선택해서 드러낸다.

검정색 화살표는 선택 도구Selection tool를 나타낸다. 선택 도구를 사용할 땐 마우스 포인터가 검은 화살표로 바뀌면서, 외곽선을 기준으로 대상을 선택하거나 끌어 옮길 수 있다. 이때 선택한 요소의 외곽선은 그림 4-13과 같이 하이라이트로 표시된다. 일러스트레이터에서 이러한 외곽선 하이라이트는 클리핑 마스크clipping mask라 한다. 클리핑 마스크의 활용법은 다양하지만, 여기서는 딱히 신경 쓸 필요가 없다. 키보드에서 Delete 키를 눌러 선택한 요소를 지워보자. 전체 그래픽을 지워봤으면 삭제를 취소undo하자. 이때 직접 선택 도구Direct Selection tool(도구상자의 흰색 화살표)를 선택하면 대상이 아닌 클리핑 마스크를 선택할 수 있다.

그림 4-12
일러스트
레이터의
도구상자

이제 글자체를 바꿔보자. 쉽다. 다시 선택 도구로 돌아와서 바꾸려는 텍스트를 선택한다. 그림 4-14의 폰트Font 창 드롭다운 메뉴에서 원하는 글자체를 선택한다. 메인 메뉴의 Type타입 항목에서 폰트설정 창을 열어 바꿀 수도 있다. 여기서는 Georgia Regular 서체로 바꿔보자(그림 4-15).

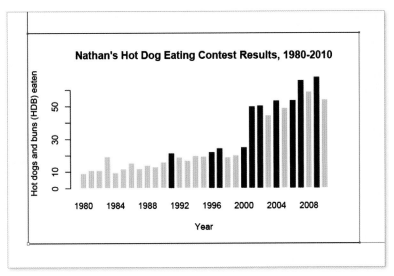

그림 4-13 PDF의 삭제 클리핑 마스크

그림 4-14 일러스트레이터의 폰트 창

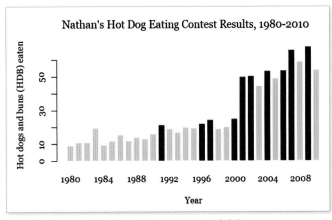

그림 4-15 그래프의 글자체를 Georgia Regular로 바꿨다.

다음으로 값을 표시하는 세로축의 숫자에 손을 대야 할 것 같다. 숫자가 왼쪽으로 돌아가 있는데, 더 편하게 읽으려면 똑바로 적는 편이 좋겠다. 숫자를 클릭한다. 숫자를 선택했을 때 그 밖의 구성요소가 함께 하이라이트된다는 점에 주목하자. 숫자 요소가 그래프의 기타 요소와 그룹으로 묶여있기 때문이다. 숫자만 돌리려면 그룹을 해제해야 한다. 그룹해제 기능은

Object^{대상} 메뉴에 있다. Ungroup^{그룹해제} 항목을 선택한다. 숫자 라벨의 선택을 해제한 다음 숫자만 다시 선택해보자. 이제 숫자만 선택된다. 우리가 원하던 결과다. 이 화면을 보기까지 몇 번의 그룹해제를 해야 한다. 그 많은 작업 대신 직접 선택 도구로 숫자만 직접 선택할 수도 있다.

숫자를 선택한 상태에서 Object^{대상} 메뉴로 돌아가서 Transform^{변환} ⇨ Transform Each^{개별 변환} 항목을 선택한다. 그림 4-16과 같은 창을 볼 수 있다. 여기서 회전 각도^{rotation angle}를 –90으로 설정하고 OK 버튼을 클릭한다. 라벨이 오른쪽으로 90도 회전할 것이다.

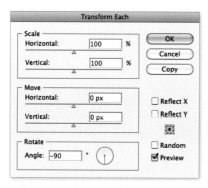

그림 4-16 변환(Transform) 도구

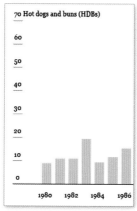

그림 4-17 값축을 간략화한 후의 막대 그래프

여기까지 왔으면 값축의 숫자 라벨(눈금자가 아니라)을 눈금자 왼쪽에서 위로, 오른쪽 위 방향으로 이동시킨다. 선택한 요소는 키보드의 방향키나 마우스 드래그로 이동시킬 수 있다. 값축의 단위 라벨 핫도그 수(HDB)도 축 바로 옆에 붙여넣을 수 있다. 독자의 시선은 왼쪽에서 오른쪽으로 이동하기 때문에 이런 배치가 가독성을 높여준다. 그 결과로 그림 4-17 같은 그래픽을 보게 될 것이다.

점점 최종 결과(그림 4-5)에 가까워진다. 그러나 몇 가지 빠져 있긴 하다. 가로축의 눈금자도 없고, 설명문도 없다. 그리고 네이선 핫도그 로고의 녹색 하이라이트를 넣으면 더 근사할 것 같다.

세로의 값축에서 세로선을 지우면 간략화할 수 있겠다. 이 그래픽에서 세로선은 데이터를 이해하는 데 아무런 도움도 주지 못하고 있다. 최종 결과의 값축에 눈금만 있었던 것을 떠올려보자. 선택 도구로 값축에서 세로선을 선택하면 라벨도 함께 선택된다. 축 전체가 한 그룹으로 묶여 있기 때문이다. 선만 선택하려면 직접 선택 도구로 세로선을 선택한다. 세로선만 선택한 다음, Delete 키로 보내버린다.

팁

데이터 그래픽은 데이터에 조명을 비춰주는 것과 같다. 데이터를 더 잘 설명하는 데 필요하지 않은 구성요소는 모조리 지우자.

눈금자를 만드는 방법은 여러 가지가 있지만, 여기서는 하나만 알아보자. 펜 도구를 쓰면 간단히 직선을 그릴 수 있다. 도구상자에서 펜^{Pen} 도구를 선택하고 스트로크^{Stroke} 창에서 선의 스타일을 설정한다. 폭 0.3픽셀의 직선으로 선택하고, 점선^{Dashed Line} 체크박스를 건드리지 않도록 유의하자.

직선을 그리려면 선(이 경우, 눈금자)의 시작점을 클릭한 다음, 두 번째 점을 클릭한다. Shift 키를 누른 상태로 두 번째 점을 클릭하면 자동으로 직선이 그려진다. 이렇게 해서 하나의 눈금자를 만들 수 있다. 매년의 눈금자를 만들어야 하니 앞으로 30개만 더 만들면 된다.

일일이 손으로 그리는 것보다 더 좋은 방법이 있다. 맥^{Mac}이라면 Option 키를, PC라면 Alt 키를 누른 상태에서 눈금자를 선택한다. 키를 누른 상태로 다음 눈금자를 붙일 위치를 클릭하면 그 위치에 복사본이 생성된다. 이제 맥에서는 Command+D, PC라면 Ctrl+D 키를 누르면 처음과 다음 눈금자 간격만큼 떨어진 다음 눈금자를 자동으로 복제해준다. 원하는 만큼(29개) 눈금자를 복제하자.

마무리로, 전체 눈금을 정렬한다. 마지막 눈금자를 마지막 막대의 정중앙에 오도록 이동시킨다. 첫 눈금자는 첫 번째 막대의 정중앙에 있어야 한다. 이

제 전체 눈금자를 선택해서 하이라이트하고, 정렬^{Align} 창에서 일정한 가로
간격 정렬^{Horizontal Distribute Center}을 선택한다(그림 4-18).

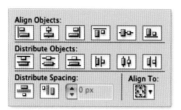

그림 4-18 일러스트레이터의 정렬 창

정렬 기능은 끝에서 끝 사이에 있는 모든 요소를 같은 간격으로 배치한다.
추가적으로, 하나 간격을 두고 눈금자를 선택해서 세로 길이를 짧게 조정
하자. 긴 눈금 아래에만 연도 라벨을 붙이면 연도가 분명하게 구분된다.

막대의 색상을 바꾸려면 직접 선택 도구로 돌아가 빨간 막대를 일일이 선택
해줘야 한다. 여기서는 빨간색 막대가 그리 많지 않아 금방 할 수 있지만, 훨
씬 많은 요소를 선택해야 하는 경우라면 어떻게 할까? 먼저 빨간색 막대 하
나를 선택하고, 메뉴에서 Select ⇨ Same ⇨ Fill Color를 선택한다. 채움색이
앞에 선택했던 빨간색과 같은 막대만 선택해준다. 정확히 원하는 동작이다.
이제 색상^{Color} 창에서 선택한 막대들의 색상을 바꿔준다. 여기서 외곽선과
색상을 모두 바꿀 수 있지만, 그림 4-19와 같이 채움색만 바꿔보자.

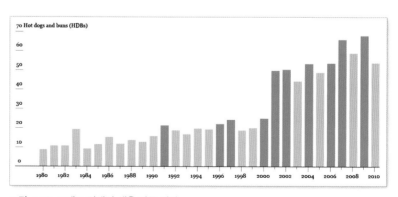

그림 4-19 그래프 막대의 색을 바꾼 결과

도구상자에서 타입Type 도구를 선택하면 그래픽에 텍스트 상자를 추가할
수 있다. 이 그래픽을 보는 독자에게 분명하게 이해되지 않는 것을 명료
하게 설명해줄 수 있는 기회다. 적당한 글자체를 선택해서, 그래프의 축
과 라벨에 쓰인 글자와 구분되도록 크기와 스타일을 달리해서 설명문을
적어주자.

예제 핫도그 그래픽에서 중요한 부분을 설명해준다. 여기서 중요한 부분은
1980년 이후 최초의 세계 기록, 다케루 고바야시의 등장, 그리고 오늘날의
조이 체스트넛의 복권이다. 또 제목과 그래픽의 요지를 설명해주는 도입문
을 함께 적어넣자.

마지막으로, 그러나 결코 가볍지 않은 부분이다. 데이터 출처를 잊지 말자.
데이터 출처 표기만큼 데이터의 신뢰도를 높여주는 방법도 없다.

이 모든 작업을 마치고 나면 그림 4-5와 같은 최종 결과 그래픽을 만들 수
있다.

과정이 적응하기 어렵다는 점은 이해하지만, 더 많은 그래픽을 만들수록
차차 익숙해질 것이다. 일정한 패턴을 따라 R을 비롯한 필요한 프로그래밍
언어로 코딩할 수 있고, 일러스트레이터의 다양한 도구를 조합하면 당장
필요한 작업을 하나하나 깨우치게 될 것이다.

이어지는 예제에서는 다른 유형의 시계열 데이터 그래픽을 R과 일러스트
레이터로 만드는 과정을 살펴본다. 이제 두 도구의 기본적인 사용법은 익
혔으므로, 다음 예제부터는 빨리 진행해보자.

> **팁**
>
> 그래픽을 만들 땐 반드시 데이터 출처를 표시한다. 데이터 출처 표기는 신뢰성을 높여줄 뿐만 아니라 데이터의 맥락도 설명해준다.

누적 막대 그래프

누적 막대 그래프의 구성은 일반적인 막대 그래프와 거의 비슷하다(그림
4-20). 단 하나의 차이점이라면 한 구간에 해당하는 막대가 누적되어 쌓인
다는 점뿐이다. 한 구간이 몇 개의 세부항목으로 나뉘면서도 전체의 합이

의미가 있을 때 누적 막대 그래프를 쓴다.

막대 그래프와 마찬가지로, 누적 막대 그래프 역시 일시적인 데이터 표현에만 국한되지 않는다. 이 두 가지는 분류가 있는 데이터에 많이 활용되곤 한다. 그러나 그림 4-19를 보면, 월 단위를 분류로 삼은 (시간으로 나눈) 데이터를 표현하고 있다.

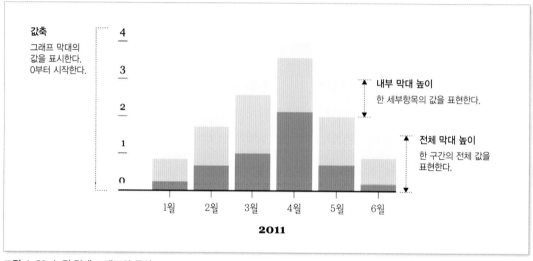

그림 4-20 누적 막대 그래프의 구성

누적 막대 그래프 만들기

누적 막대 그래프는 (보통 막대 그래프와 같이) 상대적으로 흔한 유형에 속하기 때문에, 만드는 방법에도 여러 가지가 있다. 여기서는 R로 만드는 방법을 소개한다. R에서 누적 막대 그래프를 만드는 방법은 앞서 보통의 막대 그래프를 만드는 과정과 비슷하다.

1. 데이터를 가져온다.
2. 데이터가 적절한 형식에 맞춰지게 한다.
3. R의 함수 명령어로 그래프를 만든다.

이 세 단계의 과정은 R로 데이터 그래픽을 만드는 일반적인 과정이다. 각 과정에 걸리는 시간은 상황에 따라 달라진다. 데이터를 적절한 형태로 만드는 시간이 가장 오래 걸릴 수도 있고, 원하는 결과를 얻어내기 위해 R 함수를 직접 만들어야 할지도 모른다. 어떤 경우라도 결국엔 이 세 가지 단계를 따른다. 이 책의 뒤에서 살펴보겠지만, 다른 언어로 같은 작업을 하더라도 결국엔 동일한 과정을 따르게 된다.

누적 막대 그래프의 이야기로 돌아가자. 앞의 네이선 핫도그 먹기 대회 데이터를 보자. 이 책에서 핫도그 데이터를 쓰는 건 여기가 마지막이니, 충분히 즐겨보자. 결과로 만들고 싶은 누적 막대 그래프는 그림 4-21과 같다.

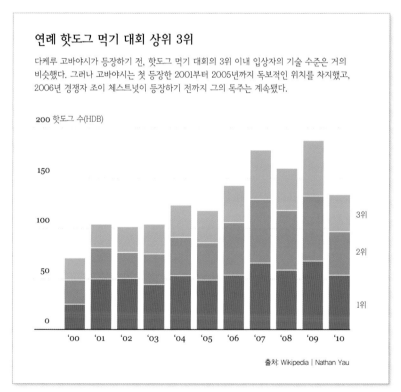

그림 4-21 2000~2010년의 연례 핫도그 먹기 대회 상위 3위 입상자들의 기록 누적 막대 그래프

그림 4-21의 그래프는 단순히 한 명의 우승자 기록을 표현하는 것이 아니라, 그해의 3위 이내 입상자 세 명의 기록을 모아서 보여주고 있다. 누적 막

대 하나는 한 해를, 누적된 막대 부분은 상위 3위 입상자 중 한 사람을 각각 표시한다. 위키피디아에 기록된 데이터는 2000년분부터이므로, 그래프도 2000년부터 시작한다.

중요한 일부터 처리하자. 데이터를 R로 가져온다. URL을 포함한 다음 코드로 가져올 수 있다.

```
hot_dog_places <- read.csv("http://datasets.flowingdata.
com/hot-dog-places.csv", sep=",", header=TRUE)
```

R 콘솔에 **hot_dog_places**를 입력해서 데이터를 살펴보자. 한 열이 한 해의 기록을 나타내고, 행은 위에서부터 1, 2, 3위 입상자를 나타낸다.

```
  X2000 X2001 X2002 X2003 X2004 X2005 X2006 X2007 X2008 X2009 X2010
1    25  50.0  50.5  44.5  53.5    49    54    66    59  68.0    54
2    24  31.0  26.0  30.5  38.0    37    52    63    59  64.5    43
3    22  23.5  25.5  29.5  32.0    32    37    49    42  55.0    37
```

열 이름이 'X'로 시작한다는 사실을 눈치 챘는지? 원본 데이터에서 연도를 나타내는 열 이름은 숫자로 이뤄져 있는데, R의 입장에서는 숫자와 열 이름의 구분이 애매하기 때문에, 구분 가능한 열 이름 형식(기술적인 용어로는 문자열^{string})으로 만들려 앞에 'X' 문자를 자동으로 추가한다. 하지만 누적 막대 그래프를 그릴 때 열 이름을 라벨로 써야 하므로 이 부분을 수정해준다.

```
names(hot_dog_places) <- c("2000", "2001", "2002", "2003",
    "2004", "2005", "2006", "2007", "2008", "2009", "2010")
```

표기를 문자열로 전달하기 위해 연도 숫자를 따옴표(")안에 넣어서 전달한다. 다시 한 번 **hot_dog_places**를 입력해보면 열 이름이 원하는 대로 바뀐 것을 볼 수 있다.

```
  2000 2001 2002 2003 2004 2005 2006 2007 2008 2009 2010
1   25 50.0 50.5 44.5 53.5   49   54   66   59 68.0   54
2   24 31.0 26.0 30.5 38.0   37   52   63   59 64.5   43
3   22 23.5 25.5 29.5 32.0   32   37   49   42 55.0   37
```

이제 앞서와 같이 barplot() 함수를 불러온다. 다만 이 경우 입력하는 데이터의 형식이 다르다. barplot()에 온전히 데이터를 전달하려면, 본래 데이터 프레임 형식인 변수 hot_dog_places를 행렬^matrix 형태로 변환해야 한다. 데이터 프레임과 행렬은 R의 각기 다른 데이터 형식이지만, 여기서는 둘의 차이점을 군이 설명할 필요가 없으니 넘어가자. 여기서 필요한건 데이터 프레임을 행렬로 변환하는 방법뿐이다.

```
hot_dog_matrix <- as.matrix(hot_dog_places)
```

hot_dog_places 변수에 저장된 내용을 새로 만든 행렬 변수 hot_dog_matrix에 저장한다. 이렇게 만든 행렬 데이터를 barplot() 함수에 전달할 수 있다.

```
barplot(hot_dog_matrix, border=NA, space=0.25, ylim=c(0, 200),
    xlab="Year", ylab="Hot dogs and buns (HDBs) eaten",
    main="Hot Dog Eating Contest Results, 1980-2010")
```

외곽선(border)은 없고(NA), 사이 간격(space)은 막대의 0.25배, 값축의 범위(ylim)는 0에서 200이고, 제목(main)과 x, y축 라벨을 설정했다. 결과는 그림 4-22와 같다.

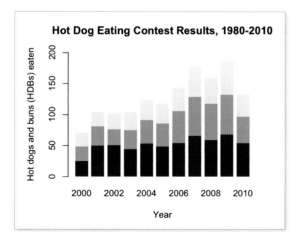

그림 4-22 R로 만든 누적 막대 그래프

코드 몇 줄로 만든 결과라는 점을 생각하면 나쁘지 않지만, 좀 더 손볼 필요가 있겠다. 결과 그래프를 보정하자. 그래프 이미지를 PDF로 저장해서 일러스트레이터로 연다. 앞에서 썼던 도구를 그대로 활용한다. 텍스트와 문자 쓰기 도구로 문자 부분을 조절하고, 글자체를 바꾸고, 세로축을 간략화하고, 같은 속성을 선택하는 기능으로 막대의 색상을 수정한다. 물론 데이터 출처를 명기하는 것도 잊지 말자(그림 4-23).

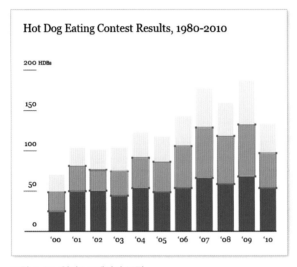

그림 4-23 일러스트레이터 보정

도입문을 적어넣고 제목을 바꿔주면 앞에서 봤던 그림 4-21과 흡사한 결과를 만들 수 있을 것이다.

다음 장에서는 누적 막대 그래프의 연속선상에 있는 친척 그래프를 소개한다. 바로 누적 면적 그래프다. 구조는 비슷하다. 연속적인 흐름을 연결해 쌓는다고 생각해보라.

점 그래프

막대 그래프보다 점 그래프가 더 적절한 경우가 있다. 면적을 표시할 필요가 없기 때문에 더 적은 공간에 그릴 수 있고, 한 점에서 다음 점으로 변하는 흐름을 파악하기 쉽다. 그림 4-24는 시간 데이터를 점 그래프로 그릴 때의 구조를 보여준다.

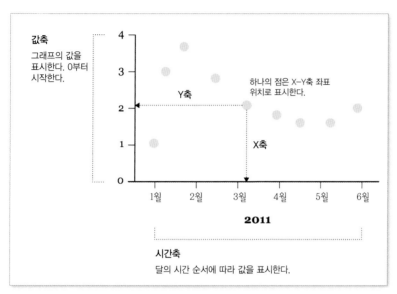

그림 4-24 점으로 표시하는 그래프의 구성

흔히 스캐터플롯scatterplot(흩어 뿌린 점)이라 불리는 이런 유형의 점 그래프는 주로 시간과 관련되지 않은 데이터의 시각화에서 널리 쓰인다. 일반적으로 두 변수의 연관 관계를 보여줄 때 많이 쓰는데, 이 내용은 6장 '관계 시각화'에서 설명한다. 시간 데이터에 대한 점 그래프에선 X축이 시간을 나타내고, 측정한 값은 세로축으로 표시한다.

값을 눈에 보이는 면적으로 표시하는 막대 그래프와 달리 스캐터플롯 점 그래프는 위치로 표기한다. 하나의 점마다 X, Y축 좌표를 구할 수 있고, 이 좌표 위치를 서로 비교해서 시간과 값을 구할 수 있다. 따라서 스캐터플롯의 값축이 항상 0에서 시작할 필요는 없지만, 연습하기엔 0으로 시작하는 편이 좋다.

스캐터플롯 만들기

R에서는 plot() 함수로 쉽게 스캐터플롯을 만들 수 있고, 데이터 시각화의 목적에 따라 다양한 변화를 줄 수 있다. 예제의 최종 결과가 될 그림 4-25를 보자.

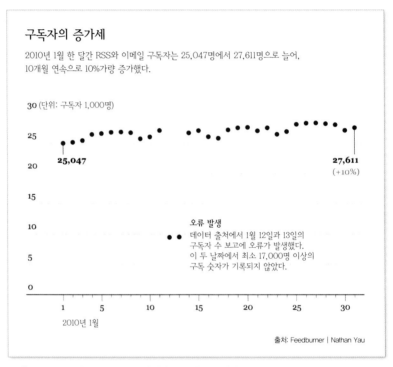

그림 4-25 R로 만들고 일러스트레이터로 수정한 스캐터플롯

그래프를 만든 데이터는 2010년 1월 한 달간 피드버너Feedburner로 수집한 플로잉데이터 블로그의 RSS와 이메일 구독자의 이야기를 담고 있다. 피드버너는 일 단위로 블로그의 구독자 숫자를 추적해서 알려준다. 2010년 1월 1일 25,047명이었던 블로그 구독자 수는 그달의 마지막 날에 이르러선 27,611명이 되었다. 이 데이터에서 가장 흥미로운 부분은 중순 즈음에 있는 급감의 기록이다. 그 시기에 내가 무언가 블로그에 잘못 쓴 것이 있어서 17,000명이 갑자기 구독을 중단했을까? 그럴 것 같진 않다.

> **팁**
> 데이터 그 자체가 곧 사실은 아니다. 입력 오류, 측정 오류, 혹은 그 밖의 다양한 문제로 실제와 동떨어진 데이터가 발생할 수 있다.

R로 그래프를 만드는 3단계를 기억하고 있는가? 첫 번째는 데이터를 가져오는 것이다. read.csv() 함수에 URL을 입력해서 데이터를 가져오자.

```
subscribers <- read.csv("http://datasets.flowingdata.com/
flowingdata_subscribers.csv", sep=",", header=TRUE)
```

다음 명령을 콘솔에 입력해서 데이터의 첫 다섯 줄을 확인한다.

```
subscribers[1:5,]
```

그 결과가 아래와 같아야 한다.

```
        Date Subscribers Reach Item.Views  Hits
1 01-01-2010       25047  4627       9682 27225
2 01-02-2010       25204  1676       5434 28042
3 01-03-2010       25491  1485       6318 29824
4 01-04-2010       26503  6290      17238 48911
5 01-04-2010       26654  6544      16224 45521
```

날짜Date, 구독자 수Subscribers, 접속자 수Reach, 읽은 글 수Item.Views, 접속 수Hits의 5개 열이 있다. 이 중에선 구독자 수만 보면 된다.

날짜도 함께 볼 수 있겠지만, 데이터 행 번호가 이미 날짜에 따른 시간 순서로 배치되어 있기 때문에 첫 열을 그래프에 전달해 쓸 필요는 없다. 다음 코드를 입력해서 점 그래프를 만들어보자. 결과는 그림 4-26과 같을 것이다.

```
plot(subscribers$Subscribers)
```

쉽지 않은가? plot() 함수는 사실 다양한 유형의 그래프 생성 기능을 담고 있지만 기본 유형은 점 그래프다. 앞선 명령 코드에는 구독자 수만 전달했다. plot() 함수에 하나의 데이터 배열만 입력하면, 자동으로 배열의 원소가 값을 표시하는 것으로 가정하고, 배열의 순서를 x축 좌표로 사용한다.

이제 함수 명령에 점 그래프 유형임을 명시하고, 값을 0에서 30,000 사이로 지정해서 그래프를 만들어보자.

```
plot(subscribers$Subscribers, type="p", ylim=c(0, 30000))
```

결과는 그림 4-27과 같다. 언뜻 보기엔 그림 4-26과 차이가 없어 보인다. 우선 세로축의 범위를 `ylim` 인수로 설정했기 때문에 구간이 좀 더 길다. 그래프 형태(`type`) 변수를 p로 입력해서 R의 점 그래프로 지정했다는 점을 주목해보자. 유형 입력을 h로 바꾸면 R은 고밀도[high-density] 수직선 그래프를 그려준다.

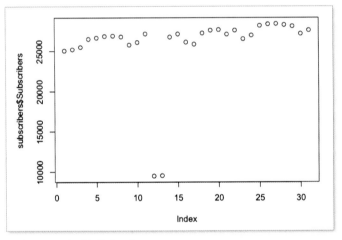

그림 4-26 R의 기본 설정 그래프

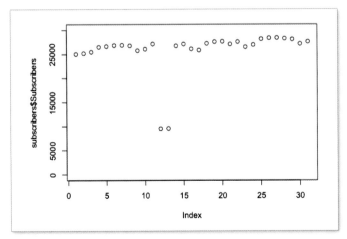

그림 4-27 R로 만든 점 그래프. y축 구간을 지정했다.

또는 두 가지 유형의 그래프를 섞어 쓸 수도 있다(그림 4-28). 이렇게 하려면 새로 points() 메소드를 써야 한다. plot() 함수가 실행되면 원래 있던 그래프에 추가하거나 바꾸는 것이 아니라 새로운 그래픽을 생성한다. 따라서 2개의 plot() 함수를 연달아 쓸 순 없다. 세로선 그래프와 점 그래프를 합칠 수 있는 방법을 알아보자.

```
plot(subscribers$Subscribers, type="h", ylim=c(0, 30000),
    xlab="Day", ylab="Subscribers")
points(subscribers$Subscribers, pch=19, col="black")
```

우선 세로선 그래프를 plot 함수로 그린다. 이번엔 축에 이름 라벨을 설정한다. 그 다음 앞에서 만든 plot 그래픽에 데이터 점을 추가한다. pch 인수는 점의 크기를 설정하며, col 인수는 막대 그래프를 만들 때 barplot 함수에서 그랬듯 점의 색상을 설정한다.

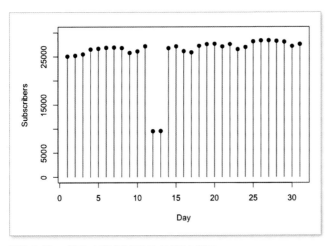

그림 4-28 고밀도 수직선과 점으로 표시한 그래프

그림 4-27로 돌아가 보자. 결과를 PDF로 저장하자. 일러스트레이터에서 이 결과를 열어 디자인을 적용한다.

선택 도구로 라벨을 선택해서 원하는 글자체로 바꿔준다. 그 다음 세로축 라벨을 따로 수정할 수 있도록 라벨 그룹을 해제한다. 메뉴에서 Transform ⇨ Transform Each 항목을 선택해서 라벨을 똑바로 세우자. 다음으로 직접 선택 도구를 써서 값축의 수직선을 없앤다. 여기서 값축의 수직선은 아무 소용 없이 공간만 차지하고 있을 뿐이다.

마지막으로, 그래프 데이터의 점을 선택한다. 여기서 점은 평범한 흰색 원이다. 색상Color 창에서 채우기 색과 외곽선 색상을 바꿔준다. 이때 색상표 설정을 회색조Grayscale에서 CMYK(인쇄용 색상표. 파랑Cyan, 빨강Magenta, 노랑Yellow, 검정Black을 기반으로 구성된다)로 바꾸면 더 많은 색상을 선택할 수 있다(그림 4-29).

여기까지 수정한 결과는 그림 4-30과 같다. 벌써부터 최종 결과에 가까운 모습이다.

Hide Options

Grayscale
RGB
HSB
✓ CMYK
Web Safe RGB

Invert
Complement

Create New Swatch...

그림 4-29 색상 창의 선택 옵션

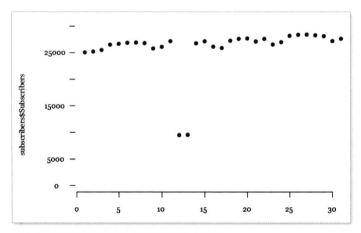

그림 4-30 세로축과 색상을 수정한 후의 점 그래프

이제 축과 멀리 떨어진 점의 값을 쉽게 알아보고, 값이 어떻게 변해왔는지 파악할 수 있게 그래프에 눈금선을 그려넣는다. 선택 도구로 값축의 눈금자를 선택, 마우스로 끌어서 그래프를 가로지르는 길이로 늘려준다. 눈금선이 직선이어서 너무 딱딱하다. 스타일을 약간 바꿔주자. 앞에서와 같이 스

트록 창에서 선 스타일을 바꿔줄 수 있다. 그림 4-31과 같은 옵션을 활용해서 가는 점선으로 바꾼다.

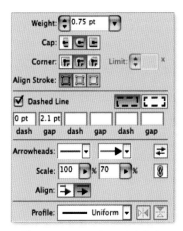

그림 4-31　스트로크 창의 점선 옵션

눈금선을 바꿔준 결과는 그림 4-32와 같다.

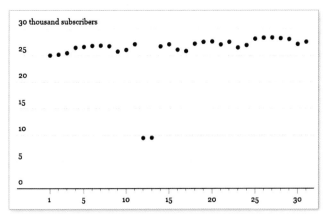

그림 4-32　눈금선을 더하고 값축의 값을 적용한 그래픽

이제 그림 4-32에 막대 그래프 예제에서 썼던 도구와 방법을 그대로 적용해 최종 결과를 만들어보자. 가로축의 눈금자를 펜^{Pen} 도구로 수정하고, 타입^{Type} 도구로 라벨을 더하거나 수정한다. 이야기의 대단원에서 그래픽 오른쪽 아래에 데이터 출처를 적어넣는 것도 빠뜨리지 않도록.

연속형 데이터

연속형 시계열 데이터 시각화는 분절형 데이터 시각화와 비슷하다. 무엇보다 연속적인 대상에 대한 데이터라 해도 떨어져 있는 한정된 숫자의 데이터를 가질 수밖에 없기 때문이다. 연속형 데이터와 분절형 데이터의 시각화 구조는 같다. 두 데이터의 차이는 실제 세계의 차이뿐이다. 앞에서 언급했듯이, 연속적인 데이터는 끊임없이 변화하는 현상의 추이를 나타낸다. 결과적으로, 데이터 시각화도 끊임없는 변화를 보여줄 수 있어야 한다.

연결된 점

상대적으로 자주 접할 수 있는 유형의 그래프다. 이 유형의 시계열 그래프는 점 그래프와 거의 같은데, 점 사이를 선으로 연결한다는 점만 다르다. 많은 경우 점을 표기하지 않기도 한다. 그림 4-33에서 이 그래프 유형의 일반적인 구성을 볼 수 있다.

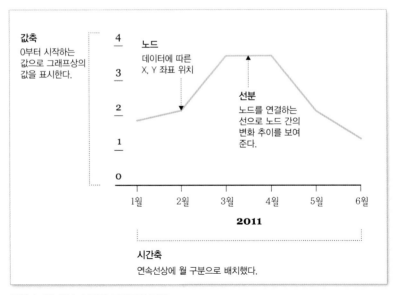

그림 4-33 연속 시계열 그래프의 구성

X, Y축 좌표에 따라 노드node(또는 점point)가 있고, 선분edge(또는 연결선connect line)이 있어 데이터의 경향을 파악할 수 있게 도움을 준다. 이 유형에서도 값축은 0에서 시작하는 게 좋다. 0이 아닌 다른 값으로 시작하면 값의 크기 비교에 부작용을 불러일으킬 수 있기 때문이다.

가로축의 길이도 경향성 표현에 영향을 준다. 가로축의 길이에 따라 점 사이의 간격이 달라지기 때문이다. 점 사이의 간격을 짧게 줄이면 변화가 급격한 것으로 비친다. 그러나 축이 너무 길면 변화의 패턴을 보기 어렵다.

시계열 그래프 만들기

R에서 스캐터플롯을 만드는 방법을 알고 있다면 시계열 그래프 만드는 방법은 이미 터득한 셈이다. 데이터를 가져와서 plot() 함수로 전달하면 된다. 다만 type 인수에 p가 아니라, 'line'을 의미하는 l을 입력한다는 점만 다르다.

이를 확인하기 위해 세계은행에서 발표한 세계 인구 데이터로 시계열 그래프를 만들어보자. 항상 그래왔듯, 우선 read.csv() 함수로 데이터를 가져온다.

```
population <- read.csv("http://datasets.flowingdata.com/
world-population.csv", sep=",", header=TRUE)
```

데이터의 앞부분은 아래와 같이 연도와 인구를 나타내고 있다.

```
  Year Population
1 1960 3028654024
2 1961 3068356747
3 1962 3121963107
4 1963 3187471383
5 1964 3253112403
```

plot() 함수를 불러와서 X, Y축과 그래프의 형태, 값축의 범위와 축 라벨을 설정해서 그래프를 그린다.

```
plot(population$Year, population$Population, type="l",
    ylim=c(0, 7000000000), xlab="Year", ylab="Population")
```

결과 그래프는 그림 4-34와 같다.

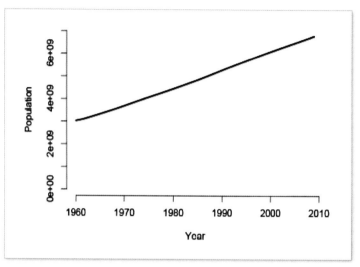

그림 4-34 R로 만든 기본 시계열 그래프

여태까지 해온 대로, 이 시점에서 결과 그래프를 PDF로 저장해서 수정할 수도 있겠지만, 여기서는 조금 다른 방식을 써보자. 일러스트레이터의 선 그래프 도구로 그래프를 처음부터 일러스트레이터 기반으로 만들어보자. 선 그래프는 일러스트레이터에서 지원하는 기본 그래픽 도구 중의 하나다 (그림 4-35).

그림 4-35 일러스트레이터의 그래프 도구

시작에 앞서, 도구^{Tool} 창에서 선 그래프^{Line Graph} 도구를 선택한다. 그래프 모양의 아이콘을 찾을 수 있을 것이다. 아이콘을 길게 누르면 차트 형식을 선택할 수 있다.

다음으로 http://datasets.flowingdata.com/world-population.csv에서
인구 데이터를 다운로드한다. 일러스트레이터에는 R처럼 URL을 입력해 바
로 데이터를 받아오는 기능이 없다. 컴퓨터에 데이터를 저장해야 한다. 엑
셀이나 구글 문서로 CSV 파일을 열면 그림 4-36과 같은 화면을 확인할 수
있다. 스프레드시트 위에서 열 이름을 표시한 맨 윗줄을 제외한 모든 데이
터를 선택, 복사한다. 여기서 복사한 내용을 일러스트레이터의 데이터로 입
력할 것이다.

일러스트레이터 화면으로 돌아간다. 선 그래프 도구를 선택한 상태에서 화
면을 클릭-드래그해서 그래프를 그릴 영역을 지정한다. 그림 4-37과 같은
스프레드시트 화면이 열릴 것이다.

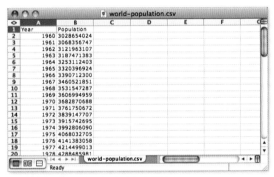

그림 4-36 CSV 파일을 엑셀에서 열었다.

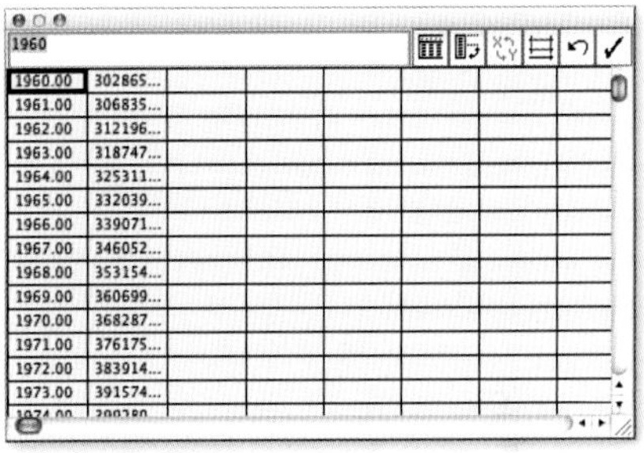

그림 4-37 일러스트레이터의 데이터 입력용 스
프레드시트

앞에서 복사한 데이터를 일러스트레이터의 스프레
드시트에 복사해넣고, 창 오른쪽 위에 있는 체크 표
시를 클릭한다. 그림 4-38과 비슷한 결과 이미지를
볼 수 있다.

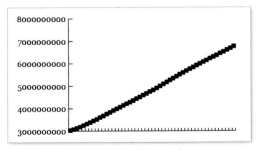

그림 4-38 일러스트레이터의 기본 선 그래프

이제 기본이 되는 그래프는 완성했다. 그러나 옵션을 조정해서 그래프를
말끔하게 수정할 필요가 있겠다. 그래프를 우클릭해서 Type을 선택한다.
설정 창에서 데이터 위치 표시^{Mark Data Points} 체크박스를 해제한다. 옵션을 그
림 4-39와 같이 설정한다.

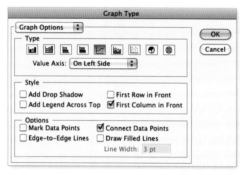

그림 4-39 일러스트레이터의 그래프 옵션

드롭다운 메뉴에서 분류축^{Category Axis}을 선택하고, 눈금자 길이로 None을
선택한다. OK 버튼을 누르면 훨씬 깔끔한 그래프를 볼 수 있다. 이제부턴
앞서 R로 만든 그래프를 수정할 때와 동일한 방법으로 그래프를 수정한다.

세로축을 정리하고, 값 라벨을 간략화한다. 가로축엔 눈금자와 연도 라벨을
추가한다. 제목과 설명문도 넣어준다. 또 그래프의 선 스타일도 일러스트레
이터의 선과 같이 수정할 수 있다. 기본 그래프의 선은 옅은 회색으로 그려
져 배경처럼 보인다. 색상을 바꿔 데이터 표시가 전면 중앙으로 눈에 띄게
만들자. 여기까지 수정을 적용하면 그림 4-40과 같은 결과를 볼 수 있다.

여기서 중요한 건 일러스트레이터와 R로 동일한 그래프를 만들 수 있다는
점이다. 결과적으로 똑같은 그래프를 만들 수 있다. 따라서 자신에게 편한
도구를 찾아 선택하자. 중요한 건 도구가 아니라 결과다.

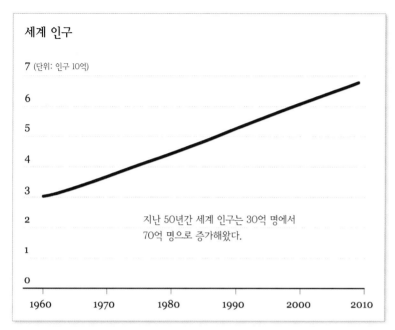

그림 4-40 50년간의 세계 인구 변화

단계

일반적인 선 그래프의 단점 중 하나는 A 지점에서 B 지점까지의 변화를 완만한 경사로 표현한다는 것이다. 인구 증가 통계 같은 수치에는 이런 변화가 적합하지만, 잘 변하지 않다가 급격하게 증가하거나 감소하는 수치를 표시해야 할 때도 있다. 그중 하나가 금융의 이율이다. 기준금리는 한 달 내내 변하지 않다가 어느 날 갑자기 바뀌곤 한다. 이런 데이터에는 그림 4-41 같은 단계 그래프를 쓴다.

A점과 B점을 직접 연결하는 것이 아니라, 변화가 생길 때까지 일정한 선을 유지하다가, 다음 값으로 바뀌는 지점에서 급격하게 뛰어오른다(또는 떨어진다). 그 결과는 계단식 그래프가 된다.

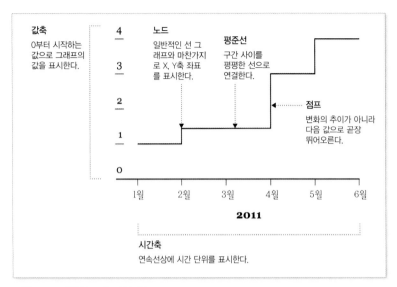

그림 4-41 계단식 그래프의 구성

계단식 그래프 만들기

일러스트레이터는 계단식 그래프를 쉽게 만들 수 있는 도구를 지원하지 않는다. R에는 계단식 그래프 제작 도구가 있다. 따라서 R로 기반이 되는 그래프를 만들어 일러스트레이터로 수정하는 게 좋다. 도구 선택의 패턴을 짐작할 수 있는가?

그림 4-42는 계단식 그래프 예제의 결과다. 이 그래프는 미국 우편국의 기본 요금 변화를 보여준다. 가격 변화가 일정한 구간으로 일어나지 않는다는 점에 주목하자. 1995년부터 1999년까지 4년간 변화가 없다가 단 하루만에 32센트로 뛰어올랐다. 그러나 최근 2006년부터 2009년 사이에는 매년 가격이 상승했다.

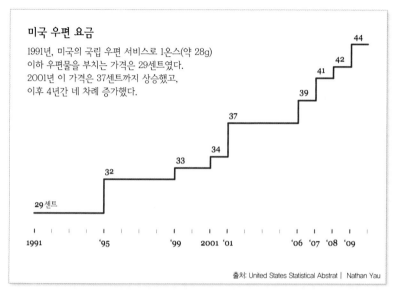

미국 우편 요금

1991년, 미국의 국립 우편 서비스로 1온스(약 28g)
이하 우편물을 부치는 가격은 29센트였다.
2001년 이 가격은 37센트까지 상승했고,
이후 4년간 네 차례 증가했다.

출처: United States Statistical Abstrat | Nathan Yau

그림 4-42 우편 요율을 보여주는 계단식 그래프

R로 계단식 그래프를 만드는 과정 역시 앞에서 설명한 3단계를 그대로
따른다.

1. 데이터를 가져온다.
2. 데이터의 형식을 확인한다.
3. R 함수로 그래프를 만든다.

미국의 우편 요금 변화 기록은 그 밖의 다양한 데이터와 함께 미국 통계
연보에서 찾아볼 수 있다. 이 자료를 CSV 파일로 만들었다(http://datasets.
flowingdata.com/us-postage.csv). read.csv() 함수로 이 주소 URL을 전달해
서 데이터 파일을 R로 가져오자.

```
postage <- read.csv("http://datasets.flowingdata.com/us-
postage.csv", sep=",", header=TRUE)
```

전체 데이터를 확인해보자. 1991년부터 2009년까지, 10번의 우편 요금
변화 기록과 현재 요금뿐이다. 첫 번째 열은 연도를, 두 번째 열은 미국 달

러 기준의 요금을 나타내고 있다.

```
   Year Price
1  1991  0.29
2  1995  0.32
3  1999  0.33
4  2001  0.34
5  2002  0.37
6  2006  0.39
7  2007  0.41
8  2008  0.42
9  2009  0.44
10 2010  0.44
```

계단형 그래프도 plot() 함수로 쉽게 만들 수 있다. 이미 짐작하는 그대로, X 좌표에 연도를 입력하고, Y 좌표에 가격을 입력하며, type 인수로 s를 입력한다. 여기서 s는 물론 'step'을 의미한다.

```
plot(postage$Year, postage$Price, type="s")
```

필요하다면 제목과 축의 라벨을 설정한다.

```
plot(postage$Year, postage$Price, type="s",
    main="US Postage Rates for Letters, First Ounce,
    1991-2010", xlab="Year", ylab="Postage Rate (Dallars)")
```

이 코드를 실행하면 그림 4-43과 같은 우편 요금의 계단식 그래프를 볼 수 있다.

별 의미는 없지만, 이 그래프를 일반적인 선 그래프로 그리면 어떻게 될지 비교해보자(그림 4-44).

가격이 증가하는 경향은 알 수 있겠지만, 일반적인 선 그래프의 증가세는 어떤가? 2001년부터 2006년 사이에 우편 요금은 38센트로 일정했지만, 원본 데이터를 참조하지 않고 그림 4-44의 선 그래프만 보면 그 사실을 알기 어렵다.

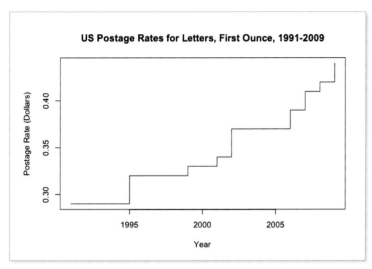

그림 4-43 R로 만든 계단식 그래프

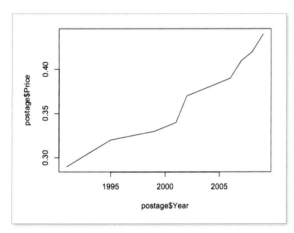

그림 4-44 우편 요금 데이터로 그린 선 그래프

그래프 이미지를 PDF로 저장해서 일러스트레이터로 불러온다. 이제까지 익혀온 방법으로 계단식 그래프를 원하는 결과로 수정해간다. 나는 디자인 상으로 값을 표현하는 세로축의 선을 없애고 눈금자에 직접 값을 적어넣었다. 또 가로축, 즉 시간축에 일정한 간격의 눈금자를 배치하되, 연도의 라벨은 값의 변화가 있는 구간에만 추가했다.

팁

데이터가 많지 않다면 데이터 한 점마다 값을 라벨로 직접 표시하는 것도 좋은 방법이다. 보는 사람의 입장에서 데이터에 더 집중할 수 있기 때문이다. 라벨이 너무 많아서 어수선하거나 겹치지 않아야 한다.

마지막으로 배경화면을 회색으로 만들었다. 회색을 선택한 이유는 단지 개인적인 기호일 뿐이다. 그러나 배경색은 반드시 그래프를 돋보이게 할 수 있어야 한다. 그래픽에 텍스트가 포함된다면 이 점이 특히 중요하다. 회색의 한 가지 색으로 칠해진 여유 있는 배경은 집중을 방해하는 요소 없이 차분해서 그래프와 텍스트를 돋보이게 한다. 배경은 그래프와 텍스트의 뒷받침이 되어야지, 그래픽의 덮개가 되어선 안 된다. 물론 이러한 설정은 일러스트레이터의 레이어^{Layers} 창에서 적용할 수 있다. 새로 레이어를 만들면 기본 설정으로 기존의 레이어 위에 올라간다. 배경 레이어를 새로 만들었다면, 이 레이어는 그래픽 레이어의 아래에 들어가야 하므로, 레이어 창에서 배경 레이어(background)를 끌어 그래픽 레이어(Layer 1) 아래로 이동시킨다(그림 4-45).

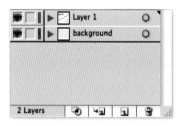

그림 4-45 일러스트레이터의 레이어 창

레이어 이름은 설정이 가능하다. 복잡한 그래픽을 만들어야 할 때 특히 유용한 기능이다. 여기서는 새로 만든 배경 레이어를 'background'로 이름 지었다. 배경 레이어에는 사각형^{Rectangle} 도구를 선택해 원하는 영역을 끌어 그렸다. 크기와 색상은 색상^{Color} 창에서 바꿀 수 있다.

값 보정과 추정

갖고 있는 데이터의 양이 많거나 데이터가 들쭉날쭉하다면, 그 안에서 경향이나 패턴을 확인하기 어렵다. 이런 경우 추세선을 그으면 패턴을 좀 더 쉽게 파악할 수 있다. 기본적인 아이디어는 그림 4-46의 설명과 같다.

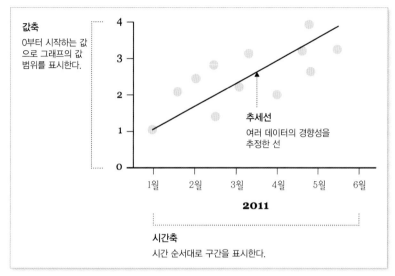

값축
0부터 시작하는 값
으로 그래프의 값
범위를 표시한다.

추세선
여러 데이터의 경향성을
추정한 선

2011

시간축
시간 순서대로 구간을 표시한다.

그림 4-46 데이터 추세선 그리기

가능한 한 가장 많은 점을 지나가는 직선을 긋고, 이 직선과 데이터 값들 간 거리의 총합이 가장 작은 위치로 선을 보완한다. 추세선을 그리는 가장 단순한 방법은 중학교 수준의 일차원적인 직선을 그려보는 것이다.

$$y = mx + b$$

m은 직선의 기울기를, b는 y절편을 나타낸다. 데이터의 경향이 선형 비례가 아니라면? 데이터가 선명한 곡선을 보여주고 있을 때 직선으로 최적화하는 것은 황당한 접근 방식이다. 윌리엄 클리블랜드William Cleveland와 수잔 데블린Susan Devlin은 LOESSlocally weighted scatterplot smoothing라는 이름의 통계적 방법론으로 데이터의 곡률에 맞는 추세선을 그리는 방법을 제시한다.

LOESS는 데이터를 작은 조각들로 쪼개는 방법으로 시작한다. 각 조각마다 그 조각의 변화도를 나타내는 추세선을 만들고, 이렇게 여러 조각에 나뉘어 만든 추세선을 하나의 곡선 추세선으로 연결한다. 방법을 더 자세하게 알고 싶다면 구글에서 검색해보자. LOESS에 대한 여러 논문을 찾을 수 있다. 여기서는 데이터에 LOESS를 적용하는 방법을 알아보자.

LOESS를 좀 더 자세히 알고 싶다면, 「미국통계학회지(Journal of American Statistical Association)」에 실린 윌리엄 클리블랜드의 논문 'Robust Locally Weighted Regression and Smoothing Scatterplots'를 찾아보자.

LOESS 곡선 최적화

여기서 예제로 쓰는 데이터는 최근 약 오십 년 동안의 미국 실업률 이야기다. 그간의 실업률은 분기별 변화와 함께 많은 증가 감소 변화가 있어왔다. 전체의 경향은 어떻게 되고 있을까? 그림 4-47을 보자. 실업률은 1980년대에 최고조에 이르러 1990년대에 감소했다가 2008년 즈음 폭등했다.

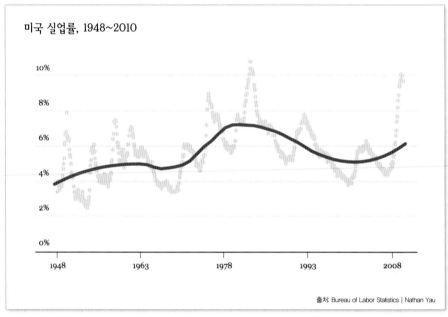

그림 4-47 실업률 그래프의 LOESS 곡선 추정

R의 plot() 함수로 데이터를 스캐터플롯으로 그려보면 그림 4-48과 같다.

```
# 데이터를 가져온다.
unemployment <- read.csv("http://datasets.flowingdata.com/
unemployment-rate-1948-2010.csv", sep=",")
unemployment[1:10,]

# 스캐터플롯만 그려본다.
plot(1:length(unemployment$Value), unemployment$Value)
```

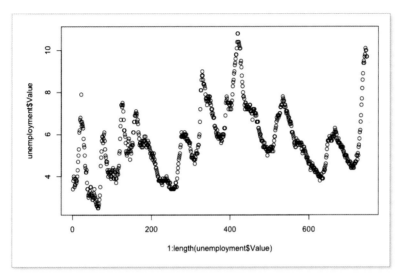

그림 4-48 점만으로 그려본 실업률 그래프

이 그래프에 직선으로 추세선을 그려보자. 결과는 그림 4-49와 같다.

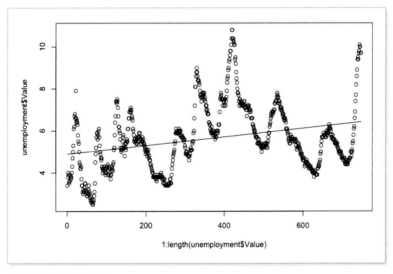

그림 4-49 직선 추세선

도움이 안 된다. 실업률의 변화에 있는 요동을 완전히 무시하는 것처럼 보인다. LOESS 곡선으로 최적화하려면 scatter.smooth() 함수를 쓴다.

```
scatter.smooth(x=1:length(unemployment$Value),
    y=unemployment$Value)
```

결과는 그림 4-50과 같다. 1980년대에 최고점을 보이며 위로 휘어진 곡선을 볼 수 있다. 아까보단 좀 나아 보인다.

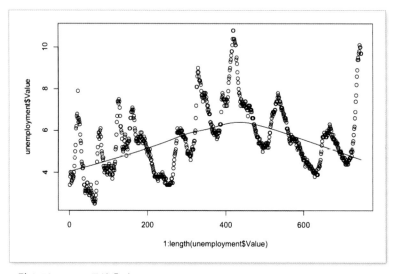

그림 4-50 LOESS 곡선 추정

추세선의 곡률(휘어진 정도)은 scatter.smooth() 함수의 degree와 span 인수로 조절할 수 있다. degree 인수는 조각 추정선의 차원을 설정하고, span 인수는 곡률의 매끄러운 정도를 설정한다. span 값이 0에 가까울수록 원본에 가까워진다. 그림 4-51은 degree를 2, span을 0.5로 정했을 때의 결과를 보여준다. 이제 그래프의 색상과 축의 범위를 설정해보자.

```
scatter.smooth(x=1:length(unemployment$Value),
    y=unemployment$Value, ylim=c(0,11), degree=2,
    col="#cccccc", span=0.5)
```

설정을 조절해서 만든 곡선이 확실히 더 원본에 가까운 것을 볼 수 있다. span 값을 조절해가면서 곡선이 어떻게 변화하는지 다양하게 시도해보자.

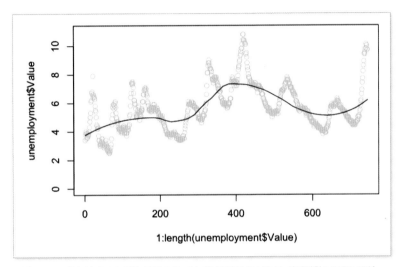

그림 4-51 기본 설정보다 적은 평탄도와 더 높은 차원의 곡선으로 최적화한 LOESS 곡선

그림 4-47과 같은 결과 그래프로 만들려면 이 이미지를 PDF로 저장해서 일러스트레이터로 수정해야 한다. 지금까지 해온 도구(선택Selection, 타입Type, 펜Pen 등)와 방법으로 제목, 배경, 눈금자 등을 추가해넣는다. 추세선은 각 데이터에 최적화된 값보단 데이터의 경향을 잘 보여줄 수 있어야 한다.

> **팁**
> 전하려는 이야기에서 가장 중요한 부분을 강조할 수 있도록 데이터 그래픽의 색상과 선 스타일을 다양하게 설정하자.

정리

시간에 따른 데이터의 패턴 탐색은 흥미롭다. 시간이란 관념은 우리의 일상생활에 밀접하게 녹아 있어, 시간 데이터 시각화는 다양한 관점에서 직관성을 보인다. 모든 것이 바뀌고 진화해가는 현상은 누구나 이해한다. 얼마나 바뀌었는지, 그래프에서 어떤 변화에 주목해야 할지 결정하기가 어려울 뿐이다.

그래프의 몇 가닥 선을 훑어보고 증가 추세에 있다고 말하기는 쉽다. 그 정도로도 괜찮다. 시각화의 목적이란 그런 것이다. 데이터를 일반적인 관점에서 보고 그 경향을 빠르게 파악하는 것이다. 그러나 그 이상을 추구할 수도 있다. 시각화를 탐색의 도구로도 쓸 수 있다. 시간의 한 부분을 끌어와서 왜 하필이면 이 시간, 구간 동안 큰 변화가 있었는지, 왜 다른 시간, 구간에서는 변화가 많지 않았는지 질문을 던져볼 수 있다. 데이터의 재미, 스릴은 여기에 있다. 데이터를 더 잘 알수록, 더 좋은 이야기를 전달할 수 있다.

데이터가 말하는 바를 익히고 나면, 그 이야기의 자세한 내용을 데이터 그래픽으로 설명한다. 흥미로운 부분을 강조해서 읽는 사람으로 하여금 집중해서 보게 만든다. 맥락을 잘 알고 있는 자기 자신에게는 밋밋한 그래프조차 멋져 보일 수 있겠으나, 맥락을 이해하지 못하는 다른 모든 사람에게는 어떤 그래프도 밋밋하다.

데이터의 이야기를 멋지게 만들려면 R과 일러스트레이터를 활용한다. R로 기반 그래프를 만들고, 일러스트레이터의 그래픽 디자인을 활용해서 데이터의 중요한 부분을 강조한다. 여기서 설명한 차트의 유형은 실제 시간 데이터로 만들 수 있는 다양한 그래프 유형의 극히 일부에 불과하다. 다음 장에서 설명하는 애니메이션과 인터랙션 요소를 가져오면 그래픽의 새로운 세계를 열 수 있다. 새로운 데이터 유형, 비율 분포 데이터에 지금까지 배워온 똑같은 프로그래밍 과정과 디자인 원칙을 적용할 수 있다. 다른 프로그래밍 언어를 쓰더라도 과정은 같다.

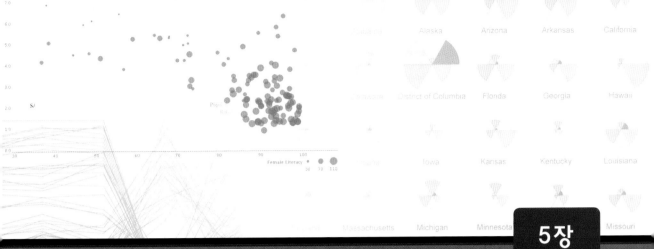

분포 시각화

시계열 데이터란, 시간을 포함한 데이터를 말한다. 풀어보자면 특정 시간 구간 안에서 발생한 일련의 사건을 기록한 데이터를 의미한다. 분포 데이터(proportional data)도 비슷하다. 분포 데이터의 구분 단위는 (시간이 아니라) 분류, 세부 분류, 가짓수다. 분포 데이터에서 말하는 가짓수란 가능한 선택이나 결과들, 즉 샘플 측정 범위(sample space)에서의 분류를 말한다.

설문 조사는 사람들에게 특정 이슈에 대해 찬성, 반대, 모름 등의 여러 항목 중 하나를 선택하도록 질문한다. 응답 문항마다 각자의 의미가 있고, 이것을 전부 모으면 전체의 경향성이 된다.

5장에서는 개별적인 분류의 표현 방법, 즉 각 선택이 전체 맥락 안에서 어떻게 연관되고 어떤 의미를 갖게 되는지 알아보자. 앞 장에서 익혔던 기술은 여전히 유효하다. 그리고 추가적으로 HTML, CSS, 자바스크립트, 플래시 등의 인터랙티브 그래픽을 맛보기로 만들어본다.

무엇을 볼 것인가

분포 데이터의 일반적인 특성이라면 세 가지를 들 수 있겠다. 최대maximum, 최소minimum, 전체 분포overall distribution. 최대와 최소는 글자 그대로 이해된다. 데이터를 순서대로 정렬해서 양 끝을 취하면 각각 최대와 최소다. 설문조사 결과라면 가장 많은 사람이 적어준 응답이 최대, 가장 적은 사람이 선택한 응답이 최소가 된다. 한 끼 식사의 칼로리 분포 데이터를 표현하려 한다면, 먹은 음식 중에서 가장 많은 칼로리를 섭취한 음식과 가장 적은 칼로리를 섭취한 음식을 찾을 수 있을 것이다.

그러나 최대, 최소값을 찾기 위해 그래프를 그릴 필요는 없다. 분포 그래픽에서 가장 주목해야 할 것은 분포 정도다. 한 설문 문항에서 어떤 답을 선택한 사람들은 다른 답을 선택한 사람들에 비해 얼마나 많은가? 칼로리는 지방, 단백질, 탄수화물에서 골고루 섭취하는가, 어느 한 영양소에 의존적으로 섭취하는가? 지금부터 설명할 그래프 유형으로 살펴보자.

전체의 부분

이제부터 분포 시각화의 가장 기본적인 형식을 알아보자. 분포 데이터는 각 부분을 전부 합치면 1 또는 100%가 된다. 분포 데이터의 시각화는 이러한 데이터 특성에 맞게 전체의 관점에서 각 부분 간의 관계를 보여줘야 한다.

파이 차트

파이 차트pie chart는 오랜 친구와 같다. 일상 속 어디서나, 비지니스 프리젠테이션부터 유머 웹사이트까지 거의 모든 곳에서 찾아볼 수 있다. 공식적인 최초의 파이 차트는 윌리엄 플레이페어William Playfair가 만들었다. 윌리엄 플레이페어는 1801년 최초의 선 그래프와 막대 그래프를 만들었던 것으로도 알려져 있다. 영리한 양반이다.

누구나 익히 알고 있듯, 파이 차트는 원형을 각도를 기준으로 자른 조각으로 표현된다(그림 5-1). 하나의 조각은 전체의 한 부분을 나타낸다. 그러나 초심자는 바로 이 부분, 하나의 조각이 전체의 부분이라는 점에서 실수를 저지르곤 한다. 주의하자! 모든 조각을 합친 결과는 반드시 100%가 되어야 한다. 총합이 100%가 아니라면 잘못한 것이다.

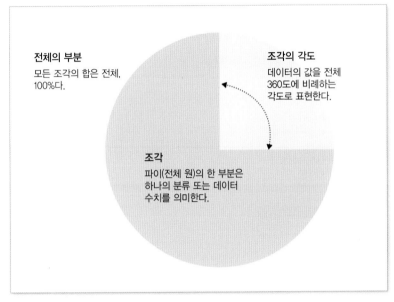

그림 5-1 일반적인 파이 차트의 구성

파이 차트는 막대 그래프나 위치 기반 데이터 그래픽만큼 정확하게 표현하기 어렵다는 한계가 있다. 그렇다고 정확성을 무시할 수는 없다. 물론 각도나 면적보단 길이 구분이 훨씬 쉽기 마련이다. 그러나 구분이 어렵다는 점이 그래프 오류의 핑계는 될 수 없다.

이런 제약만 명심한다면 아무 문제가 없다. 파이 차트는 매우 단순한 차트다. 데이터의 구성을 유지하며, 한 파이를 너무 많은 조각으로 자르지 않도록 유념하면 족하다.

파이 차트 만들기

거의 모든 그래프 생성 프로그램은 파이 차트 만들기 기능을 지원한다. 앞 장에서 언급했지만, 일러스트레이터조차 파이 차트 생성 기능을 제공한다. 데이터를 추가하고 기본 차트를 만든 다음 수정하는 과정은 거의 비슷하다.

하나의 파이, 기본이 되는 차트 만들기는 상당히 직관적이다. 새 문서를 만들고, 도구상자에서 파이 그래프^{Pie Graph} 도구를 선택한다(그림 5-2). 마우스 클릭과 드래그로 그래프 영역을 선택한다. 크기는 나중에 수정할 수 있으니 대중의 크기만 설정하면 족하다.

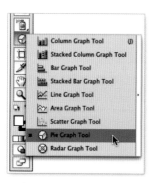

그림 5-2 일러스트레이터의 도구상자

영역을 선택해서 마우스 버튼을 떼면 데이터를 입력할 수 있는 스프레드시트 창이 열린다. 한 줄로 왼쪽부터 값을 하나씩 채워넣은 데이터가 하나의 파이 차트에 해당한다. 차트에 표시되는 값은 데이터에 적어넣은 순서를 따른다.

이번 예제에서는 플로잉데이터 블로그에서 했던 설문의 결과 데이터를 사용한다. 블로그 독자들에게 데이터와 관련된 분야 중 가장 재미있어 하는 분야가 무엇인지 물었다. 전체 응답자는 831명이었다.

분야	선호하는 사람의 수
통계학	172
디자인	136
비지니스	135
지도학	101
정보과학	80
웹 분석	68
프로그래밍	50
공학	29
수학	19
기타	41

값을 스프레드시트에 입력한 뒤, 그림 5-3과 같이 일러스트레이터에 입력한다. 입력한 데이터 값의 순서는 파이 차트의 위에서부터 시계 방향으로 진행하는 순서가 된다.

'기타'를 제외한 설문 응답 분류가 응답 숫자가 큰 순으로 정렬되어 있는 점에 주목하라. 파이 차트의 데이터를 이런 식으로 정렬하면 가독성이 높아진다. 데이터 입력이 끝나면 창 우측 상단의 체크 버튼을 클릭한다.

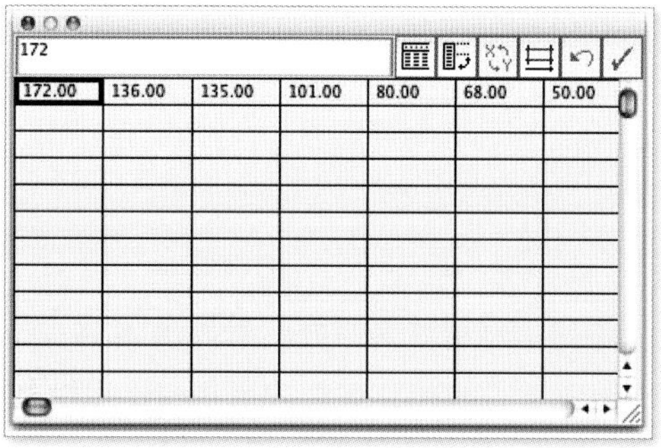

| 172.00 | 136.00 | 135.00 | 101.00 | 80.00 | 68.00 | 50.00 |

그림 5-3 일러스트레이터의 스프레드시트

팁

일러스트레이터의 스프레드시트는 아주 기본적인 기능만 담고 있어 데이터 수정이나 재배치가 쉽지 않다. 데이터 수정이나 정렬은 엑셀에서 끝내고 일러스트레이터에는 입력만 하는 게 훨씬 편하다.

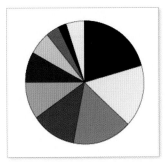

그림 5-4 기초적인 파이 차트

이렇게 만들어진 파이 차트는 거의 랜덤하게 색이 매겨진, 검은 구분선의 회색조 조각 8개로 나뉜다(그림 5-4). 아직은 흑백 롤리팝 같은 느낌이지만, 쉽게 수정할 수 있다. 중요한 건 기반으로 삼을 수 있는 파이 차트를 만들었다는 것이다.

이제 파이 차트의 색상을 수정하고, 설명 문구를 추가해서 차트의 가독성을 높여보자. 독자가 자신이 무엇을 보는지 알게 해야 한다. 지금과 같은 색상은 별다른 의미가 없다. 단지 조각을 구분할 뿐이다. 파이 차트의 색상을 읽는 사람이 어디에 중점을 두고 봐야 하는지 알려주며, 어떤 순서가 있는지 짐작하게 한다. 데이터를 크기 순서로 정렬한 이유도 같은 맥락이다.

파이 차트는 분포에 따라 맨 위에서 시계 방향으로 내림차순으로 정렬되어 있다. 그러나 지금의 색상 구성에선 일부 작은 조각이 짙은 색상으로 강조되어 보인다. 여기서 짙은 색상은 강조의 역할을 한다고 할 수 있다. 말인즉슨, 더 큰 조각을 짙게, 작은 조각을 옅게 칠해서 강조할 수 있다는 말이기도 하다. 어떤 이유에서든 작은 조각을 짙은 색상으로 칠하고 싶다면, 전체 색상 구성이 그 반대 순서여야 한다. 이번 설문 결과의 경우, 요점은 가장 많은 사람이 좋아하는 데이터 관련 분야다.

도구상자에서 직접 선택Direct Selection 도구를 선택하고, 차트의 조각을 클릭한다. 색상 윈도우 설정으로 조각의 채움색과 외곽선을 바꾼다. 그림 5-5는 예의 파이 차트를 흰색 구분선과 짙은 색에서 옅은 색의 순서로 바꾼 결과다. '기타' 분류를 제외한 데이터의 순서를 이해하기 쉬워졌다.

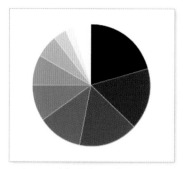 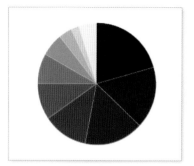

그림 5-5 짙은 색에서 옅은 색으로 배열 **그림 5-6** 색상을 설정한 파이 차트
한 파이 차트

물론, 색상 선택에 인색할 필요는 없다. 그림 5-6처럼 원하는 색은 얼마
든지 선택할 수 있다. 다만 일반적으로 지나치게 밝은 색상은 피하는 편이
좋다. 잘 구분되지 않기 때문이다. 구분을 어렵게 할 요량이라면, 멋대로
해보라.

이번 예제에서 쓰는 데이터는 플로잉데이터 블로그의 설문 결과이므로, 플
로잉데이터의 로고에서 붉은색을 가져와서 불투명도^{opacity}를 단계적으로
낮추는 방식으로 색상을 설정했다. 불투명도는 투명도^{Transparency} 창에서 설
정할 수 있다. 불투명도가 0이면 완전히 투명하고, 100이면 완전히 불투명
하다.

마지막으로 타입^{Type} 도구로 제목과 설명문, 라벨을 추가한다. 경험적으로
예제에서 사용한 것보다 나은 글자체를 선택할 수도 있을 것이다. 다만 어
떤 글자체를 선택하더라도 일러스트레이터의 정렬 도구가 텍스트 배치의
큰 우군이라는 점을 잊지 말자. 잘 정렬되고 일정한 간격으로 배치된 라벨
은 그래프의 가독성을 높여준다. 펜^{Pen} 도구로 지시선을 만들어줄 수도 있
다. 그림 5-7을 보면 마지막 3개의 분류를 설명하는 데 지시선을 사용했
다. 이 세 분류의 영역은 너무 좁아서 라벨을 내부에 배치할 수도, 겹치지
않게 바깥에 배치할 수도 없었다.

> **참고**
>
> 불투명도로 색상을 조절한다면
> 파이 차트의 색상이 배경색과
> 섞일 수 있다. 여기서는 배경을
> 흰색으로 설정해서 조각의 색
> 상이 좀 더 투명해 보이도록 했
> 다. 배경색을 파란색으로 설정
> 했더라면 조각이 보라색에 가
> 깝게 보였을 것이다.

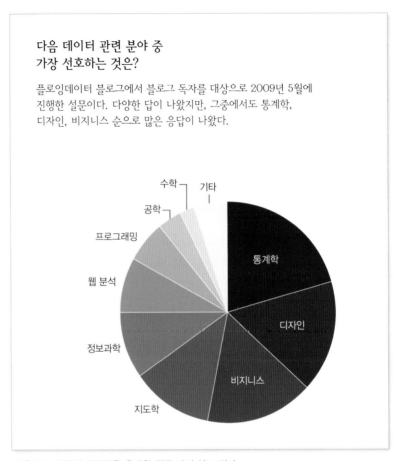

그림 5-7 라벨과 설명문을 추가한 최종 파이 차트 결과

도넛 차트

도넛 차트donut chart는 우리의 좋은 친구 파이 차트의 상대적으로 덜 유명한 친척이다. 도넛 차트는, 파이 차트와 마찬가지로 수치를 각도로 표시한다. 그러나 파이 차트와 달리 중심부를 잘라내서 도넛 모양으로 보인다는 점이 다르다(그림 5-8).

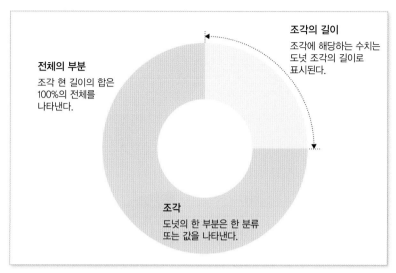

그림 5-8 도넛 차트의 구성

도넛 차트는 중심에 구멍이 뚫려 있기 때문에 각도보단 길이로 값의 차이를 인식하게 된다. 너무 많은 분류를 집어넣을 경우의 문제는 여전히 있으나, 분류의 숫자만 적다면 여러모로 유용하다.

도넛 차트 만들기

일러스트레이터로 도넛 차트를 만드는 방법은 단순하다. 앞의 예제와 같이 파이 차트를 만든 후, 원의 중심을 그림 5-9와 같이 잘라낸다. 색상 조정 등의 과정도 똑같다.

그림 5-9처럼, 도넛 차트의 한가운데 공백은 주로 라벨을 비롯한 여러 정보를 표시하는 데 이용되곤 한다.

이제 똑같은 차트를 무료 오픈소스 데이터 시각화 프로그램인 프로토비즈로 만들어보자. 프로토비즈는 자바스크립트 라이브러리로, 현대적인 브라우저의 SVG 기능을 활용한다. 프로토비즈는 온라인 그래픽에 많이 활용되는데, 동적으로 그래픽을 만들기 때문에 애니메이션이나 인터랙션 효과를 추가하기 쉽다는 장점이 있기 때문이다.

팁

파이 차트와 도넛 차트는 쉽게 지저분해질 수 있으니 조각이 너무 많아지지 않도록 주의하자. 이 두 종류의 차트는 분류가 많은 경우엔 적절치 못하다.

http://vis.stanford.edu/protovis/에서 프로토비즈를 다운로드 받고, 예제 데이터와 동일한 폴더에 저장한다.

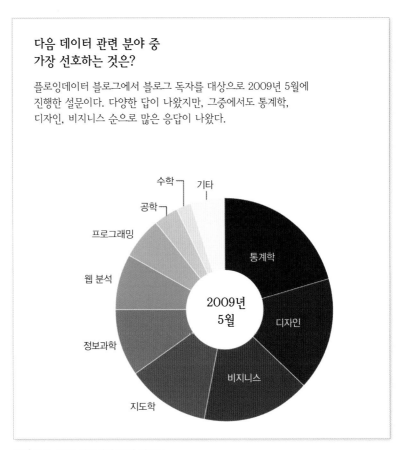

**다음 데이터 관련 분야 중
가장 선호하는 것은?**

플로잉데이터 블로그에서 블로그 독자를 대상으로 2009년 5월에
진행한 설문이다. 다양한 답이 나왔지만, 그중에서도 통계학,
디자인, 비지니스 순으로 많은 응답이 나왔다.

그림 5-9 파이 차트에서 도넛 차트로

새로운 프로그래밍 언어 자바스크립트를 써야 하지만, 기본 과정은 R과 일
러스트레이터를 활용할 때와 같다. 데이터를 가져오고, 기초를 만들고, 아
름답게 꾸민다.

프로토비즈로 만든 결과는 그림 5-10에서 볼 수 있다. 라벨이 각도에 따라
회전한 점과, 마우스 조각에 커서를 올려놓았을 때 해당하는 득표 수를 표
시하는 것만 제외하면 그림 5-9의 그래프와 똑같다. 훨씬 많은 인터랙션을
넣을 수 있지만, 멋들어지게 구사하려면 기초부터 배울 필요가 있다.

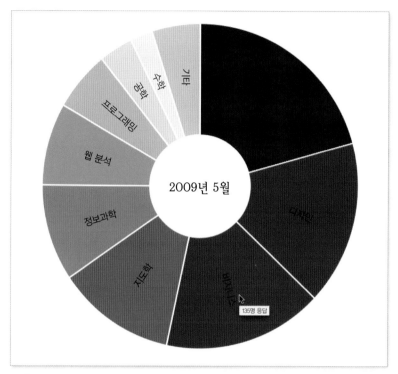

그림 5-10 프로토비즈로 만든 도넛 차트

무엇보다 우선 HTML 페이지를 만들어야 한다. 아래 내용을 donut.html로
저장하자.

```
<html>
<head>
    <meta type="http-equiv" content="text/html;charset=utf-8" />
    <title>도넛 차트</title>
    <script type="text/javascript" src="protovis-r3.2.js"></script>
    <style type="text/css">
        #figure {
            width: 400px;
            height: 400px;
        }
    </style>
</head>
```

```
<body>
    <div id="figure">

    </div><!-- @end figure -->
</body>
</html>
```

웹페이지를 만들어본 경험이 있다면 바로 이해할 수 있을 것이다. 문외한을 위해 설명하자면, 위 코드는 기본적인 HTML로 인터넷의 어디서나 쉽게 찾아볼 수 있는 구성이다. HTML 문서는 <html> 태그로 시작하며, <head> 태그와 <body> 태그를 담고 있다. <head> 태그는 페이지의 속성 정보를 담고 있으며 브라우저에 표시되지 않는다. <body> 태그 안에 담긴 내용은 브라우저에 표시된다.[1] <title> 태그는 문서의 제목을 '도넛 차트'로 설정한다. <script> 태그는 프로토비즈의 자바스크립트 라이브러리를 불러온다. <script> 태그는 HTML 페이지의 스타일을 설정하는 CSS 설정을 담고 있다. 간단하게 제작하기 위해, 여기서는 "figure" 아이디를 사용하는 <div> 태그의 폭과 높이를 400픽셀로 설정하는 스타일만 적용했다. 이 영역이 차트를 그릴 영역이다. 여기까지의 HTML은 차트 제작에는 직접적인 연관이 없지만, 브라우저에서 프로토비즈 자바스크립트 라이브러리를 불러와 활용할 수 있는 환경을 만드는 데 필요하다. 여기까지 만든 HTML 문서 donut.html 파일을 브라우저로 열어보면 아무 내용이 없는 화면만 볼 수 있다.

<div> 안에 자바스크립트를 담는다. 우선 자바스크립트 구문을 담을 부분을 특정해야 한다. <div> 태그 안에 <script> 태그를 추가한다.

```
<script type="text/javascript+protovis">
</script>
```

---

1   페이지 안에서 한글을 사용하기 때문에 meta 태그로 한글 유니코드를 설정한다. – 옮긴이

됐다. 이제 가장 우선적으로 처리할 것은, 데이터다. 여기서도 앞서와 같이
플로잉데이터 블로그의 설문 결과를 사용한다. 이번 예제에선 자바스크립
트 배열에 데이터를 저장해서 활용한다. 설문 결과 수치를 하나의 배열에
담고, 수치와 같은 순서로 분류의 이름을 다른 배열에 저장하자.

```
var data = [172,136,135,101,80,68,50,29,19,41];
var cats = ["통계학", "디자인", "비지니스", "지도학", "정보과학",
    "웹 분석", "프로그래밍", "공학", "수학", "기타"];
```

다음으로 그래프를 그릴 영역에 맞게 도넛 차트의 폭, 높이, 반지름과 길이
단위를 설정한다.

```
var w = 350,
    h = 350,
    r = w / 2,
    a = pv.Scale.linear(0, pv.sum(data)).range(0, 2 * Math.PI);
```

도넛 차트의 폭과 높이는 350픽셀로 설정하고, 반지름은 350픽셀의 절반
으로 설정했다. 차트의 반지름이 전체 그래프 크기의 정확히 절반인 175픽
셀이므로, 차트가 그래프의 정중앙에 배치되고 외곽선이 서로 맞닿는다. 마
지막 줄은 조각의 길이 단위를 설정한 것이다. 풀어보자. 실제 데이터 그래
픽의 한 조각은 0부터 전체 설문 응답 수 사이의 값을 선형적으로 표시한
다. 여기서 설정한 크기 단위는 0에서 2π까지의 라디안 단위로 표현된다.
0에서 360도 단위가 편하다면 그쪽을 선택할 수도 있다.

이제 색상 단위를 설정한다. 앞의 예제와 같이 응답 수가 많은 분류일수록
짙은 색으로 표현한다. 일러스트레이터에서는 손으로 일일이 설정했지만
프로토비즈는 원하는 범위만 정해주면 자동으로 색상을 매겨준다.

```
var depthColors =
    pv.Scale.linear(0, 172).range("#ffffff", "#821122");
```

위 명령은 항목을 선택한 수에 따라 0(흰색, #ffffff)부터 가장 많은 선택 수에 해당하는 172(짙은 빨간색, #821122)까지의 색상 단위를 만들어준다. 즉, 0명이 선택한 항목은 흰색으로, 172명이 선택한 항목은 짙은 빨간색으로 나타난다는 말이다. 그 사이의 선택 항목은 숫자에 따라 흰색과 짙은 빨간색의 사이 색으로 표시된다.

이렇게 크기와 구분 단위(스케일scale)를 설정해서 필요한 변수를 만들었다. 차트를 만들기 전에, 우선 설정한 크기의 빈 패널을 만든다.

```
var vis = new pv.Panel()
    .width(w)
    .height(h);
```

이제 패널에 그래픽 요소를 추가한다. 여기서는 도넛의 조각wedge들이다. 코드는 약간 혼란스러울 수 있겠으나, 한 줄씩 살펴보자.

```
vis.add(pv.Wedge)
    .data(data)
    .bottom(w / 2)
    .left(w / 2)
    .innerRadius(r - 120)
    .outerRadius(r)
    .fillStyle(function(d) depthColor(d))
    .strokeStyle("#fff")
    .angle(a)
    .title(function(d) String(d) + "명 응답")
    .anchor("center").add(pv.Label)
        .text(function(d) cats[this.index]);
```

첫 줄은 데이터 배열의 값에 따라 도넛의 조각을 하나씩 추가하는 명령이다. bottom()과 left() 속성은 조각들의 원점을 정하는 속성으로, 원의 중심점으로 지정한다. innerRadius() 속성은 도넛 중앙의 빈 영역의 반지름을, outerRadius()는 도넛 외곽의 전체 반지름을 의미한다. 여기까지의 내용이 전체 도넛 차트의 구조를 정한다.

예제의 도넛 차트는 일정한 색상 설정으로 색상을 칠하는 것이 아니라 데이터 수치에 따라 depthColors 설정에서 색상 단위에 해당하는 색상을 선택하게 했다. 다시 말해, 조각의 색상은 데이터의 수치에 따른 (함수) 계산 결과로 얻어진다는 뜻이다. 구분선은 흰색(#fff)을 썼으며, strokeStyle() 로 선의 스타일을 설정한다. angle() 속성은 데이터 수치에 따른 도넛 조각의 각도를 정한다.

조각 위에 마우스 커서를 올려놓으면 해당 분류의 선택 수를 담은 툴팁 tooltip 메시지가 표시된다. title() 부분이 이 기능을 처리한다. 마우스 커서가 대상 위에 위치했을 때 처리하는 기능은 title 외에도 마우스오버 이벤트 mouseover event를 만들어 쓰는 방법이 있지만, 일반적인 웹 브라우저는 기본적으로 title 속성을 사용하므로, title() 기능을 쓰는 편이 더 쉽다. 툴팁 메시지는 조각 항목의 응답 수에 '명 응답'을 붙여 표시한다. 조각에 라벨을 추가한다. 이제 남은 것은 도넛의 중심 빈 공간에 '2009년 5월'을 표기하는 일뿐이다.

```
vis.anchor("center").add(pv.Label)
    .font("bold 14px Georgia")
    .text("2009년 5월");
```

"차트의 중앙center에 진한bold 14픽셀 크기의 Georgia 폰트로 2009년 5월을 표시하는 라벨을 붙인다." 읽는 그대로다.

지금까지 만든 차트를 화면에 그린다.

```
vis.render();
```

http://book.flowingdata.com/ch05/donut.html을 찾아보자. 여기서 설명하는 예제의 실제 예제와 그 소스코드를 전부 확인할 수 있다.

여기까지의 내용을 저장하고 donut.html 파일을 브라우저로 열면 그림 5-10과 같은 결과를 볼 수 있다.

프로그래밍 경험이 별로 없다면 여기서 설명하는 내용이 두렵게 여겨질지 모르겠다. 그런 사람들에게 반가운 소식이 있다. 프로토비즈는 예제 기반으로 배워갈 수 있게 만들어졌다. 프로토비즈 사이트에는 자신의 데이터로 적용해볼 수 있는 다양한 예제가 있다. 고전적인 통계 그래픽부터 복잡한 인터랙션이나 애니메이션까지 폭넓은 예제가 제공된다. 그러니 여기까지의 내용을 이해하기 힘들더라도 의기소침해하진 말자. 그 노력은 실제로 일을 담당하게 됐을 때 전부 보상받을 것이다. 이어지는 설명으로 프로토비즈의 다른 측면을 살펴보자.

누적: 쌓아올리기

앞 장에서 시계열 데이터를 표현하는 누적 막대 그래프 예제를 살펴봤다. 그러나 누적 막대 그래프는 시간에 관련된 데이터에만 적용할 수 있는 것은 아니다. 그림 5-11과 같이 항목별 분류 데이터를 누적 막대 그래프로 표현할 수도 있다.

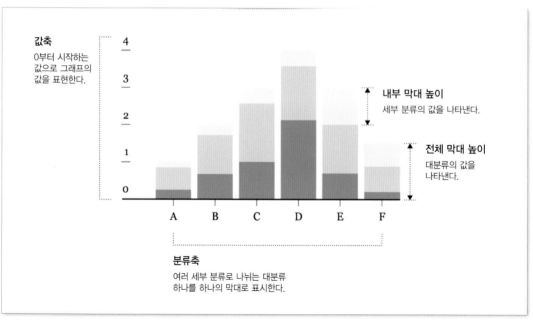

그림 5-11 분류별 데이터로 만든 누적 막대 그래프

일례로 2010년 7월과 8월에 걸쳐 갤럽^{Gallup}과 CBS에서 실행한 버락 오바마 정책 지지율 설문 데이터를 보자. 설문 참여자는 13가지 사회적인 이슈에 대한 버락 오바마 대통령의 정책에 대한 찬반을 조사했다.

다음은 그 결과를 표 형식으로 나타낸 것이다.

이슈	찬성	반대	무응답
인종 문제	52	38	10
교육	49	40	11
테러 대응	48	45	7
에너지 정책	47	42	11
외교	44	48	8
환경	43	51	6
이라크 대응	41	53	6
세금	41	54	5
보건 정책	40	57	3
경제	38	59	3
아프가니스탄 대응	36	57	7
연방 예산 적자	31	64	5
이민 정책	29	62	9

이 데이터를 그림 5-12처럼 여러 개의 파이 차트로 만들어볼 수도 있다. 일러스트레이터의 파이 차트 생성 도구에서 이슈별로 여러 줄의 데이터를 입력하면 한 번에 만들 수 있다. 한 줄의 입력 데이터가 하나의 파이 차트로 만들어진다.

그러나 이 경우 누적 막대 그래프를 활용하면 여러 이슈에 대한 찬반 의견 분포를 좀 더 쉽게 알아볼 수 있다. 원의 각도보다 선의 길이가 분간하기 더 쉽기 때문이다. 직접 누적 막대 그래프를 그려보자. 앞 장에서 설명했듯, 일러스트레이터에서 누적 그래프^{Stacked Graph} 도구를 사용하면 누적 막대 그래프를 그릴 수 있다. 덧붙여 간단한 인터랙션 기능도 추가해보자.

인터랙티브 누적 막대 그래프 만들기

도넛 차트 예제에서와 같이 인터랙션 기능이 포함된 누적 막대 그래프는
프로토비즈를 써서 만든다. 그림 5-13이 그 최종 결과다. 두 가지 기본적
인 인터랙션 기능을 구현했다. 하나는 마우스 커서를 올렸을 때 응답 수를
표시하는 기능이다. 또 한 가지 인터랙션은 마우스 커서의 위치에 따라 찬
성, 반대, 무응답의 분류별로 하이라이트해서 보여주는 기능이다.

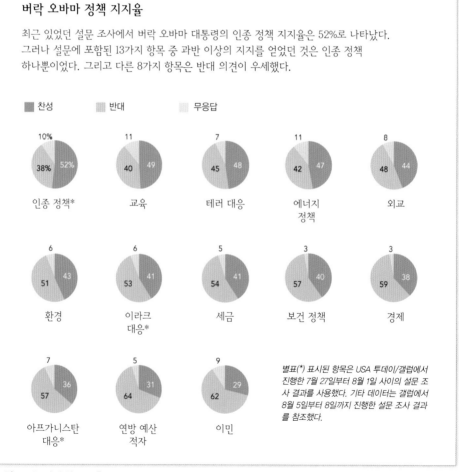

그림 5-12 파이 차트 모음

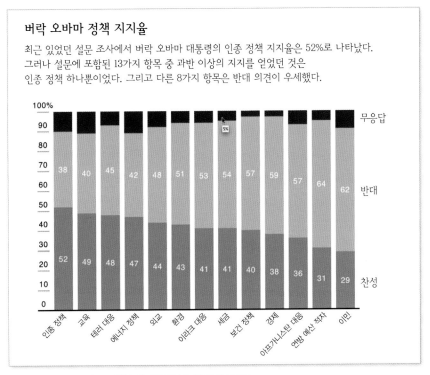

그림 5-13 프로토비즈로 만든 인터랙티브 누적 막대 그래프

시작하기 앞서 프로토비즈 자바스크립트 라이브러리를 가져오는 HTML
페이지를 마련하자.

```html
<html>
<head>
    <meta type="http-equiv" content="text/html;charset=utf-8" />
    <title>누적 막대 그래프</title>
    <script type="text/javascript" src="protovis-r3.2.js"></script>
</head>
<body>
    <div id="figure-wrapper">
        <div id="figure">

        </div><!-- @end figure -->
    </div><!-- @end figure-wrapper -->
</body>
</html>
```

왠지 낯익어 보일 것이다. 그래야 한다. 바로 앞에서 프로토비즈로 도넛 차트를 만들 때 똑같은 페이지를 만들었다. 그때와 다른 점이 있다면 페이지의 제목이 '누적 막대 그래프'인 것과 id가 "figure-wrapper"인 <div> 태그가 추가된 것뿐이다. CSS 설정이 빠진 이유는 나중에 만들어넣기 위해 당장 적어두지 않았기 때문이다.

이제 자바스크립트를 만들자. <div> 태그 안에 데이터(여러 이슈에 대한 버락 오바마 정책 지지율)를 배열 변수에 담는다.

```
<script type="text/javascript+protovis">
    var data = {
        "이슈":["인종 정책","교육","테러 대응","에너지 정책","외교",
            "환경","이라크 대응","세금","보건 정책","경제",
            "아프가니스탄 대응*","연방 예산 적자","이민"],
        "찬성":[52,49,48,47,44,43,41,41,40,38,36,31,29],
        "반대":[38,40,45,42,48,51,53,54,57,59,57,64,62],
        "무응답":[10,11,7,11,8,6,6,5,3,3,7,5,9]
    };
</script>
```

순서대로 모아보면 인종 정책에 대한 찬성이 52%, 반대 38%라는 사실을 알 수 있다. 마찬가지로 교육 정책에 대한 찬성과 반대 비율은 각각 49%와 40%에 해당한다.

데이터를 실제 그래프에 입력하기 편하도록 2개의 변수에 나누어 담는다.

```
var cat = data.Issue;
var data = [data.Approve, data.Disapprove, data.None];
```

정책은 cat 변수에 배열로 저장되고, data는 배열을 모은 배열이 된다.

그래프의 폭, 높이, 스케일, 색상에 대한 정보를 설정한다.

```
var w = 400,
    h = 250,
    x = pv.Scale.ordinal(cat).splitBanded(0, w. 4/5),
    y = pv.Scale.linear(0, 100).range(0, h),
    fill = ["#809EAD", "#B1C0C9", "#D7D6CB"];
```

그래프의 너비를 400픽셀, 높이를 250픽셀로 설정한다. 가로 스케일은 순서식ordinal 으로, 연속continuous 스케일의 반대로서 설정한 분류를 순서에 따라 나열한다는 의미다. 여기서 하나의 분류는 각기 다른 응답 결과를 담고 있는 하나의 정책을 말한다. 전체 그래프의 너비에서 4/5만큼이 그래프의 막대 면적으로 사용되고, 나머지 1/5은 막대 사이의 간격으로 쓰인다.

응답의 퍼센트를 표시하는 세로축은 0에서 100% 사이의 값을 갖는다. 각 분류에 대한 응답의 총합은 모두 100%이므로, 모든 분류 막대의 높이는 0에서 그래프의 전체 높이 250픽셀이 되어야 한다.

마지막으로, 막대의 색상은 16진수 색상 설정 값을 따른다. 찬성 응답 비율은 짙은 파랑, 반대는 옅은 파랑, 무응답은 옅은 회색이다. 색상은 원하는 대로 바꿀 수 있다.

다음으로 시각화 영역의 폭과 높이를 설정해서 초기화한다. 그리고 축 라벨을 담을 수 있도록 실제 그래프 바깥 영역에 여백을 설정한다. 아래 코드에서 bottom(90) 은 가로축의 위치를, 영역의 바닥에서 90픽셀 위로 설정한다. 그래프를 그릴 빈 캔버스를 만드는 부분이다.

> 어떤 색상을 써야 할지 잘 모르겠다면 ColorBrewer(http://colorbrewer2.org)에서 시작하면 좋다. ColorBrewer 도구는 원하는 색상의 코드를 원하는 형식으로 만들어주는 서비스로, 다양한 형태로 활용할 수 있는 색상 스케일을 제공한다. 좀 더 일반적인 색상 선택 도구로 0to255(http://0to255.com)도 있지만, 개인적으론 ColorBrewer를 더 많이 쓴다.

```
var vis = new pv.Panel()
    .width(w)
    .height(h)
    .bottom(90)
    .left(32)
    .right(10)
    .top(15);
```

이렇게 마련한 빈 캔버스에 누적 막대를 더한다. 프로토비즈는 누적 막대 그리기를 돕는 특수 레이아웃, Stack을 제공한다. 이번 예제에서는 Stack 레이아웃을 누적 막대 그래프용에서 사용하지만, 누적 영역 그래프나 스트림 그래프streamgraph에도 활용할 수 있다. 새로 만든 레이아웃 정보를 bar 변수에 저장한다.

```
var bar = vis.add(pv.Layout.Stack)
    .layers(data)
    .x(function() x(this.index))
    .y(function(d) y(d))
    .layer.add(pv.Bar)
        .fillStyle(function() fill[this.parent.index])
    .width(x.range().band)
    .title(function(d) d + "%")
    .event("mouseover", function() this.fillStyle("#555"))
    .event("mouseout", function()
        this.fillStyle(fill[this.parent.index]));
```

이번 예제의 누적 막대 그래프는 찬성, 반대, 무응답의 세 레이어^{layer}로 이뤄졌다 볼 수 있다. 앞서 세 가지의 데이터를 3개의 배열에 담았던 것을 기억하는가? 그 배열은 앞서 x, y 값 스케일 설정에 따른 layers() 함수에 들어간다.

각 레이어마다 pv.Bar로 만든 막대 그래프에 **추가한다**. 막대의 스타일은 fillStyle()로 설정한다. fillStyle 내부에서 this.parent.index에 따른 함수를 사용한 점을 눈여겨보자. 레이어에 따라 세 가지 막대의 색상을 다르게 설정하기 위해서다. this.index를 썼다면 설정해줘야 하는 색상은 13가지 이슈마다 세 가지 응답에 대한 도합 39가지 색상이어야 한다. 막대의 폭은 앞에서 구한 순서식 설정에 따라 전체에 균일하게 적용된다.

마지막 세 줄은 그래프의 인터랙션을 정의한다. 프로토비즈에서 title() 함수는 이미지 <img> 태그에 title 속성을 정하는 것과 마찬가지다. 웹페이지의 이미지 위에 마우스 커서를 올린 채 일정 시간이 지나면 title 속성에 설정한 툴팁 메시지가 열리는 것처럼, title()을 설정한 영역 위에 마우스 커서를 올리면 설정한 툴팁 메시지가 표시된다. 여기서 툴팁 메시지는 막대가 나타내는 응답 비율을 % 단위로 표시한다.

마우스를 올렸을 때 레이어를 하이라이트해서 보여주기 위해 event() 함수를 사용한다. 마우스 커서가 영역 위에 올라왔을 때의 "mouseover" 이

팁

프로토비즈의 인터랙션 기능은 마우스오버와 마우스아웃에 국한되지 않는다. 클릭 또는 더블 클릭 등의 다양한 이벤트를 설정할 수 있다. 더 자세한 설명은 프로토비즈의 문서를 찾아보자.

벤트는 막대의 색상을 짙은 회색(#555)으로 정하고, 영역에서 마우스 커서
가 빠져나갈 때 "mouseout" 이벤트는 원래의 색상으로 되돌아간다.

이제 설정한 그래프를 그려준다. 자바스크립트 코드의 마지막에 다음 명령
을 더한다.

```
vis.render();
```

렌더링 명령은 기본적으로 "좋아, 필요한 조각은 다 채워넣었으니 이제 시
각화를 그리자"라는 명령이다. 파일을 저장하고 웹 브라우저(자바스크립트 실
행이 가능한 최신 브라우저. 예: 파이어폭스, 사파리)로 열면 그림 5-14와 같은 그래프
를 볼 수 있다.

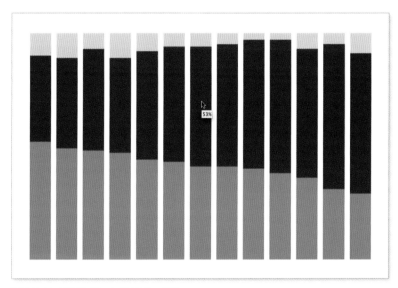

그림 5-14 라벨이 없는 누적 막대 그래프

막대에 마우스 커서를 올리면 같은 응답을 표시하는 막대의 색상이 바뀌어
하이라이트되어 보이며, 툴팁이 표시된다. 축이나 라벨 같은 요소는 아직
표시되지 않는다. 나머지를 추가하자.

그림 5-13을 보면 막대마다 몇 개의 라벨이 있다. 특히 짙은 회색으로 표시된 막대를 제외한, 충분한 영역이 있는 막대마다 값 라벨을 볼 수 있다. 이제부터 이렇게 만드는 방법을 설명한다. 항상 vis.render() 명령은 조각을 모두 마련했을 때 마지막에 실행하는 것으로, 아래 설명하는 코드는 그 앞에 들어가야 한다는 점을 유념하자.

```
bar.anchor("center").add(pv.Label)
    .visible(function(d) d > 11)
    .textStyle("white")
    .text(function(d) d.toFixed(0));
```

막대마다 그 값이 11% 이상의 값인지 살펴본다. 11% 이상의 값을 표현하고 있으면 정수 단위로 반올림한 퍼센트 수치를 표시하는 라벨을 막대 중간에 흰 글씨로 추가한다.

이제 x축에 이슈를 라벨로 추가한다. 축 라벨은 모두 가로로 적어넣는 편이 이상적이지만, 지금의 그래프에 모든 라벨을 가로로 표기하기엔 공간이 부족하다. 수평 막대 그래프였다면 가로 라벨을 넣을 수 있었을 것이다. 여기서는 라벨을 45도 대각선으로 기울여 표기한다. 라벨을 수직으로 90도 회전시켜 완전히 세로로 적어넣을 수도 있지만, 그 경우 가독성이 떨어진다.

```
bar.anchor("bottom").add(pv.Label)
    .visible(function() !this.parent.index)
    .textAlign("right")
    .top(260)
    .left(function() x(this.index)+20)
    .textAngle(-Math.PI / 4)
    .text(function() cat[this.index]);
```

막대 가운데에 붙인 라벨과 비슷한 방식으로 작동한다. 맨 아래에 있는 막대, 찬성을 표시하는 막대에만 라벨을 표시한다는 점이 다르다. 라벨 텍스트는 textAlign() 속성으로 오른쪽 정렬하고, top() 함수로 라벨의 절대 좌표를 설정한다. 라벨의 x 위치는 라벨이 표시하는 막대의 x축에 따른 함수로 계산되고, 45도(라디안 단위로 $\pi/4$)만큼 기울인 다음, 이슈의 이름으로 라벨을 적는다.

여기까지 분류 라벨을 완성했다. 세로축에 들어갈 값 라벨도 같은 방식으로 만든다. 이 경우 눈금자를 표시한다는 점이 다르다.

```
vis.add(pv.Rule)
    .data(y.ticks())
    .bottom(y)
    .left(-15)
    .width(15)
    .strokeStyle(function(d) d>0 ? "rgba(0,0,0,0.3)" : "#000")
    .anchor("top").add(pv.Label)
    .bottom(function(d) y(d)+2)
    .text(function(d) d == 100 ? "100%" : d.toFixed(0));
```

위 코드는 y.ticks()에 따라 단위Rule(또는 선line) 눈금자를 추가한다. 0보다 큰 값에 해당하는 눈금자는 회색으로(rgba(0,0,0,0.3)), 0을 포함한 그 외의 눈금자는 검은색으로(#000) 그린다. 이어지는 anchor("top"). add(pv.Label)은 눈금자 위에 눈금자에 해당하는 값 라벨을 추가한다.

그러나 아직 가로축이 없다. 새로운 단위눈금Rule을 따로 추가한다. 결과는 그림 5-15와 같다.

```
vis.add(pv.Rule)
    .bottom(y)
    .left(-15)
    .right(0)
    .strokeStyle("#000")
```

> 여기서 설명하는 예제 인터랙티브 누적 막대 그래프는 http://book.flowingdata.com/ch05/stacked-bar.html에서 확인할 수 있다. 예제와 함께 HTML, CSS, 자바스크립트 등이 어떻게 쓰였는지 소스코드를 보며 알아보자.

설명문구를 비롯한 나머지 라벨은 HTML과 CSS로 추가한다. 웹 디자인만 설명하려 해도 한 권의 책이 필요할 정도이니, 여기서는 이 정도만 설명하겠다. 이번 예제의 멋진 점은 HTML과 CSS를 자바스크립트로 만든 프로토비즈와 쉽게 조합해서 매끈하게 만들기 쉽다는 것이다.

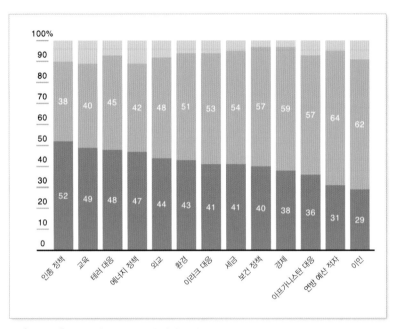

그림 5-15 축과 라벨을 추가한 누적 막대 그래프

구조와 사각형

1990년 메릴랜드 주립대학의 벤 슈나이더만$^{Ben\ Shneiderman}$은 항상 꽉 차 있는 자신의 하드디스크 드라이브를 시각화해보고 싶어했다. 그는 자신의 하드디스크가 어떤 파일 때문에 가득 차 있는지 알고 싶었다. 처음에는 트리 다이어그램$^{tree\ diagram}$으로 그려보려 했다. 컴퓨터 파일은 폴더와 파일의 위계 구조로 되어 있기 때문이다. 그러나 트리 다이어그램은 몇 단계를 거치기도 전에 지나치게 크고 복잡해져 쓸모가 없었다. 한눈에 파악하기엔 너무 거대하고 너무 복잡했다.

결국 그가 찾은 해답은 트리맵^{treemap}이다. 트리맵은 그림 5-16에서 알 수 있듯이 영역 기반의 시각화로, 각 사각형의 크기가 수치를 나타낸다. 한 사각형을 포함하고 있는 바깥의 영역은 그 사각형이 포함된 대분류를, 내부의 사각형은 내부적인 세부 분류를 의미한다. 트리맵은 단순 분류별 분포

시각화에도 쓸 수 있지만, 위계 구조가 있는 데이터나 트리 구조의 데이터
를 표시할 때 완벽하게 활용된다.

http://datafl.ws/11m을 찾아서
트리맵의 긴 역사와 벤 슈나이
더만이 직접 설명한 추가 예제
를 알아보자.

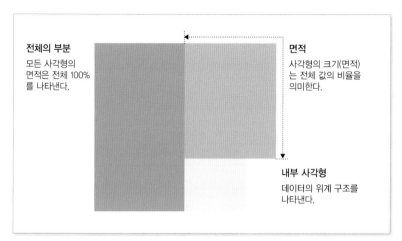

그림 5-16 트리맵의 기본 구조

트리맵 만들기

일러스트레이터는 트리맵 도구를 지원하지 않는다. 그러나 R에는 제프 에
노스[Jeff Enos]와 데이빗 캐인[David Kane]이 만든 포트폴리오[Portfolio] 패키지가 트
리맵을 지원한다. 포트폴리오 패키지는 본래 주식 시장의 포트폴리오(이
름 그대로)를 만들기 위한 목적으로 만들어졌지만, 우리 데이터에도 무리 없
이 적용해볼 수 있다. 이번 예제에서는 플로잉데이터 블로그에서 페이지
뷰와 댓글을 기준으로 가장 인기 있는 100개의 글을 선정, 카테고리 분류
(Visualization, Data Design Tips 등)에 따라 시각화해본다.

언제나처럼 첫 단계는 R로 데이터를 가져오는 것이다. 데이터는 컴퓨터에
있는 데이터를 활용하거나 주소 URL을 적어 가져온다. 여기서는 데이터를
온라인에 미리 준비해뒀으니 후자로 진행한다. 전자(컴퓨터에 저장된 데이터 가
져오기)를 활용하려면 R의 작업 디렉토리에 데이터를 두자. 작업 디렉토리는
R 메뉴의 Miscellaneous[기타] 항목에서 설정할 수 있다.

주소 URL에서 CSV 파일을 가져온다. 쉽다. R 프로그램에서 read.csv()
함수 한 줄이면 끝이다(그림 5-17).

```
posts <- read.csv("http://datasets.flowingdata.com/post-data.txt")
```

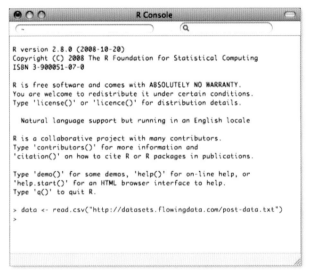

그림 5-17 R에서 CSV 파일 가져오기

쉽지 않나? 페이지뷰와 댓글을 CSV 형식으로 담고 있는 텍스트 문서를
read.csv() 명령으로 posts 변수에 가져와 담았다. 앞 장의 설명과 같이
read.csv() 함수 명령은 기본적으로 데이터가 쉼표로 구분됐다고 전제한
다. 다른 형식, 이를테면 탭 구분이라면 sep 인수로 \t를 지정해준다. URL
이 아니라 자신의 컴퓨터에 저장된 파일을 불러온다면 코드는 다음과 같은
형식이 된다.

```
posts <- read.csv("post-data.txt")
```

이때 post-data.txt 파일은 R의 작업 디렉토리에 저장되어 있어야 한다.
read.csv() 함수로 데이터를 가져올 때의 더 자세한 옵션과 설명을 보고
싶다면 R 콘솔 화면에 다음 명령을 입력해보자.

```
?read.csv
```

예제를 계속 진행하자. 데이터를 posts 변수에 저장했으니, 아래 코드를
콘솔에 입력해서 데이터의 첫 5줄을 확인한다.

```
posts[1:5,]
```

원본 CSV 파일에 따라 아이디^{id}, 페이지뷰^{views}, 댓글^{comments}, 분류^{category}를
담고 있는 데이터의 첫 네 줄을 확인할 수 있다. R로 데이터를 잘 가져왔다
면, 이제 포트폴리오 패키지를 활용할 차례다. 아래 코드로 패키지를 가져
와 보자.

```
library(portfolio)
```

혹시 오류가 발생하는가? 패키지를 설치하지 않아서 그럴 것이다. 아래 명
령으로 패키지를 설치하자.

```
install.packages("portfolio")
```

다시 한 번 패키지를 불러온다. 걱정 말고 다시 해보자. 오류 없이 패키지를
가져왔는가? 잘됐다. 다음 단계로 넘어가자.

포트폴리오 패키지는 특히 map.market() 함수에 많은 기능이 집중되어 있
다. 이 함수의 인수는 다양한데, 여기서는 그중 다섯 가지를 활용한다.

```
map.market(id=posts$id, area=posts$views,
    group=posts$category, color=posts$comments,
    main="FlowingData Map")
```

id는 트리맵에서 사각형을 표시하는 데이터의 유일한 접근자 이름이고, 사
각형의 면적은 페이지뷰^{views} 값을 R로 전달해서 적용한다. 사각형을 그룹
으로 묶는 데 분류^{category} 열을 사용하고, 사각형의 색상은 댓글^{comments} 열
에 따라 적용한다. 그리고 main 인수로 그래프의 차트를 전달한다. 위 코드

팁

R의 그래픽 사용자 인터페이스
로 외부 패키지를 설치할 수 있
다. 메뉴의 Packages & Data
⇨ Package Installer 항목을 선
택한다. Get List를 클릭하고 설
치하고자 하는 패키지를 찾아
더블클릭으로 설치할 수 있다.

를 입력하고 엔터를 누르면 그림 5-18과 같은 트리맵을 확인할 수 있다.

「뉴욕타임스」는 경제 위기 때의 주식 시장 변화를 트리맵 애니메이션으로 만들었다. 제목은 '경제 위기에 재계의 거인들이 어떻게 몰락하고 성장했는가(How the Giants of Finance Shrank, Then Grew, Under the Financial Crisis)'이다. http://nyti.ms/9JUkWL에서 확인해보자.

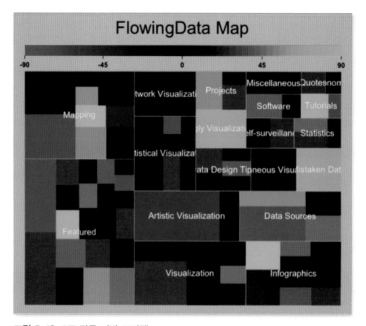

그림 5-18 R로 만든 기반 트리맵

어려운 부분인 기본적인 구성과 구조가 완성됐다. 아직 깔끔하진 않다. 앞에서 설정한 내용과 같이 하나의 글post을 나타내는 사각형은 페이지뷰에 따른 면적으로, 분류에 따라 그룹으로 정렬됐다. 댓글 수가 많을수록 더 밝은 녹색을 띤다. 페이지뷰가 많은 글이 항상 댓글도 많은 것은 아니다.

이렇게 R로 만든 그래프를 PDF로 저장해서 일러스트레이터로 불러와서 늘상 해오던 옵션을 적용한다. 선의 스타일과 색상, 글자체를 바꾸고, 필요 없는 요소는 모두 제거하며, 설명에 필요한 텍스트를 덧붙인다.

그림 5-18의 그래프에서 가장 먼저 바꿔야 할 부분은 -90에서 90의 값을 나타내는 범례 표시 부분이다. 0개 미만의 댓글이 생길 이유가 없는데도 음의 댓글 영역이 있다는 건 말이 되지 않는다. 좁은 영역에 가려진 몇몇 라벨도 수정이 필요해 보인다. 선택Selection 도구를 써서 일정한 크기의 라벨을

읽은 수(면적)에 따라 단계적으로 적용한다. 또 분류가 명확하게 구분되도록 구분선을 굵게 적용한다. 여기까지 수정하면 그림 5-19와 같은 결과를 볼 수 있다.

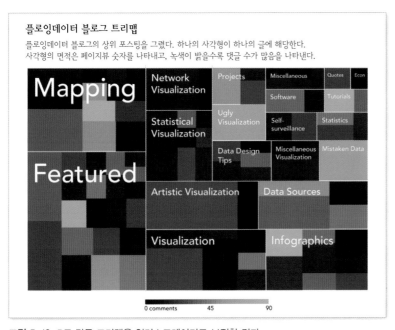

그림 5-19 R로 만든 트리맵을 일러스트레이터로 보정한 결과

됐다. 이렇게 해서 라벨이 가려져 있거나 의미 없는 색상 범위가 없는 가독성 높은 그래픽을 만들었다. 더 깔끔하게 보이도록 짙은 회색의 배경도 흰색으로 바꿔줬다. 아, 그리고 물론 제목과 간단한 설명문구를 넣는 것도 빼놓지 않았다.

이번 예제는 포트폴리오 패키지가 어려운 작업을 대부분 처리해주기 때문에 스스로 해야 할 일 중 가장 어려운 부분은 데이터를 적절한 형식으로 전달하는 것뿐이다. 이 그래픽의 세 가지 속성을 떠올려보자. 데이터를 구분하는 아이디, 사각형의 면적, 그룹 구분이 있다. 그리고 추가 옵션으로 댓글 수를 네 번째 수치로 삼아 색상을 바꿔줬다. 자신의 데이터를 필요한 형식으로 만들어주는 방법은 2장 '데이터 핸들링'에서 다시 확인해보자.

시간에 따른 분포

때때로 시간에 따른 분포 데이터가 있다. 여러 문항으로 이뤄진 한 번의 설문 결과가 아니라, 같은 설문을 한 해에 걸쳐 매달 여러 차례에 걸쳐 진행하는 경우가 그렇다. 한 번의 설문 결과만 보고 싶은 것이 아니라, 설문을 진행하는 시간에 따라 어떤 변화가 있었는지 보고 싶은 것이다. 일 년 동안 사람들의 관점은 어떻게 변화해왔는가?

물론, 일련의 설문 결과 데이터에 한정된 이야기는 아니다. 시간에 따른 분포 데이터는 다양한 방법으로 구할 수 있다. 여기서는 1860년부터 2005년까지의 연령별 미국 인구 분포를 예제 데이터로 사용한다. 보건의료 서비스의 발전과 출산률이 감소하면서, 전 세대에 비해 전반적인 고령화가 진행됐다는 사실을 알 수 있다.

누적 연속 그래프

몇 개의 시계열 그래프가 있다고 하자. 이 그래프들을 차곡차곡 쌓아올려 그려 빈 공간을 채워간다. 이렇게 만들어진 결과가 누적 영역 그래프로, 그림 5-20과 같이 가로축은 시간을 나타내며 세로축은 데이터 값을 표시한다.

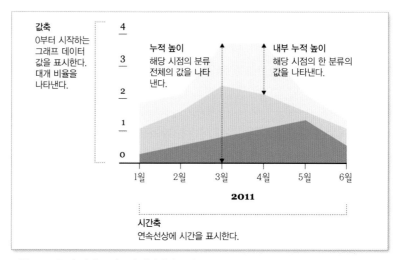

그림 5-20 누적 영역 그래프의 일반적인 구성

이러한 누적 영역 그래프에서 한 시점의 세로 단면을 가져오면 그 시점의 분포를 볼 수 있다. 시간에 따라 연속적인 누적 막대 그래프라고 볼 수도 있다.

누적 영역 그래프 만들기

이번 예제에서는 연령별 인구 분포 데이터를 사용한다. 데이터는 http://book.flowingdata.com/ch05/data/us-population-by-age.xls에서 다운로드 받도록 한다. 데이터를 보면, 지난 수십 년간 의료와 보건 서비스가 발전하며 평균 수명은 증가했다. 그 결과로 인구 분포에서 고령층의 비율이 늘어났다. 그 수십 년간 연령별 인구 분포는 얼마나 바뀌어왔을까? 미국 통계청에서 가져온 데이터를 누적 영역 그래프로 그려보면 명확하게 알 수 있다. 고령층의 비율이 얼마나 증가했고, 저연령층 비율이 얼마나 감소했는지 알아보자.

누적 영역 그래프를 만드는 방법은 다양하다. 우선 일러스트레이터로 만들어보자. 누적 영역 그래프를 만들려면 우선 영역 그래프$^{Area Graph}$ 도구를 선택한다(그림 5-21).

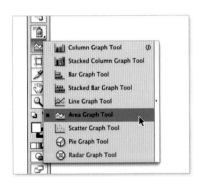

그림 5-21 영역 그래프 도구

클릭과 드래그로 새 그래프 영역을 마련하고, 스프레드시트에 데이터를 입력한다. 이제 데이터 가져오기, 그래픽 만들기, 수정하기 과정은 설명 없이도 익숙하게 할 수 있을 것이다. 더 세세한 설명이 필요할까?

데이터를 입력하면 그림 5-22와 같은 누적 영역 그래프를 만들어볼 수 있다.

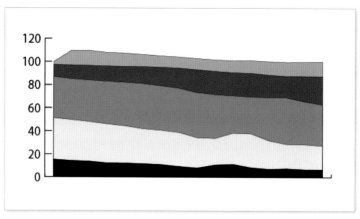

그림 5-22 일러스트레이터로 만든 기본 누적 영역 그래프

그래프의 최대값은 어느 시점에서나 100%로 일정하다. 누적 영역 그래프에 입력한 값이 연령별 인구 분포를 표시하도록 비율로 정규화normalize한 값이기 때문에 전부 합쳤을 때 100%가 되는 것이다. 비율 분포가 아니라 실제 숫자 데이터로 그래프를 그려볼 수도 있다. 만약 총합이 100%가 되는 그래프를 그리고자 한다면 데이터를 정규화해줘야 한다. 그러나 위에 내가 만든 그래프는 정확히 100%가 되지 않는 오류가 있다. 이런. 여기서 내가 데이터 입력 실수를 했다. 데이터를 수정하면 그림 5-23과 같은 그래프를 확인할 수 있다. 물론 처음부터 정확한 데이터를 입력했다면 이미 이 결과를 확인했을 것이다.

자신의 그래프를 만들 때 이런 데이터 오차를 유심히 지켜보자. 입력 오류를 비롯한 사소한 데이터 오류는 빨리 찾아낼수록 좋다. 그래프를 다 만든 후 오류가 발견되어 어디서 문제가 있었는지 되짚어가기보단.

> **팁**
>
> 데이터를 손으로 입력할 때는 항상 주의하자. 한 데이터를 다른 형식으로 옮기는 과정엔 얼마든지 다채롭고도 멍청한 실수가 생길 수 있다.

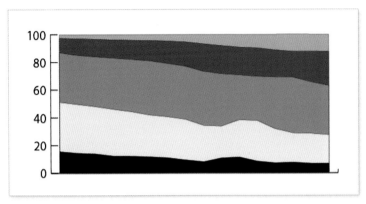

그림 5-23 수정한 누적 영역 그래프

기반 그래프를 잘 만들었다면, 축과 선을 제거한다. 그래프의 특정 요소를 선택할 땐 직접 선택^{Direct Selection} 도구를 활용하자. 나는 여기서 세로축을 없애고 눈금자와 수치 라벨을 붙였다. 그 편이 더 깔끔하고 멋들어지며, 필요한 정보만 간결하게 보여주기 때문이다. 또 원래 단순한 흑백이었던 그래프 영역의 색상 구분도 파란색 계열의 단계적 색상으로 바꿔주었다. 그결과가 그림 5-24다.

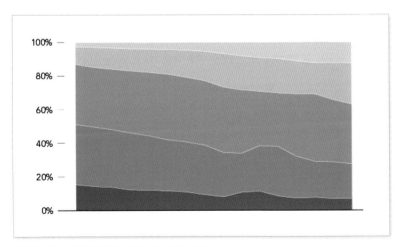

그림 5-24 수정을 적용한 예제 누적 영역 그래프

팁

색상 선정은 주제와 독자의 편이성을 고려해서 단계별로 매긴다.

다시 한번 강조하건대, 여기서 적용한 수정은 내 개인적인 선호에 따른 것이다. 색상 구분도 경우에 따라 얼마든지 달리할 수 있다. 그래프 디자인 경험을 많이 쌓을수록, 자신의 선호와 취향을 분명히 가를 수 있을 것이다.

또 빠진 게 있나? 음, 일단 가로축에 라벨이 없다. 가로축을 추가하는 동시에 연령별 구분 라벨도 함께 넣자.

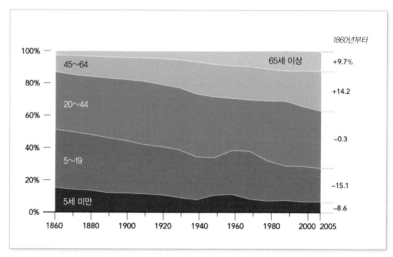

그림 5-25 라벨을 추가한 누적 영역 그래프

덧붙여 그래프 오른쪽에 최종적인 변화량도 함께 표시했다. 여기서 가장 눈여겨볼 부분은 연령별 분포다. 그래프로도 분포 변화를 확인할 순 있지만, 정확한 숫자로 적어주면 더 분명하게 확인할 수 있다.

마지막으로, 제목과 설명문을 추가하고 데이터 출처를 명기한다. 오른쪽 수치 표기를 의미에 따라 색상을 약간 바꿔서 최종 결과를 만들면, 그림 5-26과 같은 결과를 볼 수 있다.

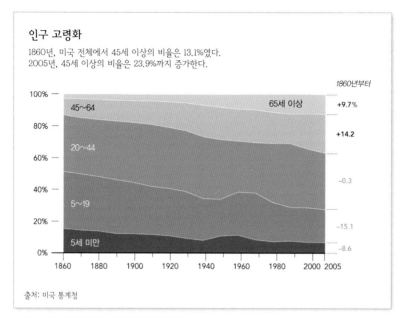

인구 고령화

1860년, 미국 전체에서 45세 이상의 비율은 13.1%였다.
2005년, 45세 이상의 비율은 23.9%까지 증가한다.

출처: 미국 통계청

그림 5-26 누적 영역 그래프의 최종 결과

인터랙티브 누적 영역 그래프 만들기

누적 영역 그래프의 한 가지 단점이라면, 분류 수가 지나치게 늘어나면 읽기가 어려워져 무용지물이 되어버린다는 점이다. 예제의 연령별 인구 분포가 읽기 편했던 이유는 연령을 다섯 단계로 간략하게 구분했기 때문이다. 구분의 가짓수가 늘어나면, 구분이 전체적으로 가늘어져 거의 선처럼 보인다. 또, 상대적으로 작은 분류는 더 우세한 분류에 묻혀 거의 보이지 않을 수 있다. 이런 문제는 인터랙티브 그래프(사용자 입력에 반응하는 그래프)로 해결할 수 있다.

독자는 인터랙티브 그래프에서 원하는 분류를 찾아 해당하는 축을 줌으로 크게 볼 수 있다. 너무 가늘어서 값 라벨을 넣기 어려운 부분엔 툴팁을 추가한다. 기본적으로 정적인 누적 영역 그래프에는 넣을 수 없던 데이터를 인터랙티브 그래프라면 추가해볼 수 있고, 탐색과 둘러보기도 쉽다. 인터랙티브 누적 영역 그래프는 앞에서 설명한 자바스크립트의 프로토비즈로 만들 수도 있겠지만, 다양한 도구를 배운다는 관점에서(아주 재미있는 일 아닌가?) 플래시 액션스크립트로 만들어보자.

> **참고**
>
> 온라인 시각화는 플래시에서 자바스크립트와 HTML5로 서서히 바뀌어가는 추세에 있다. 그러나 구형 인터넷 익스플로러를 비롯해 아직은 이 기능을 지원하지 않는 브라우저도 있다. 또한 플래시가 오랫동안 다방면에서 활용돼왔기 때문에 특정 작업에 필요한 라이브러리와 패키지를 브라우저에 따른 자바스크립트 기능보다 훨씬 쉽게 찾을 수 있다.

유명한 인터랙티브 누적 영역 그래프로는 마틴 아텐버그(Martin Wattenberg)가 만든 네임보이저(NameVoyager)가 있다. 네임보이저는 시간에 따른 신생아의 등록 이름을 보여주는 차트로, 검색창에 이름을 입력하면 자동으로 변환된 내봉늘 보여준나. 네임보이지는 www.babynamewizard.com/voyager에서 볼 수 있다.

다행히도 밑바닥부터 시작할 필요는 없다. 필요한 작업 대부분은 UC 버클리의 데이터 시각화 연구실에서 만든 플레어Flare:플래시 시각화 툴킷에 이미 마련되어 있다. 플레어는 프리퓨즈Prefuse 자바 시각화 툴킷의 액션스크립트 버전이다. 이번 예제는 사이트의 샘플 애플리케이션 잡보이저JobVoyager를 활용한다. 잡보이저는 네임보이저NameVoyager와 비슷한 애플리케이션으로, 아이 이름 대신 직업 데이터를 활용했다. 여기에 맞게 작업 환경을 구성하고 나면, 남은 일은 입력 데이터를 자신의 것으로 교체하고 입맛에 맞는 룩앤필look and feel로 수정하는 일뿐이다.

플래시 파일을 만들 때 완전히 액션스크립트로 코드를 적어 컴파일할 수 있다. 이 말이 기본적으로 의미하는 바는, 사람이 이해할 수 있는 언어로 코드를 적어 컴파일러로 컴퓨터(플래시 플레이어)가 이해할 수 있는 명령 집합으로 전환할 수 있다는 뜻이다. 따라서 여기에 필요한 도구는 코드를 적을 수 있는 도구와 컴파일해주는 도구, 두 가지뿐이다.

이 작업을 수행하는 가장 어려운 방법은 메모장 같은 텍스트 에디터로 코드를 작성해서 어도비의 무료 컴파일러로 제작하는 것이다. 이 방법이 어려운 이유는 수행해야 할 단계가 훨씬 늘어날 뿐만 아니라 다양한 요소를 따로 설치해줘야 하기 때문이다.

가장 쉬운 방법은, 특히 스스로 플래시와 액션스크립트로 여러 작업을 할 계획이 있다면 특히 추천하는데, 어도비 플렉스 빌더Flex Builder를 쓰는 것이다. 플렉스 빌더는 코드 작성, 컴파일, 디버그 기능을 모두 지원하기 때문에 액션스크립트 프로그래밍의 난점을 많이 해결해준다. 플렉스 빌더의 단점이라면 유료 도구라는 점을 들 수 있다. 학생용은 무료로 제공되기도 한다.

참고
플레어 도구를 무료로 다운로드 받아 사용해보자.
http://flare.prefuse.org/

가격을 지불한 만큼의 이점이 있을지 미심쩍다면 무료 평가판을 다운로드 받아 확인해볼 수도 있다. 이번에 설명하는 누적 영역 그래프 예제는 플렉스 빌더로 만드는 과정을 설명한다.

참고

이 부분을 쓰는 시점, 어도비 사는 플렉스 빌더(Flex Builder)의 이름을 플래시 빌더(Flash Builder)로 바꿨다. 두 도구는 거의 비슷하지만 몇 가지 차이점이 있다. 여기서 설명하는 과정은 두 가지 도구 모두에서 똑같이 따라 해볼 수 있다. 플래시 빌더는 www.adobe.com/products/flashbuilder/에서 다운로드 받을 수 있다. 가능하다면 학생 할인을 활용하자. 자신의 학생증 복사본을 제시하면 무료 라이선스를 받아볼 수 있다. 학생 할인을 받을 수 없다면 상대적으로 낮은 가격의, 구시대적인 플렉스 빌더를 구해 쓸 수도 있다.

플렉스 빌더를 다운로드 받아 설치하고, 바로 실행한다. 그림 5-27과 같은 창을 보게 될 것이다.

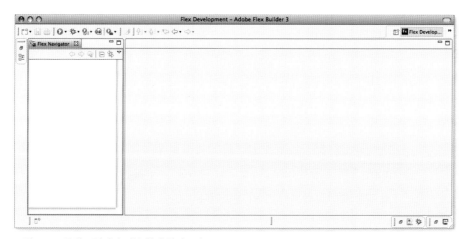

그림 5-27 플렉스 빌더의 기본 창이 열린 모습

왼쪽 사이드바에서 Flex Navigator^{플렉스 내비게이터} 탭을 우클릭하고 Import 임포트 항목을 클릭한다. 그림 5-28과 같은 팝업창이 열린다.

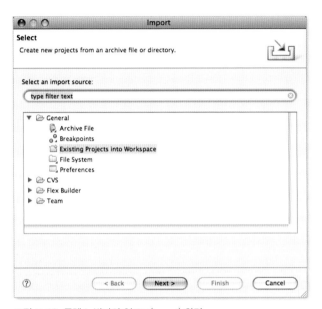

그림 5-28 플렉스 빌더의 임포트(Import) 화면

이미 있는 프로젝트를 워크스페이스로 가져오기^{Existing Projects into Workspace}**2**를 선택하고 Next를 누른다. Browse... 버튼을 눌러 플레어 사이트 주소를 입력한다. flare를 저장한 디렉토리를 선택하고, 그림 5-29와 같이 프로젝트 창에 flare 프로젝트가 체크됐는지 확인한다.

flare.apps 폴더에 대해서도 같은 과정을 반복한다. flare.apps/flare/ apps 폴더를 열어 JobVoyager.as 파일을 클릭해서 열었을 때 그림 5-30 과 같은 화면을 볼 수 있다면 성공이다.

---

2   플렉스 빌더는 이클립스(eclipse) 도구를 기반으로 만들어졌다. 여기선 플렉스 프로젝트로 이미 만들어져 있던 잡보이저 프로젝트를 가져와서 수정하기 때문에, 이 메뉴로 가져온다. – 옮긴이

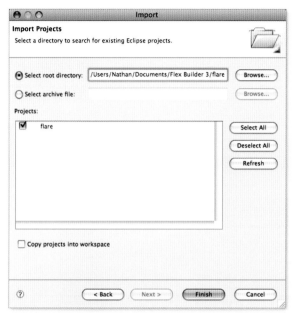

그림 5-29 프로젝트 창에 flare 프로젝트가 보인다.

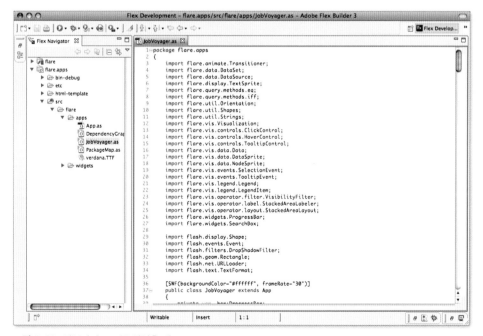

그림 5-30 잡보이저 코드를 열었을 때

바로 실행 버튼(우측 상단에 있는 녹색 배경의 흰색 삼각형 재생 버튼)을 클릭하면 그림 5-31과 같은 잡보이저의 실행 화면을 확인할 수 있다. 일단 실행이 된다면 가장 어려운 부분인 기본 설정을 잘 마친 것이다. 이제 자신의 데이터를 넣고 취향대로 그래픽을 수정한다. 어디서 많이 듣던 이야기 같지 않은가?

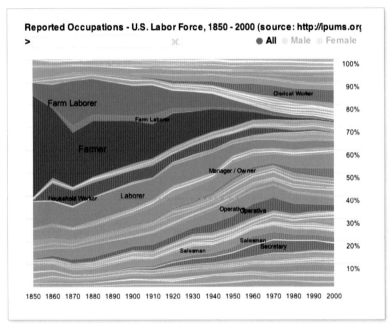

그림 5-31 잡보이저 애플리케이션 화면

http://datafl.ws/16r을 찾아 최종 시각화의 결과를 보고. 직접 실행하며 소비 자료의 탐색을 확인해보자.

그림 5-32는 이 변경을 적용한 결과를 보여준다. 미국 통계청에서 발표한 1984년부터 2008년까지의 소비자 지출 데이터를 탐색하는 도구다. 가로축이 연도를 나타내는 것은 같고, 분류는 직업이 아니라 거주, 음식과 같은 지출 분류로 바뀌었다.

이제 JobVoyager.as 파일의 57번째 줄에 있는 데이터 출처를 바꿔보자.

```
private var _url:String =
    "http://flare.prefuse.org/data/jobs.txt";
```

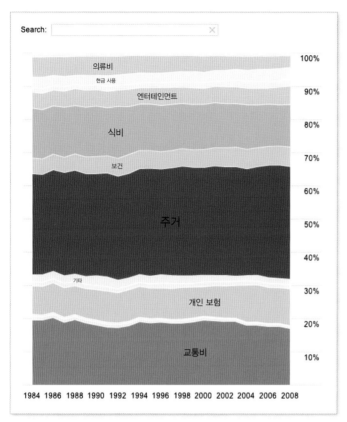

그림 5-32 소비 지출에 대한 인터랙티브 보이저

_url 변수 값을 http://datasets.flowingdata.com/expenditures.txt로
바꾼다. expenditures.txt 파일은 jobs.txt 파일과 마찬가지로 탭 구분 형
식의 파일이다. 첫 열은 연도를, 두 번째 열은 분류를, 마지막 줄은 지출 비
율을 나타낸다.

```
private var _url:String =
    "http://datasets.flowingdata.com/expenditures.txt";
```

이제 다시 실행해보면 직업에 따른 데이터가 아닌 소비 지출에 대한 데이
터를 볼 수 있다. 아주 쉽다.

그 다음의 58, 59번째 줄은 열 이름을 설정한다. 여기서 열 이름은 직업 분류와 해당 연도. 1850년부터 2000년까지 10년 단위로 나뉘어 있다. 가져온 데이터에서 구분 항목을 가져오면 더 분명하게 할 수 있지만, 여기서 데이터는 바뀌지 않기 때문에 연도 단위를 특정 시점으로 설정해 시간을 절약했다.

소비 지출 데이터는 1984년부터 2008년까지의 연 단위 데이터이므로, 58, 59번째 줄을 여기에 맞춰 바꿔준다.

```
private var _cols:Array =
    [1984,1985,1986,1987,1988,1989,1990,1991,1992,1993,
    1994,1995,1996,1997,1998,1999,2000,2001,2002,2003,
    2004,2005,2006,2007,2008];
```

다음으로 데이터 헤더에 대한 부분을 고쳐준다. 원래의 데이터 파일(jobs. txt)은 4개의 열(연도year, 직종occupation, 인구people, 성별sex)로 구성되어 있었다. 여기서 쓰는 데이터에는 3개의 열(연도year, 구분category, 지출expenditure)뿐이다. 따라서 새로운 데이터에 맞도록 코드를 고쳐줘야 한다.

쉽다. 연도는 똑같으니 사람 숫자people로 되어 있는 부분을 찾아 지출 expenditure(세로축)로, 직종occupation으로 되어 있는 부분을 찾아 분류category(레이어)로 바꿔준다. 그리고 성별sex에 대한 부분은 모두 지운다.

74번째 줄은 데이터를 누적 영역 그래프에 필요한 형식으로 재구성한다. 본래의 코드엔 연도를 x축에, 인구를 y축에 두고 있다. 여기서 성별에 따른 직종 구분을 분류(레이어)로 바꿔줘야 한다.

```
var dr:Array = reshape(ds.nodes.data, ["occupation", "sex"],
    "year", "people", _cols);
```

위 줄을 다음과 같이 바꿔준다.

```
var dr:Array = reshape(ds.nodes.data, ["category"],
    "year", "expenditure", _cols);
```

팁
좋은 시각화 오픈소스 도구가 여럿 있다. 처음엔 프로그래밍이 두렵게 여겨질 수 있다. 이미 만들어진 코드를 변수만 바꿔 자신의 데이터로 바꾸는 연습을 해보자. 코드를 읽고 작동 방식을 이해하는 부분만이 난점이다.

바뀐 데이터는 성별이 사라지고 분류만 사용하므로, 분류만 남는다. x축은
여전히 연도를 나타내고, y축은 지출 규모를 표시한다.

84번째 줄은 데이터를 직종과 성별에 따라 사전식으로 정렬한다. 분류를
기준으로 정렬하도록 바꿔준다.

```
data.nodes.sortBy("data.category");
```

슬슬 감이 오는지? 거의 모든 작업은 이미 마련되어 있다. 변수만 데이터에
맞게 바꿔주면 된다.

92번째 줄은 성별에 따라 레이어 색상을 정하고 있다. 그러나 데이터를 나
눌 필요는 없으므로 이 부분은 필요하지 않다. 다음 줄은 완전히 지워준다.[3]

```
data.nodes.setProperty("fillHue", iff(eq("data.sex",1), 0.7, 0));
```

영역의 색상을 매기는 방법은 잠시 넘어갔다가 뒤에 알아보자.

103번재 줄은 직종 라벨을 매겨주고 있다.

```
_vis.operators.add(new StackedAreaLabeler("data.occupation"));
```

이제 라벨은 분류 이름을 표시해야 한다. 여기에 맞게 위 코드를 다음과 같
이 수정한다.

```
_vis.operators.add(new StackedAreaLabeler("data.category"));
```

213~231번째 줄은 잡보이저의 필터링 기능을 담고 있다. 우선 성별에 따
른 필터가 있고, 다음으로 직종에 따른 필터가 있다. 성별에 따른 필터는 필

---

3   코드를 다시 돌아보지 않을 것이라면 완전히 지워도 좋다. 그러나 잘못 수정한 경우에 대비하려면
    해당 부분을 주석(comment)으로 바꿔주는 편이 낫다. 플래시/액션스크립트에서 //로 시작하는 부
    분부터 그 줄바꿈 이전까지, 그리고 /*와 */로 구분지어진 부분은 주석으로 처리되어 실행되지 않
    는다. 주석으로 만드는 방법에 대해서는 각 언어별 참조 문서를 찾아보자. – 옮긴이

요하지 않으니 215~218번째 줄은 지우고 219번째 줄의 if 조건문을 맞추어 수정한다.

비슷한 방법으로 264~293번째 줄은 성별 필터를 켜고 끄는 버튼을 나타내고 있다. 이 부분도 완전히 지워준다.

이제 거의 끝나간다. 213번째 줄의 filter() 함수로 되돌아 가자. 여기도 마찬가지로 직종에 따른 필터 부분을 지출 구분에 따른 필터로 바꿔준다.

222번째 줄의 원래 코드는 다음과 같다.

```
var s:String = String(d.data["occupation"]).toLowerCase();
```

직종 부분을 분류(지출 구분)로 바꿔준다.

```
var s:String = String(d.data["category"]).toLowerCase();
```

다음으로 색상을 설정한다. 여기까지 따라 수정한 코드를 컴파일해서 실행하면 온통 불그죽죽한 그림 5-33 같은 누적 영역 그래프를 확인할 수 있다. 분류별로 색상을 달리해서 뚜렷하게 대비되도록 만들자.

색상은 코드의 두 군데에서 정하고 있다. 우선 86~89번째 줄은 선 색상과, 전체의 붉은 색조를 설정하고 있다.

```
shape: Shapes.POLYGON,
lineColor: 0,
fillValue: 1,
fillSaturation: 0.5
```

105번째 줄은 색편향(새츄레이션saturation)을 숫자로 정해주고 있다. 여기서 설정한 값은 360~383번째 줄의 SaturationEncoder()에서 불러와 사용하고 있다. 색편향은 적용하지 않도록 한다. 그 대신 색상표를 정해서 칠해주자.

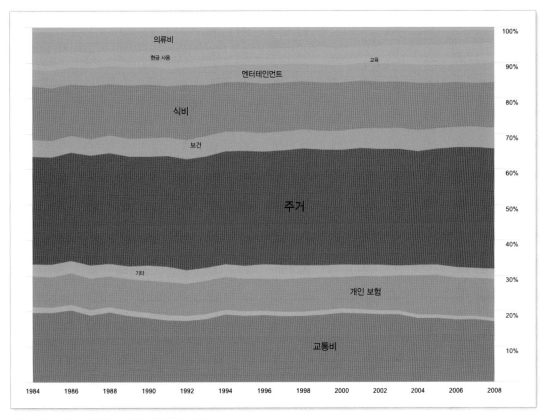

그림 5-33 기본 색상으로 그린 누적 영역 그래프

먼저, 86~89번째 줄을 다음과 같이 바꿔준다.

```
shape: Shapes.POLYGON,
lineColor: 0xFFFFFFFF
```

이제 구분선의 색상은 lineColor의 값(0xFFFFFFFF)에 따라 흰색으로 나타난다. 분류의 숫자가 많을 경우 구분선을 설정하지 않는 편이 좋다. 지저분해 보이기 때문이다. 여기서 사용하는 지출 구분의 숫자는 그리 많지 않으므로, 눈에 잘 띄는 구분선은 가독성을 높여준다.

다음으로 구분 단계에 따라 적용할 색상표 배열을 만든다. 코드의 윗부분, 50번째 줄 근처 변수를 선언하고 있는 부분의 아래쪽에 다음 코드를 추가 한다.

```
private var _reds:Array = [0xFFFEF0D9, 0xFFFDD49E,
    0xFFFDBB84, 0xFFFC8D59, 0xFFE34A33, 0xFFB30000];
```

위 코드의 색상표는 (전에 설명했던) ColorBrewer의 설정에 따른 추천 색상 표에서 가져온 값이다. ColorBrewer는 본래 지도에서 쓰는 색상표를 구하기 위해 만들어졌지만, 일반적인 시각화에서도 마찬가지로 유용하게 쓸 수 있다.

110번째 줄 근처에 새 ColorEncoder 객체를 추가한다.

```
var colorPalette:ColorPalette = new ColorPalette(_reds);
vis.operators.add(new ColorEncoder("data.max", "nodes",
    "fillColor", null, colorPalette));
```

> **참고**
>
> 여기까지 수정했을 때 컴파일에서 오류가 발생한다면, JobVoyager.as 파일 윗부분의 import 중 에서 ColorPalette와 Encoder를 불러오는 다음 import 구문이 있는지 확인해보자. 없다면 새로 추가한다.[4]
>
> ```
> import "are.util.palette.*;
> import "are.vis.operator.encoder.*;
> ```

짜잔! 이렇게 해서 목표로 하던 결과를 얻을 수 있다. 물론, 여기서 그칠 이유는 없다. 훨씬 더 많은 가능성이 열려 있다. 예제에서 썼던 데이터가 아닌, 자신이 갖고 있는 데이터를 적용해볼 수도 있고, 색상표를 원하는 대로 바꿔볼 수도 있다. 그 밖에도 많은 부분을 원하는 대로 수정해보자. 글자체도, 툴팁 메시지도 얼마든지 바꿀 수 있다. 더 멋진 기능을 찾아서 액션스크립트를 추가로 작성해볼 수도 있다. 이런 식으로 계속 연습한다.

---

4 이클립스 단축키 Ctrl+Shift+O(import 정리)를 써보자! – 옮긴이

점 연결

누적 영역 그래프의 가장 큰 단점은 한 집단의 경향성을 알아보기 어렵다
는 점이다. 윗부분의 누적된 영역은 아랫부분에 누적된 수치의 영향을 받
기 때문이다. 때로는 분포 데이터 역시 앞에서 설명한 시계열 데이터처럼
직선적으로 나타내는 편이 더 도움이 될 때도 있다.

일러스트레이터에서 그래프 형식 전환 방법은 간단하다. 입력하는 데이터
형식은 똑같으므로, 그래프의 유형만 바꿔주면 된다. 그래프 도구 선택에서
누적 영역 그래프 대신 선 그래프를 선택한다. 그 결과로 그림 5-34와 같
은 기본 그래프를 얻게 된다.

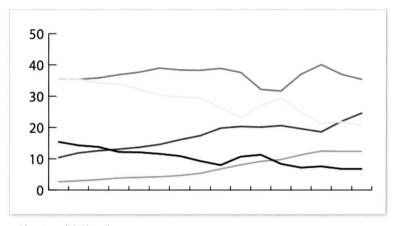

그림 5-34 기본 선 그래프

앞의 여러 예제에서 그래왔듯, 이 기본 그래프를 정리하고 원하는 형식으
로 수정해보자. 똑같은 데이터를 다른 관점에서 바라볼 수 있다(그림 5-35).

이렇게 만든 결과는 연령에 따른 개별 경향성을 확연하게 보여준다. 반면
전체 분포가 어떻게 변해가고 있는지는 다소 알기 어렵다. 어떤 그래프를
선택할지는 무엇을 찾고자 하는지, 데이터에서 무엇을 알아보려는지에 따
라 달라진다. 공간만 충분하다면 두 가지 그래프를 한 화면으로 보는 방법
도 있다.

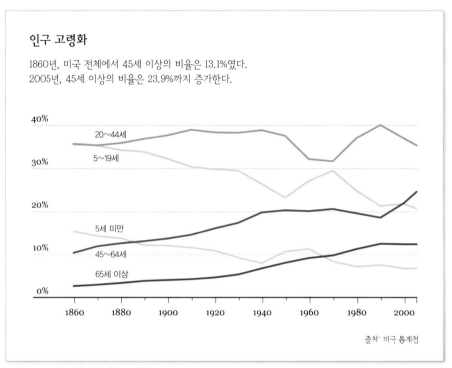

인구 고령화

1860년, 미국 전체에서 45세 이상의 비율은 13.1%였다.
2005년, 45세 이상의 비율은 23.9%까지 증가한다.

20~44세
5~19세
5세 미만
45~64세
65세 이상

출처ː 미국 통계청

그림 5-35 정리해서 라벨을 붙인 선 그래프

정리

여타 데이터 유형과 분포 데이터의 가장 주요한 차이는, 분포 데이터는 전체
의 부분을 나타낸다는 것이다. 분포 데이터는 개별적인 값에도 의미가 있지
만, 모든 값의 합 또는 부분의 세부 부분으로서의 의미도 갖는다. 분포 데이
터의 시각화는 데이터의 이런 성격을 잘 드러낼 수 있어야 한다.

수치가 몇 개에 불과한가? 파이 차트가 최선의 선택이 될 것이다. 도넛 차
트는 주의해서 쓰자. 여러 개의 수치 자료와 많은 분류가 있다면, 여러 장의
파이 차트를 그리기보단 누적 막대 그래프를 그리는 편을 고려한다. 시간
에 따른 패턴을 보고자 한다면 오랜 벗, 누적 영역 그래프를 알아보거나 고
전적인 시계열 데이터 시각화 방식을 따르는 편이 좋다. 스테디셀러 그래

프 형식을 활용함으로써 안정적인 결과를 얻을 수 있을 것이다.

디자인 또는 제작 시점에 있다면 데이터에서 알고 싶은 것이 무엇인지 스스로 질문을 던져보고, 그 질문에서부터 시작하라. 정적인 그래프로도 이야기를 온전히 전할 수 있을까? 대부분의 경우 그 답은 '그렇다'이다. 괜찮다. 그러나 어떻게든 인터랙티브 그래픽을 만들겠다 결정했다면, 화면의 한 대상을 클릭했을 때 어떻게 반응할지, 어디는 클릭이 가능하고 어디는 불가능한지 등의 인터랙티브 기능을 완전히 종이에 그리고 난 후 제작을 시작하자. 너무 많은 기능을 우겨넣으려 하면 순식간에 난삽해진다. 따라서 가장 단순한 상태를 유지하도록 최선을 다하자. 다른 사람에게 요청해서 자신이 만든 그래픽의 인터랙티브 기능으로 의미를 이해할 수 있는지 확인하게 한다.

마지막으로, 프로그래밍을 하는 과정에서 (특히 초보자라면) 다음엔 뭘 해야할지 불분명한 지점에 도달할 것이다. 그럴 수밖에 없다. 나는 항상 맞닥뜨리는 순간이다. 무언가 막힌다면 인터넷만큼 참조하기 좋은 문서 창고가 없다. 관련 도움말 문서가 있다면 찾아보고, 비슷한 작업에 대한 예제가 있으면 따라서 연습해보자. 구문syntax만 본다고 될 일이 아니다. 필요한 것은 그 안의 구성 방식, 로직logic이다. 다행히도 프로토비즈, 플레어 등 훌륭한 예제와 도움말을 제공하는 많은 라이브러리가 있다.

다음 장에서는 분석의 좀 더 깊은 측면, 데이터 해석으로 옮겨가서 통계의 좋은 친구, R을 되돌아본다. R을 쓰면 데이터 간, 데이터의 변수 간 관계를 찾아내기 쉽다. 준비됐는가? 들어가 보자.

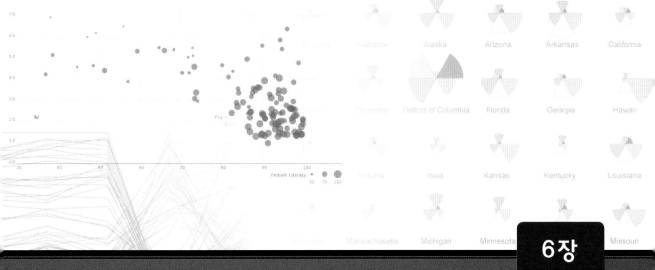

관계 시각화

통계학은 데이터 간의 관계를 찾는 학문이다. 집단 간의 어떤 유사점이 있는가? 집단 내부에는? 집단 안의 소집단에는? 통계학의 관계 중 일반에 가장 널리 알려진 관계라면 단연 상관관계(correlation)가 있다. 상관관계란, 이를테면 키와 몸무게 같은 관계(일반적으로, 키가 크면 체중도 큰 경향이 있다)를 말한다. 이 두 가지는 단순 양적 상관관계(simple positive correlation)다. 우리네 일상이 흔히 그렇듯이, 여러분이 갖고 있는 데이터의 관계는 더 많은 옵션과 비선형 관계 패턴에 의해 얼마든지 더 복잡해질 수 있다. 6장에서는 이러한 관계를 찾아볼 수 있도록 시각화하는 방법과, 스토리텔링으로 관계를 설명하는 방법에 대해 알아본다.

6장과 7장에서는 훨씬 복잡한 통계 그래픽을 만들게 되므로, R을 많이 활용할 것이다. 오픈소스의 장점이 빛을 발하는 순간이다. 앞 장에서와 같이 R로 기반이 되는 단순한 결과를 만들고, 일러스트레이터로 그래픽을 사람들이 이해하기 쉽도록 수정한다.

무엇을 볼 것인가

앞에서는 시간과 분포 데이터의 패턴에서 관계를 알아봤다. 시간에 관련된 데이터를 알아보고, 비율 분포를 통해 가장 많은 비중을 차지하는 분류와 가장 적은 비중의 분류를 비교했다. 다음 단계는 각기 다른 변수 사이에서 관계를 찾는 것이다. 어떤 한 수치가 증가했을 때 다른 수치가 떨어진다면 우연일까, 어떤 관계가 있는 걸까? 수치를 통해 정량적으로 보여주기도 어렵고, 그래픽을 통해 보여주기는 더 어렵다. 그러나 상관관계를 알아야 더 깊이 있는 탐색적 분석이 가능하다.

한 발 물러서서 큰 그림을 보거나 데이터의 분포를 살펴볼 수 있다. 전혀 연관 없이 떨어져 있는가, 한 지점에서 뭉쳐 있는가? 이런 비교는 국가의 시민사회의 이야기로, 혹은 자신 주변 환경 요소의 관계 비교에 대한 이야기로 이끌어갈 수 있다. 각기 다른 국가가 서로 어떻게 다른지, 전 세계에서 개발이 어떻게 진행되고 있는지, 어떤 결정이 도움이 될지 결정하는 데 도움이 될 수 있다.

각자의 데이터에서 다양한 분포의 비교를 통해 더 넓은 관점을 확인할 수도 있다. 시간에 따른 인구 구성은 어떻게 변해왔는가? 아니면, 어떻게 유지돼왔는가?

더 중요하게는, 자신이 만든 그래픽을 눈앞에 늘어놓았을 때 결과적으로 어떤 의미를 내포하는지 물을 수 있어야 한다. 의도한 그대로인가, 예상치 못한 부분이 있는가?

이러한 이야기는 다소 추상적이고 별 의미 없는 이야기로 느껴질 테니, 어떻게 해야 데이터의 관계를 찾을 수 있을지, 바로 공고한 예제로 넘어가서 알아보자.

상관관계

데이터의 관계라 했을 때 가장 먼저 듣게 되는 것이 상관관계다. 아마도 그 다음엔 인과관계causation가 따라올 것이다. 이쯤에서 상관관계는 인과관계가 아니라는 주문을 되뇌이고 있을지도 모르겠다. 전자, 상관관계는 한 가지 요소의 변화가 어떤 방법으로 다른 요소의 변화를 불러일으킨다는 뜻이다. 예를 들어, 우유의 단가와 휘발유의 단가는 양적인 상관관계를 갖고 있다고 할 수 있다. 지난 몇 년간 함께 증가해왔기 때문이다.

상관관계와 인과관계의 차이는 이렇게 설명해볼 수 있다. 휘발유의 가격이 인상되면, 우유의 가격도 반드시 인상되는가? 그보다는, 우유의 가격이 올랐을 때 다른 제반의 외부적인 요소, 이를테면 유가공 업체의 파업을 제외했을 때, 유가 인상이 그 원인이라고 할 수 있는가?

외부 요인이나 연관 요소를 모두 확인할 수 있어야 하기 때문에 인과관계를 증명하긴 어렵다. 연구자들은 종종 연관 요소를 찾는 데만 몇 년을 들이곤 한다. 그러나 상관관계는 (조심스럽게 접근해야 하지만) 쉽게 찾아볼 수 있다. 이제부터 알아보자.

상관관계를 알면 한 수치의 변화를 통해 다른 수치의 변화를 예측할 수 있다. 이러한 관계를 알아보기 위해 스캐터플롯과 멀티플 스캐터플롯multiple scatterplot으로 돌아가 보자.

더 많은 점

앞서 4장 '시간 시각화'에서 이미 시간에 따른 수치 변화를 보기 위해 스캐터플롯을 만들어봤다. 이때 가로축은 시간, 세로축은 알아보려 하는 값이었다. 이런 관점은 시간적인 변화(혹은 무변화)를 알아보는 데 도움을 주었다. 그림 6-1과 같이 시간은 다른 요소, 또는 다른 변수와 관계를 맺고 있었다. 마찬가지로 두 변수의 관계를 알아볼 때도 스캐터플롯을 활용한다.

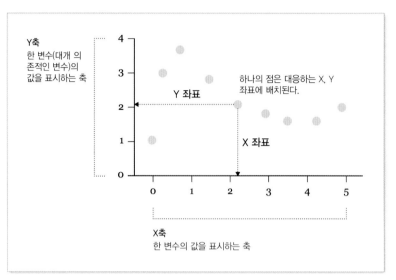

그림 6-1 2개의 변수를 비교하는 스캐터플롯의 구조

2개의 수치가 양적인 상관관계(그림 6-2, 왼쪽)가 있다면, 점의 배치는 오른쪽으로 갈수록 위로 이동하는 추세를 보인다. 반대로 음의 상관관계가 있다면 오른쪽으로 갈수록 아래로 이동하는 추세를 보인다(그림 6-2, 가운데).

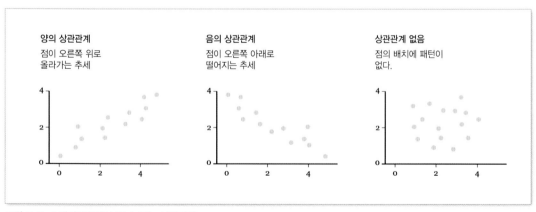

그림 6-2 스캐터플롯에서 볼 수 있는 상관관계

사람의 키와 몸무게처럼 분명하게 알 수 있는 상관관계도 있다. 일반적으로 사람들의 키가 클수록 몸무게도 함께 증가한다. 반면 건강도와 BMI(체질

량지수^{body mass index})처럼 분명하게 알기 어려운 상관관계도 많다. BMI 수치가 높다면 과체중이나 비만이라 할 수 있다. 그러나 근육질인 사람은 건강한 몸매라 할지라도 높은 BMI 수치를 보인다. 보디빌더나 운동선수의 데이터라면? 이 경우 건강도와 BMI 수치의 관계는 어떻게 될까?

그래프는 단지 이야기의 일부에 불과함을 유념하라. 결과의 해석은 시각화를 만드는 사람의 몫이다. 관계 해석은 특히 그렇다. 인과관계로 설명하려는 유혹이 강하겠지만, 대개 인과관계는 사실무근일 때가 많다. 지난 몇 년간 유가와 세계 인구가 함께 증가해왔다는 사실은, 세계 인구가 감소하면 유가가 함께 떨어질 것이란 증거는 될 수 없다.

스캐터플롯 만들기

이번 예제에서는 미국의 범죄율 데이터를 살펴보자. 미국 통계청에서 2005년의 범죄율을 주별로 인구에 따라, 범죄 유형별 발생건을 인구 100,000명 중의 발생 비율로 나타낸 데이터다. 범죄 유형은 살인, 강도, 폭행을 비롯해 총 7가지다. 우선 그중 절도와 살인을 알아보는 것으로 시작해보자. 이 두 가지 범죄는 어떻게 연관되는가? 살인 범죄 발생률이 높은 주는 절도 범죄 발생률도 높을까? R을 열어 수사를 시작하자.

항상 그래왔듯, 먼저 read.csv() 명령으로 데이터를 R로 가져온다. CSV 파일은 http://datasets.flowingdata.com/crimeRatesByState2005.csv에서 다운로드 받을 수 있다. R에서 이 주소 URL로 바로 데이터를 받아오자.

```
# 데이터를 가져온다.
crime <- read.csv("http://datasets.flowingdata.com/
crimeRatesByState2005.csv", sep=",", header=TRUE)
```

이렇게 가져온 crime 변수 데이터 앞의 몇 줄을 확인한다.

```
crime[1:3,]
```

이처럼 위의 세 줄을 출력하는 명령을 전달하면 아래와 같은 결과를 확인할 수 있다.

```
        state murder  forcible_rape  robbery aggravated_assault burglary
1 United States   5.6          31.7   140.7               291.1    726.7
2       Alabama   8.2          34.3   141.4               247.8    953.8
3        Alaska   4.8          81.1    80.9               465.1    622.5
  larceny_theft motor_vehicle_theft population
1        2286.3              416.7  295753151
2        2650.0              288.3    4545049
3        2599.1              391.0     669488
```

첫 열은 주의 이름이고, 이어지는 열은 범죄 유형에 따른 발생 비율이다. 이를테면 2005년 미국 전역의 절도 범죄 발생 빈도는 인구 100,000명당 140.7건이다. plot() 함수로 살인^{murder}에 대한 절도^{burglary} 범죄 건수를 나타낸 기초 스캐터플롯 그래프를 그려보자(그림 6-3).

```
plot(crime$murder, crime$burglary)
```

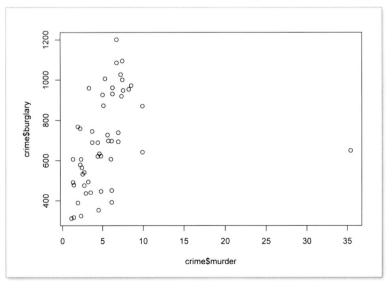

그림 6-3 살인 대 절도, 기초 스캐터플롯

결과적으로 양의 상관관계가 있어 보인다. 살인 범죄 발생 비율이 높은 주는 절도 범죄도 높은 성향을 보인다. 그러나 오른쪽 끝에 단 하나의 점이 있어서 실제로 상관관계가 있는지 알기 어렵다. 멀리 떨어져 있는 한 점(아웃라이어outlier) 때문에 가로축이 훨씬 길어졌다. 이 점은 워싱턴 DC를 나타내는 점이다. 워싱턴 DC는 인구 십만 명당 35.4건의 살인 범죄 발생률을 기록했다. 두 번째로 높은 비율의 루이지애나와 메릴랜드의 살인 발생률이 십만 명당 9.9건인 데 비하면 특징적으로 높다.

가로축 범위를 좁혀 그래프로 더 분명하게 확인할 수 있도록 워싱턴 DC를 빼고 확인해보자. 동시에 각 주의 데이터에 집중하기 위해 미국 전체에 대한 데이터도 제거한다.

```
crime2 <- crime[crime$state != "District of Columbia",]
crime2 <- crime2[crime2$state != "United States",]
```

코드의 윗줄은 주 이름state에서 District of Columbia 주(연방직할, DC)를 제외한 모든 데이터를 crime2에 저장한다. 아랫줄은 마찬가지 방식으로 미국 전역의 데이터를 걸러냈다.

다시 한번 살인과 절도 그래프를 그려보면, 그림 6-4와 같이 좀 더 분명한 결과를 확인할 수 있다.

```
plot(crime2$murder, crime2$burglary)
```

축이 0부터 시작한다면 더 좋을 것 같다. 적용해보자. x축은 0에서 10까지, y축은 0에서 1,200까지의 범위를 갖도록 설정한다. 다시 한번 플롯을 그리면 그림 6-5와 같은 우측 상향 패턴을 확인할 수 있다.

```
plot(crime2$murder, crime2$burglary,
    xlim=c(0,10), ylim=c(0, 1200))
```

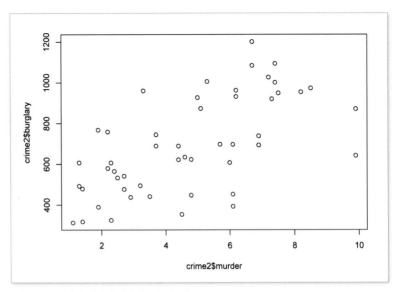

그림 6-4 데이터 필터링 이후의 스캐터플롯

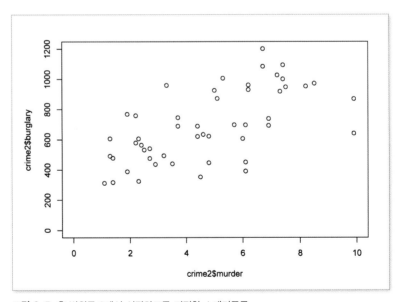

그림 6-5 축 범위를 0에서 시작하도록 지정한 스캐터플롯

여기까지 만든 그래프의 활용도를 더 높일 방법을 아는 사람? 4장에서 설명한 LOESS 추세선이 정답이다. LOESS 추세선은 절도와 살인 발생 비율의 관계를 더 분명하게 확인할 수 있도록 도와준다. scatter.smooth() 명령으로 그래프에 추세선을 추가해보자. 결과는 그림 6-6에서 확인할 수 있다.

```
scatter.smooth(crime2$murder, crime2$burglary,
    xlim=c(0,10), ylim=c(0, 1200))
```

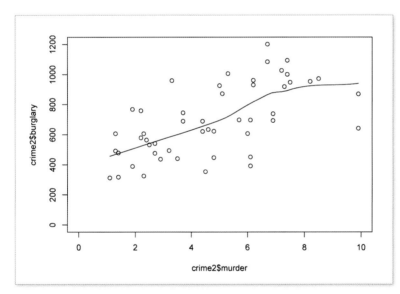

참고

이번 예제에선 간략한 결과를 보기 위해 워싱턴 DC를 제거한 나머지 데이터만 사용했다. 그러나 데이터에서 아웃라이어를 설정하는 것은 무척 중요한 결정이다. 아웃라이어와 아웃라이어 판별의 중요성은 7장 '비교 시각화'에서 자세하게 설명한다.

그림 6-6 관계 추정을 위해 추세선을 추가했다.

여기까지 만든 결과는 기초 그래프로 썩 나쁘지 않다. 단지 분석을 위한 결과라면 여기서 멈춰도 좋다. 그러나 여러 사람에게 설명하려면 약간의 보정으로 읽기 쉽게 만들 필요가 있다. 그림 6-7에서 그 결과를 보자.

그림 6-7의 결과를 보면 그래프의 굵은 외곽선을 제거해서 데이터를 강조했고, 추세선을 점보다 굵고 진하게 바꿔서 한눈에 들어오게 했다.

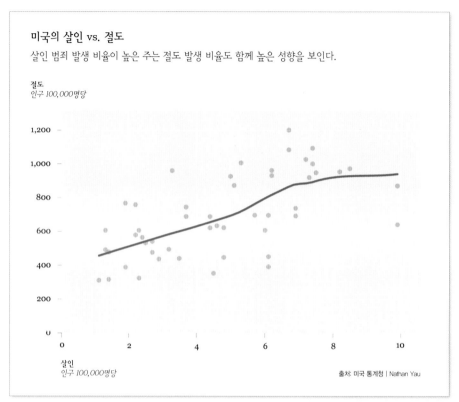

그림 6-7 보정을 마친 살인 대 절도 발생 비율 그래프

더 많은 변수의 탐색

이제까지 두 변수의 관계를 그려봤으니, 당연히 다음 단계는 여러 변수의 관계를 알아보는 것이다. 알아볼 변수를 골라 각 변수 쌍에 대한 여러 장의 스캐터플롯을 그릴 수도 있지만, 그 경우 데이터에서 중요한 부분을 무시하고 지나칠 수 있다는 단점이 있다. 누구나 기회를 놓치고 싶어하지 않는다. 따라서 그 대신 그림 6-8과 같이 가능한 모든 변수 쌍에 대한 스캐터플롯 행렬을 만들어보자.

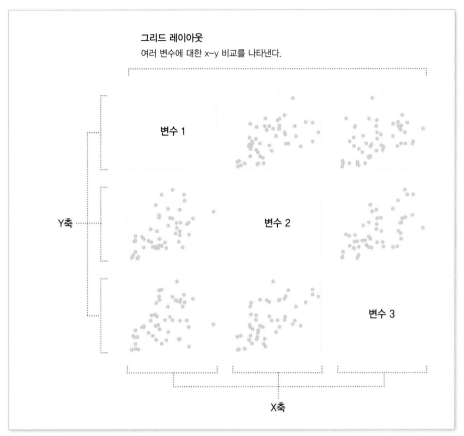

그림 6-8 스캐터플롯 행렬의 구조

스캐터플롯 행렬은 데이터 탐색 과정에서 특히 유용하다. 눈앞에 데이터가 있지만 어떤 의미를 담고 있는지, 어디서부터 시작해야 할지 알 수 없을 때. 스스로 자신의 데이터의 의미를 알지 못한다면 받아들이는 사람은 당연히 이해하지 못할 수밖에 없다.

스캐터플롯 행렬은 이름으로 짐작하는 그대로다. 스캐터플롯 행렬은 일반적으로 가로 세로로 이뤄진 모든 변수의 정사각 그리드의 모습으로 그려진다. 하나의 행과 열은 각각 가로와 세로축의 변수를 나타낸다. 따라서 가능한 모든 변수 쌍에 대한 스캐터플롯을 확인할 수 있으며, 같은 변수 쌍을 나

> **팁**
>
> 완결된 이야기를 전달하려면 데이터를 잘 이해하고 있어야 한다. 데이터에 대해 잘 알고 있을수록 이야기를 더 잘 전달할 수 있다.

타내는 대각선 위치는 공간으로 비워두거나 변수의 이름을 표기한 라벨을 담는다. 같은 변수로 스캐터플롯을 그릴 이유는 없기 때문이다.

스캐터플롯 행렬 만들기

앞에서 썼던 범죄율 데이터로 돌아와 보자. 앞의 예제에서는 살인과 절도라는 두 가지 변수만 비교했지만, 전체 변수는 범죄 유형에 따라 7가지로 나뉜다(살인murder, 절도burglary, 강간forcible rape, 강도robbery, 폭행aggravated assault, 차량절도motor vehicle theft, 절취larceny/theft). 스캐터플롯 행렬로 만들어보면 모든 범죄 유형별 비교를 볼 수 있다. 그림 6-9에서 최종 결과를 확인해보자.

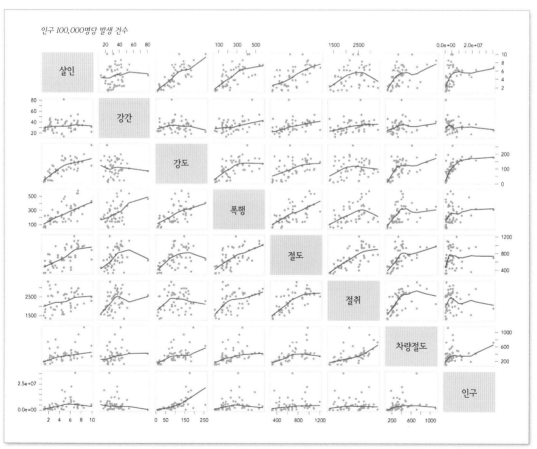

그림 6-9 범죄 유형별 발생 비율의 스캐터플롯 행렬

예상한 바와 같이 양의 상관관계를 많이 확인할 수 있다. 특히 절도와 폭행 범죄의 발생 비율이 상대적으로 분명하게 높은 상관관계에 있어 보인다. 절도 발생 비율이 높을수록 폭행 발생 비율도 함께 높아지며, 그 반대도 성립한다. 그러나 살인과 절취의 상관관계는 다소 불분명하다. 스캐터플롯 행렬만으로 가설을 만들 수는 없지만, 어떤 식으로 활용할 수 있는지는 분명하게 알 수 있다. 한눈에 보기엔 여러 선과 점이 뒤섞여 있어 혼란스럽다. 그러나 왼쪽에서 오른쪽으로, 위에서 아래로 읽어 내려가면 많은 정보를 얻을 수 있다.

좋은 소식을 전한다. R에서 스캐터플롯 행렬 만들기는 스캐터플롯 만들기만큼 쉽다. 그만큼 단순하진 않지만. 다시 한번 plot() 함수를 활용하는데, 2개의 열을 전달하는 대신 주의 이름을 나타내는 첫 열을 제외한 전체 데이터 프레임을 통째로 전달하자.

```
plot(crime2[,2:9])
```

이 명령은 그림 6-10과 같은 결과를 보여준다. 바라던 결과에 거의 일치한다. 추세선은 아직 없지만, 관계를 알아보는 데엔 많은 도움이 된다.

LOESS 추세선을 포함한 스캐터플롯 행렬을 만들려면 scatter.smooth() 함수 대신 pairs() 함수를 사용한다. pairs() 함수 사용법도 그만큼 쉽다. 아래 코드의 결과는 그림 6-11과 같다.

```
pairs(crime2[,2:9], panel=panel.smooth)
```

> **팁**
>
> pairs() 함수의 panel 인수는 x, y에 대한 함수를 변수로 받아 전달한다. 예제 코드에선 panel. smooth() 함수를 전달한 것을 볼 수 있다. panel.smooth() 함수는 LOESS 추세선을 그려주는 R의 내장함수다. panel 인수로 자신이 만든 함수를 전달할 수도 있다.

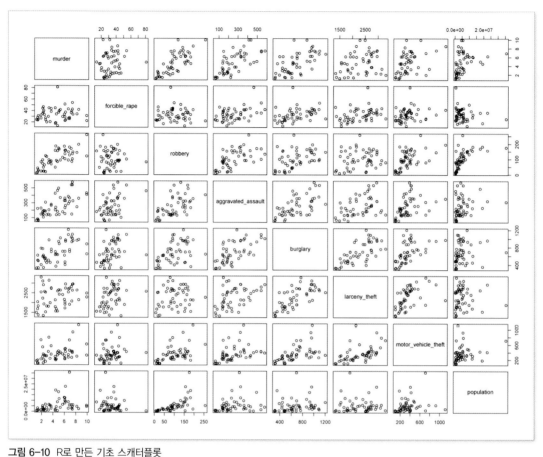

그림 6-10 R로 만든 기초 스캐터플롯

이제 기초가 되는 그래프를 마련했지만, 가독성을 위해 약간 더 수정해볼 수 있다(그림 6-9 참조). 그래프를 PDF로 저장해서 일러스트레이터로 불러온다.

일러스트레이터 작업의 주 목적은 지저분한 요소들을 없애서 중요한 부분을 쉽게 찾아볼 수 있도록 만드는 것이다. 여기서 가장 중요한 것이라면 범죄 유형과 추세선이고, 그래프의 점이 그 다음, 가장 덜 중요한 것이 그래프의 축이다. 색상과 스타일, 크기를 통해 이 순서를 분명하게 볼 수 있도록 디자인해야 한다. 대각선 위치에 있는 라벨은 좀 더 크게 키우고, 추세선을 굵게 하며, 동시에 점에 대비해서 쉽게 눈에 띄는 색상으로 바꾼다. 마지막

> **팁**
>
> 이야기의 어떤 부분을 전달하려는지 결정하고, 그래픽은 그 부분을 강조할 수 있게 디자인한다. 그러나 동시에 사실을 가리지 않도록 주의해야 한다.

으로 스캐터플롯의 외곽선을 가늘게, 거의 눈에 띄지 않는 회색으로 바꿔
준다. 원본인 그림 6-9와 결과 그림 6-11을 비교해보자. 그림 6-9의 의미
가 훨씬 분명해 보인다. 그렇게 보이지 않는가?

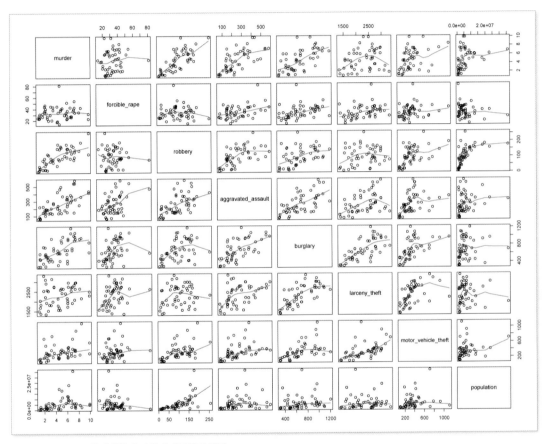

그림 6-11 LOESS 추세선을 추가한 스캐터플롯 행렬

버블 차트

한스 로슬링(카롤린스카 대학 국제보건과 교수, 갭마인더Gapminder 대표)이 전 세계의
국가별 경제적 부와 건강의 상관관계에 대한 모션 차트를 강연에 활용한
이래로 x-y축 기반의 비례 버블 차트의 열풍이 이어지고 있다. 한스 로슬
링의 모션 차트는 시간에 따라 변화하는 애니메이션을 담고 있으나, 정적

> 갭마인더 웹사이트(www.
> gapminder.org)를 방문해서
> 한스 로슬링의 유명한 강연과
> 통계의 즐거움을 다룬 BBC 다
> 큐멘터리를 찾아보자.

인 버전을 만들어볼 수도 있겠다. 버블 차트가 바로 그것이다.

종전의 버블 차트는 비율에 따라 크기를 달리한 원형 버블bubble로 표시하는 차트를 말하지만, 오늘날의 버블 차트는 스캐터플롯에 버블의 크기로 세 번째 변수(차원)를 나타내는 그래프를 일컫는다.

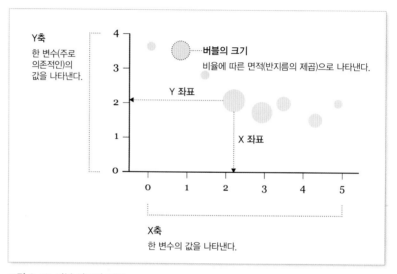

그림 6-12 버블 차트의 구조

버블 차트는 그림 6-12의 설명과 같이 한 번에 3개의 변수를 비교해볼 수 있다는 점이 특징이다. 한 변수는 x축 좌표로, 다른 한 변수는 y축 좌표로, 세 번째 변수는 버블의 면적으로 표시한다.

마지막 부분, 버블의 면적을 좀 더 강조해서 살펴보자. 흔히 버블의 크기 표현을 잘못하는 경우를 볼 수 있다. 1장 '데이터 스토리텔링'에서 설명했듯, 데이터 값은 면적으로 표현돼야 한다. 그러나 반지름이나 지름으로 표현하는 오류는 흔하게 찾아볼 수 있다. 소프트웨어의 기본 설정을 따라간다면 결국 너무 크거나 너무 작은 버블을 마주할 공산이 크다.

이 점을 분명하게 알 수 있는 예를 하나 들어보자. 회사의 광고 세일즈를 운영한다고 상상해보자. 회사의 웹사이트에서 두 가지 배너 광고를 두고 어느 쪽의 전환율이 높은지 확인하고 있다. 한 달이 지났을 때, 2개의 배너는 똑같이 노출됐지만 한 배너가 150번 클릭됐던 데 반해 다른 하나는 100번 클릭됐다. 결과적으로 앞의 배너가 뒤의 배너보다 50% 더 효과적이었다고 할 수 있겠다. 그림 6-13은 면적으로 이 점을 나타낸 것이다. 앞의 배너를 나타내는 왼쪽의 원이 오른쪽의 두 번째 원보다 50% 더 넓다.

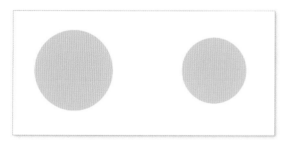

그림 6-13 버블의 면적으로 비교하기

그림 6-14는 같은 경우를 반지름으로 표현한 것이다.

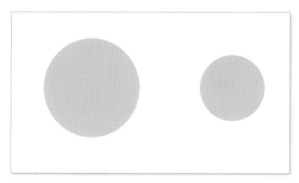

그림 6-14 버블의 반지름으로 비교하기

앞의 배너를 나타낸 왼쪽 원의 반지름은 오른쪽 원의 반지름보다 50% 길다. 면적은 두 배 이상이다. 서로 비교하기 쉬운 2개의 데이터만 놓고 보면 큰 차이가 아닌 것처럼 보일 수 있지만, 더 많은 숫자의 데이터를 비교한다면 문제는 극명해진다.

버블 차트 만들기

여기서 무엇을 만들려 하는지 보려면 그림 6-15를 보자. 앞의 예제에서 썼던 주별 범죄 발생 빈도 데이터를 쓰고, 그 주의 인구 규모를 버블의 크기로 표현했다. 인구가 많은 주의 범죄 발생 비율이 더 높은가? 쉽게 재단할 수 있는 문제는 아니다. 대개 그렇다. 캘리포니아, 플로리다, 텍사스처럼 인구 규모가 큰 주는 거의 오른쪽 위 사분면 끝에 걸쳐 있는 듯하지만, 그보다 인구 규모가 작은 루이지애나, 메릴랜드가 더 멀리 위치해 있다.

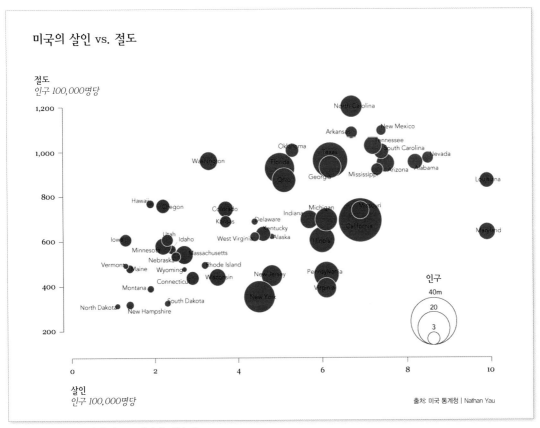

그림 6-15 미국의 범죄 빈도를 나타낸 버블 차트

`read.csv()` 함수로 R에 데이터를 가져오는 것으로 시작한다. 앞의 예제에서 썼던 데이터와 거의 동일한 데이터를 사용하지만, 이번엔 인구 수를

담고 있는 한 열이 추가되고, 워싱턴 DC를 뺐으며, 쉼표 대신 탭으로 구
분한 파일이다. 함수 명령에도 큰 차이는 없다. sep 인수만 바꿔주면 간
단하다.

```
crime <- read.csv("http://datasets.flowingdata.com/
crimeRatesByState2005.tsv", header=TRUE, sep="\t")
```

바로 symbols() 함수로 버블을 그리는 작업으로 뛰어들어 보자. x축 좌표
는 살인 범죄 발생 빈도, y축은 절도 범죄 발생 빈도, 버블의 반지름은 인구
규모에 따라 결정된다. 그림 6-16이 그 결과를 보여준다. symbols() 함수
가 궁금한가? 곧 설명하겠다.

```
symbols(crime$murder, crime$burglary, circles=crime$population)
```

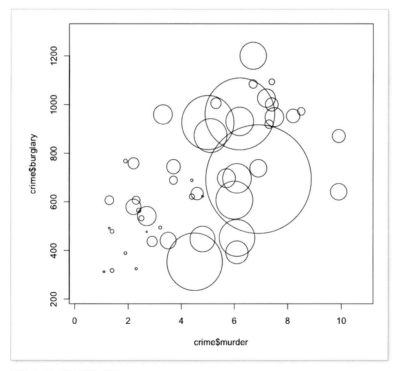

그림 6-16 기초 버블 차트

됐다. 과연 그럴까? 틀렸다. 앞선 코드에선 인구 규모와 원의 반지름이 비례하도록 결정됐기 때문이다. 원의 반지름이 아니라, 원의 면적이 인구 규모에 비례해야 한다. 반지름 비례를 따르면 전반적인 크기 비교가 무의미하다. 중앙에 있는 가장 거대한 원은 캘리포니아 주를 나타낸다. 캘리포니아 주의 인구 규모가 과연, 버블 크기처럼 눈에 띄는 차이였던가?

원의 크기 비례를 정확하게 만들어주기 위해 원의 면적을 구하는 방정식을 알아보자.

원의 면적 $= \pi r^2$

버블의 면적이 인구 규모를 나타낸다. 여기서 알고 싶은 것은 올바른 면적 비례를 표현할 수 있는 반지름이므로, 한 변에 반지름(r)만 남도록, 제곱근으로 식을 풀어보자.

$r = \sqrt{(\text{원의 면적} / \pi)}$

비례를 구하려는 것이므로 상수 π는 무시해도 괜찮다. 단지 정확성을 기하기 위해 남겨두자. 이제 앞의 코드 symbols() 함수 명령에서 crime\$population을 입력했던 위치에 원의 반지름을 위 식에 따라 입력해보자.

```
radius <- sqrt(crime$population/ pi)
symbols(crime$murder, crime$burglary, circles=radius)
```

윗줄은 인구 규모의 제곱근 값을 담고 있는 벡터를 만들어 radius 변수에 저장한다. 그림 6-17이 이렇게 반지름을 정확하게 구해본 버블 차트를 보여준다. 하지만 이젠 캘리포니아뿐만 아니라 다른 주의 반지름도 그만큼 커져서 엉망진창이다.

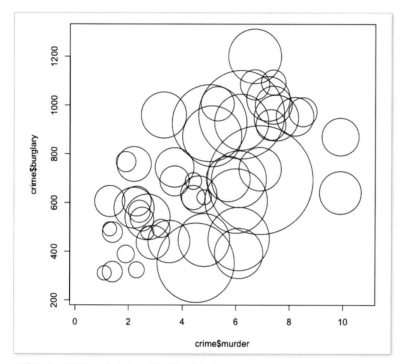

그림 6-17 정확한 크기 비례로 만든 기초 버블 차트

그래프를 알아보려면 모든 원의 크기를 전반적으로 줄일 필요가 있겠다. `inches` 인수는 `symbols()` 함수에서 그리는 가장 큰 원의 크기를 인치 inch[1] 단위로 설정해준다. 입력이 없을 때의 기본 값은 1이므로, 그림 6-17 에서 가장 큰 캘리포니아의 크기가 1인치이고, 나머지 원은 그에 비례하는 크기다. 이제 더 작은 값, 예를 들어 0.35인치로 설정하면, 모든 버블의 크 기가 비율을 유지한 체 전반적으로 줄어든다. `fg`와 `bg` 인수를 설정해시 원 의 선 색상fg, foreground과 채움 색상bg, background을 정한다. 그리고 축에 라벨 을 붙일 수도 있다. 이 결과는 그림 6-18과 같다.

```
symbols(crime$murder, crime$burglary, circles=radius,
    inches=0.35, fg="white", bg="red", xlab="Murder Rate",
    ylab="Burglary Rate")
```

---

1   1인치 = 1/12피트로, 약 2.54cm – 옮긴이

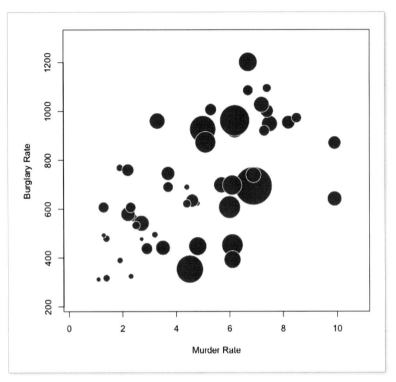

그림 6-18 전반적으로 버블의 크기를 줄여본 버블 차트

이제 뭔가 이뤄져 가고 있다.

원이 아닌 다른 모양을 취할 수도 있다. symbols() 함수는 추가로 정사각형squares, 직사각형rectangles, 써모미터thermometers, 박스플롯boxplots, 별stars 모양을 선택할 수 있게 되어 있다.[2] 정사각형을 예로 들어보자면, 변의 길이를 크기 단위로 사용한다. 따라서 버블처럼 면적으로 크기를 조절해줘야 한다. 즉 원의 크기를 따로 구해서 전해준 것과 같이 제곱근으로 전달해야 한다는 의미다.

그림 6-19는 다음 코드로 정사각형을 이용해 그려본 결과다.

---

2   정사각형, 직사각형, 별모양은 일반적인 도형에 해당한다. 그러나 써모미터와 박스플롯은 별도 데이터를 표현하는 도형이기 때문에, 추가 입력이 필요할 수 있다. – 옮긴이

```
symbols(crime$murder, crime$burglary,
    squares=sqrt(crime$population), inches=0.5)
```

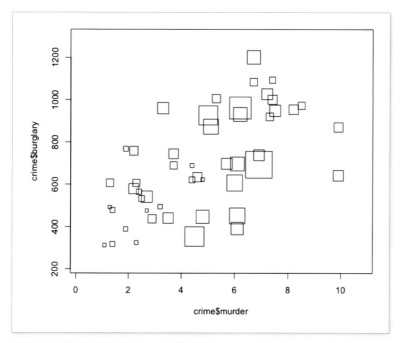

그림 6-19 원 대신 정사각형으로 그린 버블 차트

원에 집중해서 알아보자. 그림 6-18은 비율을 잘 보여주고 있지만, 원이 어떤 주를 나타내고 있는지는 알 수가 없다. 원에 라벨을 추가해보자. 라벨은 text() 함수로 추가한다. text() 함수는 x 좌표, y 좌표와 출력할 문구를 인수로 받는다. 필요한 자료는 이미 갖고 있다. 원과 마찬가지로 x 좌표는 살인 발생 빈도, y 좌표는 절도 발생 빈도이고, 출력 문구는 데이터의 첫 행에 있는 주의 이름이다.

```
text(crime$murder, crime$burglary, crime$state, cex=0.5)
```

인수 cex는 출력 문구의 크기를 설정하며, 따로 설정하지 않았을 때의 기본 값은 1이다. 1보다 큰 값을 입력하면 기본보다 큰 라벨이, 작은 값을 입력하면 상대적으로 작은 라벨을 만든다. 라벨의 위치는 그림 6-20과 같이 입력한 x, y 좌표를 중심으로 그려진다.

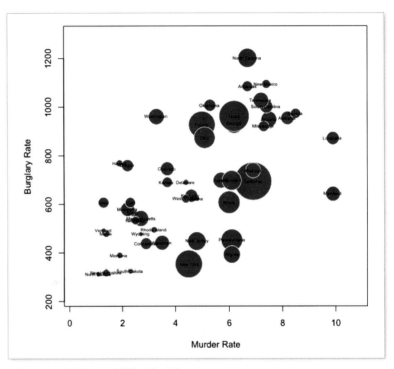

그림 6-20 버블 차트에 라벨을 더한 결과

여기까지 만들었다면 그림 6-15의 최종 결과를 만들기 위해 수많은 수정을 거칠 필요가 없어진다. 여기까지 R로 만든 차트를 PDF로 저장해서, 선호하는 그리기 도구로 열고 원하는 대로, 의도에 맞게 그래픽을 보정해준다. 축 선분을 가늘게 만들고 그래프의 상자 테두리를 없애자. 라벨이 잘 보이도록 이동한다. 특히 왼쪽 아래의 라벨은 이름이 가리지 않도록 많이 옮겨줘야 한다. 마지막으로 텍사스 주에 가려져 있는 조지아 주의 라벨을 앞으로 가져온다.

자, 다 됐다. 더 자세한 옵션을 알아보고 싶다면 R 콘솔에 **?symbols**를 입력해서 찾아보자. 마음 가는 대로 가자.

분포

다들 평균mean, 중앙값median, 최빈값mode 같은 말을 한 번쯤 들어봤으리라 생각한다. 학교에서 가르쳐주는 용어다. 좀 더 일찍 가르쳐주면 좋겠지만. 일반적으로 중·고등학교 과정에 있다. 평균은 모든 데이터 값의 합을 데이터의 개수로 나눈 값이다. 중앙값은 데이터를 가장 큰 값에서 가장 작은 값까지 정렬했을 때 한가운데에 있는 값이다. 최빈값은 데이터에서 가장 자주 등장하는 값이다. 비록 훌륭하고, 좋고, 찾기 쉬운 특징들이지만, 이런 값은 그 자체로 전체 이야기를 설명하진 못한다. 이 값들이 의미하는 바는 데이터가 어떤 수치를 기준으로 분포해 있는가 하는 점뿐이다. 모든 데이터를 보려면, 분포 시각화로 볼 수 있다.

분포 그래프가 왼쪽으로 치우쳐 있는 모양이라면 데이터가 전체 범위에서 수치가 낮은 쪽에 몰려 있다는 뜻이다. 오른쪽으로 치우쳐 있는 모양이라면 정반대의 뜻이다. 수평선으로 그려진다면 균일한 분포라는 뜻이고, 평균값을 중심으로 양 옆이 점진적인 감소의 모양을 보이는 고전적인 종 곡선bell curve이라고 할 수 있다.

이제부터 전통적인 그래프를 돌아보며 분포 그래프의 감을 익히고, 실제의 히스토그램histogram과 밀도density 그래프를 알아보자.

그 옛날의 분포

컴퓨터가 그다지 보급되지 않았던 1970년대의 데이터 그래픽은 주로 손으로 그려졌다. 손으로 펜과 연필을 사용해 다양한 진하기와 그림자 채우기로 데이터 시각화를 그리는 방식의 팁은 유명 통계학자 존 터키John Tukey의 책 『Exploratory Data Analysis탐색적 데이터 분석』에서 찾아볼 수 있다. 변수를 구분해야 할 때 선으로 그림자 표시shade, 그물망 표시hash를 그려 넣었다.

스템-리프 플롯stem-and-leaf plot(가지-잎 그래프), 또는 스템 플롯stemplot(가지 그래프)이라 불리는 이 그래프도 손으로 그리는 디자인의 일환이다. 이런 그래프는 숫자를 순서대로 적어넣어, 대체적인 분포를 찾아볼 수 있게 만든다. 이런 방법은 분석용 통계 그래픽의 유행이 탄력을 얻었던 시기인 1980년대에 널리 퍼져 사용됐다. 이 시기에는 아직 손글씨나 타자기를 쓰긴 했지만, 상대적으로 그래픽을 만들어넣기 쉬워졌기 때문이다.

오늘날 분포를 찾아볼 수 있는 더 쉽고 빠른 방법이 많이 있다. 그러나 옛 시절의 방법도 한번 살펴볼 만하다. 히스토그램과 스템 플롯의 원리는 여타 그래프에도 적용할 수 있다.

스템 플롯 만들기

거칠고 황량한 인생을 보내고 싶다면 스템 플롯을 펜과 종이로 그려보자. 물론 R로 만들면 훨씬 쉽고 빠르다. 그림 6-21은 세계은행에서 발표한 2008년의 세계 출생률을 스템 플롯으로 그려본 것이다.

보다시피 아주 기본적이다. 단위 숫자는 왼쪽에, 이어지는 숫자를 오른쪽에 적는다. 이 경우 소수점의 위치를 구분자(|)로 나누어, 대부분 국가의 인구 1,000명당 출산 빈도가 10명에서 12명 사이에 걸쳐 있음을 알 수 있다. 니제르Niger의 데이터가 특히 눈에 띄는데, 52에서 54 사이의 값을 갖는다.

예제 스템 플롯을 손으로 그린다면 이렇게 만들어볼 수 있다. 우선 8부터 52까지의 숫자를 2 간격으로 위에서 아래로 적는다. 이 숫자 오른쪽으로 구분선을 긋는다. 다음으로 데이터의 각 줄을 따라가며 해당하는 위치에 숫자를 추가한다. 한 국가의 출산율이 8.2라면, 8 오른쪽에 2를 적는 식이다. 만약 한 국가의 출산율이 9.9라면, (왼편의 숫자를 2 간격으로 적었으므로) 8 오른쪽에 9를 적어준다.

그림 6-21 세계의 출산율을 보여주는 스템 플롯

손으로 그리는 일은 데이터의 숫자가 많아질수록 지루한 작업이 된다. 그
러니 이제 R로 스템 플롯을 만드는 방법을 알아보자. 데이터를 가져온 다음,
`stem()` 함수로 간단하게 만들 수 있다.

```
birth <- read.csv("http://datasets.flowingdata.com/birth-rate.csv")
stem(birth$X2008)
```

이게 전부다. 그림 6-22처럼 스타일을 적용해보려면, R로 출력된 텍스트를
복사해서 다른 도구에 붙여넣고… 그러나 이 방식은 낡은 방식으로, 히스
토그램으로 쉽게 대체할 수 있다. 히스토그램은 스템 플롯보다 좀 더 그래
프에 가깝다.

```
  8 | 2371334468999
 10 | 012234555669990012223345557778899
 12 | 00011111356789993789
 14 | 0034566788991237
 16 | 227779123677889
 18 | 00233677888900448
 20 | 0024445688912455679
 22 | 0057834579
 24 | 11456677771347
 26 | 31335667
 28 | 014999
 30 | 124234
 32 | 1449069
 34 | 556049
 36 | 8890
 38 | 023455823468
 40 | 23125
 42 | 699
 44 | 17
 46 | 252
 48 |
 50 |
 52 | 5
```

그림 6-22 스타일을 적용한 스템 플롯

분포 막대

그림 6-22의 스템 플롯을 보면 어느 영역에 데이터가 몰려 있는지 한눈에 찾을 수 있다. 한 범위에 해당하는 국가의 출산율 데이터가 많을수록 범위 오른편에 더 많은 숫자를 적게 되고, 따라서 범위에 해당하는 줄이 길어진다. 그렇다면 플롯을 왼쪽으로 90도 돌려 가로 세로를 바꿔보자. 적혀 있는 숫자의 줄이 높이 뻗어 있을수록 더 많은 국가의 데이터가 걸쳐 있다. 이제 숫자를 단순한 막대, 또는 사각형 블록으로 대체해보라. 이것이 히스토그램 이다(그림 6-23).

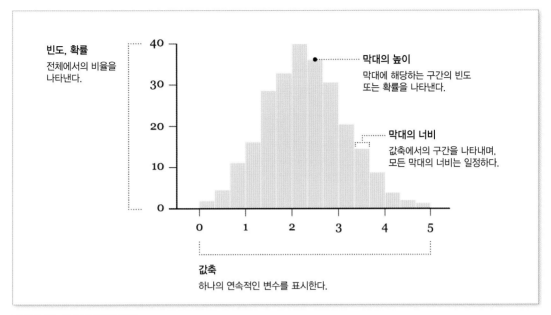

그림 6-23 히스토그램의 구조

막대의 높이는 빈도를 나타내고, 막대의 폭은 거의 아무 의미도 없다. 가로와 세로축은 연속적이다. 반면 일반적인 막대 그래프의 가로축은 불연속적이다. 막대 그래프의 가로축은 주로 분류로 구분되는 값을 나타내기 때문에 막대 사이에 간격을 띄운다.

이 시점에서 일반적인 데이터 그래픽에 익숙하지 않은 사람들은 흔히 가로축을 시간으로 생각하는 오류를 범한다. 시간일 수도 있다. 히스토그램의 가로축에 올 수 있는 변수는 제한이 없다. 데이터 그래픽의 대상이 누구인지 고려할 때 특히 중요한 부분이다. 대중적인 독자를 대상으로 한다면 그래프를 읽는 방법과 집중해서 봐야 할 부분을 짧게 설명해줘야 한다. 또 대부분의 사람이 분포의 개념에 익숙하지 않다는 점을 유념하자. 그래픽을 깔끔하게 디자인해서 안내해줄 수 있다.

히스토그램 만들기

R에서 히스토그램 만들기는 스템 플롯 만들기만큼 쉽다. 앞에서 썼던 세계 출산율 데이터를 hist() 함수에 넣어 그림 6-24와 같이 그려보자. 그림 6-22에 나온 스템 플롯과의 유사성이 보이지 않는가?

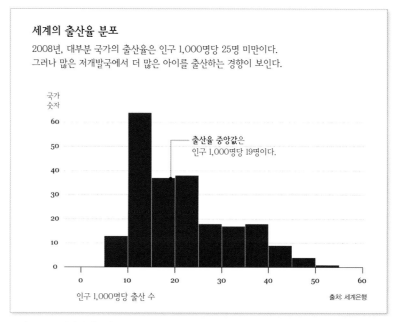

그림 6-24 세계의 출산율 분포

앞에서 썼던 데이터를 그대로 가져온다고 하자. 똑같이 2008년의 데이터를 hist() 함수에 입력한다.

```
hist(birth$X2008)
```

그 결과로 그림 6-25와 같은 기초 히스토그램을 볼 수 있다.

기초 히스토그램은 10개의 구간 막대가 있다. 그러나 breaks 인수로 구간을 바꿔줄 수 있다. 5개의 구간 막대로 이뤄진 그림 6-26처럼 더 적은 구간에 대한 넓은 막대로 그리고 싶다면 다음과 같이 입력한다.

```
hist(birth$X2008, breaks=5)
```

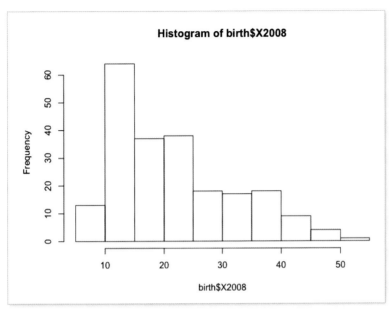

그림 6-25 기초 히스토그램

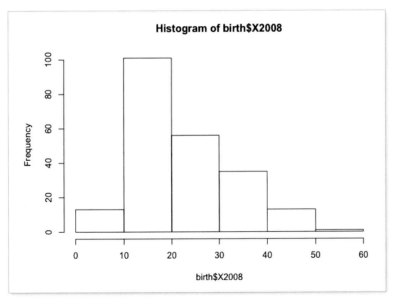

그림 6-26 5개 구간으로 나눈 히스토그램

반대로 더 가는 구간 막대로 만들 수도 있다. 그림 6-27처럼 20개의 구간으로 나눠보자.

```
hist(birth$X2008, breaks=20)
```

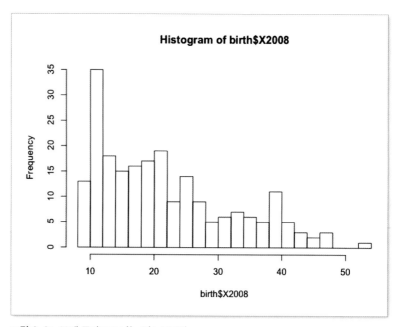

그림 6-27 20개 구간으로 나눈 히스토그램

히스토그램의 적당한 구간 수는 데이터의 특성에 따라 다르다. 데이터 값이 한 범위에 몰려 있어 단 하나의 껑충한 막대밖에 보이지 않는다면, 더 짧은 구간으로 쪼개서 변화를 볼 수 있다. 반대로, 여러 구간에 걸쳐 고만고만한 숫자만 확인해볼 수 있다면 구간을 합치는 것이 적당하다. 히스토그램의 구간 숫자는 쉽게 바꿔서 실험해볼 수 있다. 복된 일이다.

> **팁**
> 히스토그램의 구간 숫자 기본 값이 항상 최선의 선택이 될 순 없다. 다양한 옵션을 적용해보고 자신의 데이터를 가장 잘 설명해주는 값을 찾는다.

출산율 데이터의 목적을 떠올려보면 구간 숫자의 기본 값도 괜찮다. 10명/인구 미만의 국가도 몇 개 찾아볼 수 있고, 대부분 국가의 수치가 10~25에 걸쳐 있다는 사실도 확인할 수 있다. 25명/인구 이상에 해당하는 국가도 일부 있지만, 더 적은 수치의 국가군에 비해 상대적으로 적은 숫자다.

이 시점에서 히스토그램 그래프를 일러스트레이터로 수정할 수 있도록 PDF로 저장한다. 수정 작업 내역은 앞서 4장의 막대 그래프 수정과 거의 같지만, 히스토그램에 특징적인 내용이 다소 있다.

우선 그림 6-24의 최종 결과를 보자. 분포의 중요한 수치, 즉 중앙값, 최대값, 최소값 등을 볼 수 있다. 설명문도 물론 설명의 기회로서 중요하다. 또 히스토그램이 뼈대처럼 보이는 것을 피하기 위해 색상을 입혀봤다.

> **팁**
>
> R의 summary( ) 함수를 실행하면 평균, 중앙값, 최대값, 사분위수(quartile)[3]를 쉽게 구해볼 수 있다.

연속 밀도 함수

값축은 연속적이라도, 분포 그래프(히스토그램)는 연속적인 값을 몇 개의 구간으로 나누어 만든다. 하나의 막대는 구간에 해당하는 대상의 모음, 숫자를 나타낸다. 앞의 예제라면 국가가 그 대상이다. 대상이 하나의 행정 구역이라면 어떨까? 숫자를 적어넣어 스템 플롯을 그려볼 순 있겠으나, 위상 차이를 발견하기 어렵다. 4장에서 트렌드를 좀 더 확연하게 알기 위해 LOESS 추세선을 그렸을 때와 비슷한 상황이다. 분포 안에서 작은 차이를 시각화로 구분하려면 밀도 함수를 그린다.

그림 6-28은 히스토그램의 막대 대신 곡선을 사용한 예를 보여준다. 곡선 아래 영역의 전체 면적은 1이고, 세로축은 전체 영역에서 구간에 해당하는 확률을 나타낸다.

---

3   전체 값을 4등분하는 3개의 값 – 옮긴이

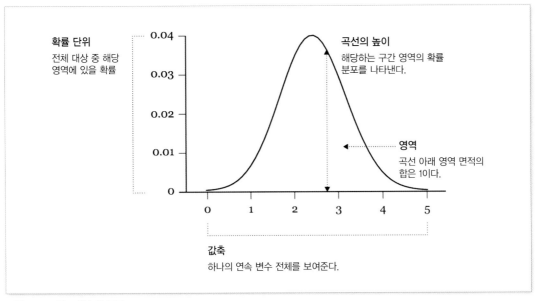

그림 6-28 밀도 함수의 구조

밀도 그래프 만들기

참고

이번 예제는 간략하게 설명하기 위해 분실값을 제거했다. 자신의 데이터를 시각화로 탐색하려 할 때라면 분실값을 좀 더 자세히 살펴봐야 한다. 분실값 왜 분실되어 있는가? 0으로 만들어야 할까, 기록 자체를 지워야 할까?

예의 출산율 데이터로 돌아가서, 이 데이터로 밀도 그래프^{density plot}를 만들려면 하나의 추가 과정이 필요하다. density() 함수만 실행하면 밀도 곡선을 만들 수 있긴 하지만, 이 경우 구성 데이터에는 분실값^{missing value}이 없어야 한다. 2008년 데이터에는 15개 국가의 값이 빠져 있다.

R에서는 분실값을 NA로 표기한다. 다행히도 이 값들을 찾아 처리하기는 쉽다.

```
birth2008 <- birth$X2008[!is.na(birth$X2008)]
```

이 한 줄의 코드는 birth 데이터 프레임에서 2008년에 해당하는 한 줄을 가져와, 그중에서도 분실값이 아니라 값이 있는 데이터만 추출해서 birth2008 변수에 저장한다. 좀 더 기술적인 측면으로 보면, is.na() 함수는 birth$X2008 벡터의 모든 값을 검사해서 값이 있는지 여부를 참^{true}, 거짓^{false}으로 담고 있는 불리언^{Boolean} 벡터를 반환한다. 이러한 불리언 벡터를 벡터의 인덱스 값으로 입력하면 참^{true}이라고 적힌 위치의 값만 추출해서 가져온다. 이 부분이 잘 이해되지 않아도 걱정할 필요는 없다. 제대로 작동하는 코드를 만들기 위해 자세한 내부 구조를 일일이 알아야 할 필요는 없다. 그러나 어쨌든, 자신의 함수를 만들려 한다면 그 언어에 대한 지식을 갖추고 있는 게 도움이 된다. 이러한 지식을 설명하는 잘 만들어진 설명 문서도 있으나, 실전을 통해 익히는 편이 낫다.

이제 분실값을 제거한 깔끔한 데이터를 birth2008 벡터에 담았으니, 이 변수를 density() 함수에 전달해서 밀도 함수 곡선을 그려 d2008 변수에 저장한다.

```
d2008 <- density(birth2008)
```

이 명령은 곡선의 x, y 좌표를 지정한다. 이 경우 좌표를 텍스트 파일로 저장해서 다른 프로그램으로 불러와 그래프를 그릴 수 있다는 장점이 있다. R 콘솔에 **d2008**을 입력해서 저장된 변수를 확인해보자. 아래의 결과를 볼 수 있다.

```
입력:
    density.default(x = birth2008)

출력: birth2008 (219 obs.);  Bandwidth 'bw' = 3.168
        x                y
 Min.   :-1.299   Min.   :6.479e-06
 1st Qu.:14.786   1st Qu.:1.433e-03
 Median :30.870   Median :1.466e-02
 Mean   :30.870   Mean   :1.553e-02
 3rd Qu.:46.954   3rd Qu.:2.646e-02
 Max.   :63.039   Max.   :4.408e-02
```

여기서 중요한 내용은 x와 y다. 위 결과는 중요한 결과만 잘라서 보여주고 있다. 전체 값을 보고 싶으면 아래와 같이 입력해서 볼 수 있다.

```
d2008$x
d2008$y
```

참고

write.table() 함수는 입력을 현재 작업 디렉토리에 새 파일로 저장한다. 작업 디렉토리는 메인 메뉴에서 설정하거나, setwd() 함수로 바꿀 수 있다.

팁

R의 계산 기능을 활용하고 싶지만 그래프는 다른 프로그램으로 그리고자 한다면, 결과를 write.table()로 저장해서 활용한다.

이렇게 구한 좌표를 write.table() 함수로 텍스트 파일에 저장한다. write.table() 함수에 전달하는 인수는 저장하려는 데이터와 저장하고자 하는 파일 이름, 그리고 구분자(예: 쉼표, 탭) 등이 있다. 데이터를 기본적인 탭 구분 텍스트 파일로 저장하는 코드를 보자.

```
d2008frame <- data.frame(d2008$x, d2008$y)
write.table(d2008frame, "birthdensity.txt", sep="\t")
```

작업 디렉토리에 birthdensity.txt 파일이 만들어진다. 행번호를 매기지 않고, 탭 대신 쉼표를 구분자로 사용하려 한다면, 코드는 아래와 같이 달라진다. 쉽다.

```
write.table(d2008frame, "birthdensity.txt", sep=",",
    row.names=FALSE)
```

이렇게 저장한 데이터는 엑셀, 타블로, 프로토비즈 등 원하는 프로그램 어느 것으로든 가져가서 쓸 수 있다. 구분된 텍스트 문서를 가져올 수 있는 프로그램에 적용할 수 있으므로, 사실상 거의 모든 프로그램에 적용해볼 수 있다.

다시 밀도 함수 그리기로 돌아가 보자. 이미 밀도 함수의 좌표값은 구해뒀다는 점을 기억하라. 이 좌표를 그래프의 형식으로 그리면 된다. 그래프를 그리는 일이라면 당연히, plot() 함수를 사용한다. 그 결과는 그림 6-29와 같다.

```
plot(d2008)
```

plot() 함수 대신 polygon() 함수를 쓰면 그림 6-30처럼 밀도 함수의 아래 영역을 채워볼 수 있다. 우선 plot() 함수로 축을 설정하되 type 인수에 "n"을 입력해서 그래프 내용을 빼고 그린다. 그 다음 polygon() 함수로 그래프 내용을 채워넣는다. 여기서는 채움색을 짙은 빨강으로, 외곽선을 옅은 회색으로 설정했다.

```
plot(d2008, type="n")
polygon(d2008, col="#821122", border="#cccccc")
```

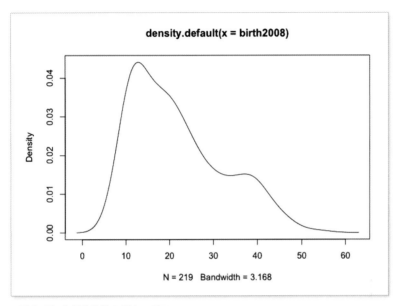

그림 6-29 출산율의 밀도 함수 그래프

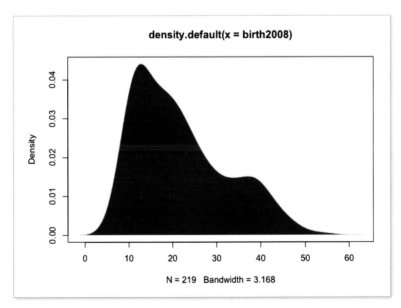

그림 6-30 채워넣은 출산율 밀도 함수 그래프

여기에서 그칠 이유는 없수. 그림 6-31과 같이 히스토그램과 밀도 함수 그래프를 한 화면에 그려, 정확한 값은 막대로 표현하고 전반적인 경향성은 곡선으로 알아보는 방법도 가능하다. (lattice 패키지의) histogram() 함수와 lines() 함수를 활용하자. histogram() 함수는 히스토그램을 새 그래프로 그려주고, lines() 함수는 이 그래프에 곡선을 추가한다.

```
library(lattice)
histogram(birth$X2008, breaks=10)
lines(d2008)
```

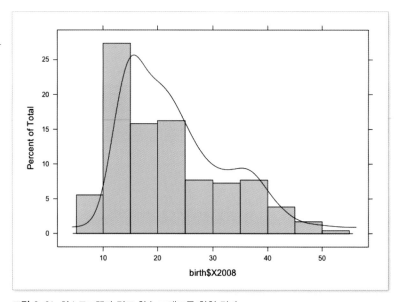

그림 6-31 히스토그램과 밀도 함수 그래프를 합친 결과

다양한 범위에 걸쳐 많은 가능성이 있다. 그러나 여기에 필요한 수학, 기하학의 지식은 옛 학창시절의 스템 플롯에서 벗어나지 않는다. 숫자를 세고, 종합하고, 분류한다. 최적의 방법은 데이터의 특성에 따라 달라진다. 그림 6-32는 좀 더 완결된 형식으로 만들어본 것이다. 축의 선을 가늘게 하고, 라벨을 재정렬하고, 중앙값을 지정해서 표시했다. 분포를 보여주는 세로축은 이 그래픽에서 딱히 유용하다 하긴 어렵지만, 완결성을 위해 남겨됐다.

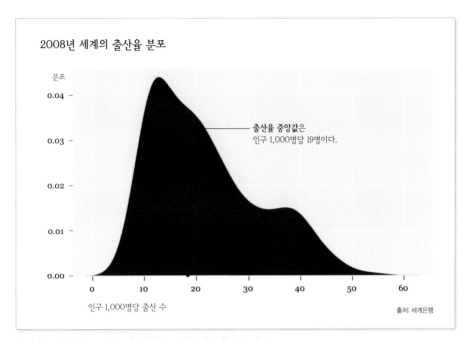

2008년 세계의 출산율 분포

분포

출산율 중앙값은
인구 1,000명당 19명이다.

인구 1,000명당 출산 수

출처: 세계은행

그림 6-32 2008년의 세계 출산율을 나타낸 밀도 함수 그래프

비교

평균, 중앙값, 최빈값만 찾기보다 여러 분포를 비교해보는 게 도움이 될 때
가 있다. 무엇보다 종합적인 통계는 큰 그림을 설명해준다. 하나의 통계는
사실의 한 부분에 불과하다.

예를 들어, 앞의 출산율 데이터를 통해 2008년의 인구 1,000명당 출산율
은 19.98명이고, 1960년에는 32.87이며, 따라서 1960년에 비해 2008년
의 평균 출산율은 39% 줄어들었다고 할 수 있다. 그러나 이 사실은 분포의
중심이 어떻게 변화했는지만 설명할 뿐이다. 아니, 단지 중심뿐이라도 다
이야기하는 걸까? 1960년에 일부 저개발국가의 출산율이 극도로 높았기
때문에 평균이 높았던 것은 아닐까? 약 50년의 시간 동안 출산율의 변화폭
은 늘어났는가, 줄어들었는가?

다양한 방법으로 비교해볼 수 있다. 시각화 하나 없이 완전히 분석적인 방법으로 접근할 수도 있다(나는 대학원 과정 일 년 내내 통계학을 배웠지만, 그것은 빙산의 일각에 불과했다). 시각화를 활용하는 다른 방법을 택할 수도 있다. 통계적 분석 방법이 결과적으로 정확한 답을 제공하지 않을 수도 있지만, 충분히 사려 깊은 결정을 내리는 데 도움을 준다. 무엇을 찾고 있든, 이 책에서는 당연히 시각화를 동원하는 방식을 설명한다. 그렇지 않았다면 책 제목을 '애널라이즈 디스Analyze This'[4]로 지었을 것이다.

다수의 분포

이제까지 2008년의 출산율 데이터를 통해 하나의 분포를 만드는 방법을 알아봤다. 그러나 데이터 파일을 봤거나 데이터 프레임을 살펴봤더라면, 예제에서 사용한 데이터가 1960년부터 매해의 자료를 담고 있다는 사실을 알고 있었을 것이다. 찾아보지 않았다면, 음, 어쨌든, 1960년부터 2008년까지 매년 축적된 자료가 있다. 앞서 들었듯이, 그간 세계의 출산율은 급격하게 바뀌어왔다. 그러나 전체 분포는 어떻게 변해왔을까?

이제부터 모든 연도의 히스토그램을 만들어 행과 열에 맞춰 정렬하는 단순한 방법을 알아보자. 이 장의 앞부분에서 설명했던 스캐터플롯 행렬과 비슷한 관점이다.

히스토그램 행렬 만들기

R의 lattice 패키지는 코드 한 줄로 히스토그램을 만들 수 있는 기능을 제공하지만, 약간의 제약이 따른다. 함수의 정의에 따른 정해진 데이터를 입력해줘야만 한다. 우선 가져오는 데이터 텍스트 파일 원본의 일부부터 살펴보자.

---

4   이 책의 원제 Visualize This – 옮긴이

```
Country,1960,1961,1962,1963...
Aruba,36.4,35.179,33.863,32.459...
Afghanistan,52.201,52.206,52.208,52.204...
...
```

한 국가마다 한 줄로 적혀 있다. 첫 열은 국가의 이름이고, 이후로 한 해의 데이터 하나씩 이어진다. 전체 데이터는 이런 식으로 (헤더 포함) 234줄, 30 칸으로 구성된다. 그러나 lattice 패키지의 히스토그램 함수에 입력하려면 연도를 나타내는 하나의 값과 출산율을 나타내는 다른 하나의 값, 단 2개의 열만 갖는 형태의 데이터가 필요하다. 여기서는 국가의 이름이 따로 필요하지 않으므로, 그 앞부분을 따 보면 다음과 같다.

```
year,rate
1960,36.4
1961,35.179
1962,33.863
1963,32.459
1964,30.994
1965,29.513
...
```

텍스트 파일 원본과 뒤의 입력 형식 데이터를 비교해보면, 두 번째 내용이 아랍^{Aruba}의 내용과 일치한다는 사실을 알 수 있다. 한 줄이 한 해의 한 국가 출산율에 해당하므로, 전체는 헤더를 포함해서 9,870줄로 구성된다.

그렇다면 어떻게 데이터를 원하는 형식으로 만들 수 있을까? 2장 '데이터 다루기'에서 파이썬 코드로 만들었던 내용을 기억하는가? 파이썬으로 CSV 파일을 가져와서 매 줄을 돌며 원하는 형식으로 저장했다. 여기에도 같은 과정을 적용해볼 수 있다. 자신이 좋아하는 텍스트 에디터를 열고 transform-birth-rate.py 파일을 새로 만들자. 이 파이썬 실행 파일은 birth-rate.csv 파일과 동일한 디렉토리에 저장돼야 한다. 준비됐다면 다음 코드를 적어넣자.

```
import csv

reader = csv.reader(open('birth-rate.csv', 'r'), delimiter=",")

rows_so_far = 0
print 'year,rate'
for row in reader:
    if rows_so_far == 0:
        header = row
        rows_so_far += 1
    else:

        for i in range(len(row)):
            if i > 0 and row[i]:
                print header[i] + ',' + row[i]

        rows_so_far += 1
```

> **팁**
> R만으로 코드를 만들고 싶다면 해들리 위컴(Hadley Wickham) 의 reshape 패키지를 써보자. reshape 패키지는 데이터 프레임을 원하는 형태로 바꾸는 기능을 제공한다.

익숙한 코드일 테지만, 부분별로 나누어 설명하겠다. 우선 csv 패키지를 가져온 다음, birth-rate.csv 파일을 불러온다. 헤더를 출력하고, 매 행과 열을 반복해서 돌며 원하는 형식으로 출력한다. 콘솔에 다음 명령을 입력해서 스크립트를 실행해 출력 내용을 새로운 CSV 파일로 저장한다.

```
$ python transform-birth-rate.py > birth-rate-yearly.csv
```

됐다. 이제 히스토그램을 만들기 위해 histogram() 함수를 실행한다. R로 돌아가 방금 만든 데이터 파일을 read.csv() 함수로 가져온다. 혹시라도 데이터 형식화 작업을 건너뛰었을 경우를 위해, 여기서는 미리 만들어둔 파일을 URL로 가져와서 사용했다.

```
birth_yearly <- read.csv("http://datasets.flowingdata.com/
birth-rate-yearly.csv")
```

이제 histogram() 함수에 데이터를 집어넣고, 연도에 따라 하나씩 10×5 행렬을 만든다. 출력 결과는 그림 6-33과 같다.

```
histogram(~ rate | year, data=birth_yearly, layout=c(10,5))
```

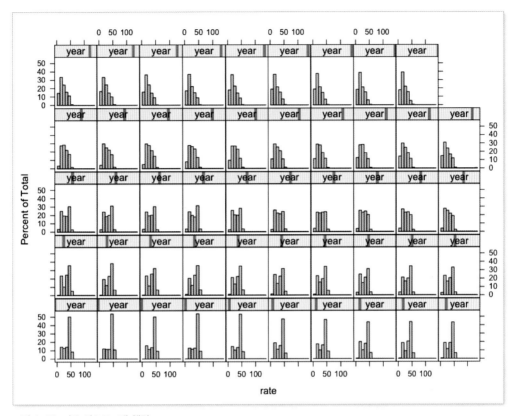

그림 6-33 기초 히스토그램 행렬

썩 나쁘지 않다. 좀 더 발전시켜보자. 첫째, 모든 막대를 한참 왼쪽으로 밀어 붙이는 오른쪽[5] 값이 몇 개 보인다. 둘째, 연도를 표기하는 위치마다 좌우로 이동하는 오렌지색 막대가 있는데, 그저 라벨로 표시하기만 하면 읽기 편할 듯하다. 마지막으로, 연도 라벨도 없고 연도의 순서도 뒤죽박죽이기 때문에 언제의 데이터인지 알기 어렵다. 데이터의 첫해인 1960년의 히스토그램은 실제로 왼쪽 아래에 가 있고, 1969년의 데이터가 오른쪽 아래에 있다. 1960 년의 히스토그램 위에는 1970년의 데이터가 있다. 그러니 실제로 순서는 아래에서 위로, 왼쪽에서 오른쪽으로 매겨졌다 할 수 있다. 괴상하다.

---

5   일부 출산율이 비정상적으로 높은 아웃라이어 – 옮긴이

아웃라이어를 찾아내기 위해, `birth_yearly` 데이터를 다시 한번 summary() 함수로 보자.

```
       year           rate
 Min.   :1960   Min.   :  6.90
 1st Qu.:1973   1st Qu.: 18.06
 Median :1986   Median : 29.61
 Mean   :1985   Mean   : 29.94
 3rd Qu.:1997   3rd Qu.: 41.91
 Max.   :2008   Max.   :132.00
```

최대값은 132에 달한다. 한참 벗어나는 값이다. 그 밖에는 100을 넘기는 값도 보이지 않는다. 도대체 왜 이럴까? 1999년 팔라우[Palau]의 데이터가 132를 기록했기 때문이다. 이 데이터 바로 앞의 1998년 팔라우 출산율은 20 미만이기 때문에, 입력 오류일 가능성이 높아 보인다. 아마 13.2의 오기일 것이다. 그러나 속단할 순 없다. 여기서는 간단히 데이터 자체를 제거해 보자.

```
birth_yearly.new <- birth_yearly[birth_yearly$rate < 132,]
```

연도 라벨로 넘어간다. 라벨에 해당하는 값이 숫자 형식으로 되어 있으면 `lattice` 패키지의 함수는 자동적으로 해당하는 값의 위치에 오렌지색 막대로 표시한다. 하지만 문자 형식으로 되어 있으면 라벨 그대로 출력한다. 연도 표기를 문자열로 바꿔주자.

```
birth_yearly.new$year <- as.character(birth_yearly.new$year)
```

순서 정렬은 다시 한번 해봐야겠지만, 우선 여기까지의 수정으로 먼저 히스토그램을 만들어 저장한다.

```
h <- histogram(~ rate | year, data=birth_yearly.new,
    layout=c(10,5))
```

이제 `update()` 함수를 써서 히스토그램의 순서를 재정렬한다.

```
update(h, index.cond=
    list(c(41:50, 31:40, 21:30, 11:20, 1:10)))
```

위 코드는 단순히 매 행을 거꾸로 배열한다. 결과는 그림 6-34와 같다. 히스토그램마다 근사한 라벨이 붙었고, 입력 오류도 제거해서 훨씬 나은 분포 상태를 보여준다. 또 히스토그램이 왼쪽 위에서 오른쪽 아래로, 읽기 편한 순서로 정렬됐다. 따라서 자연스럽게 위 아래를 비교하면 10년 차이로 어떻게 변화했는지 알 수 있다.

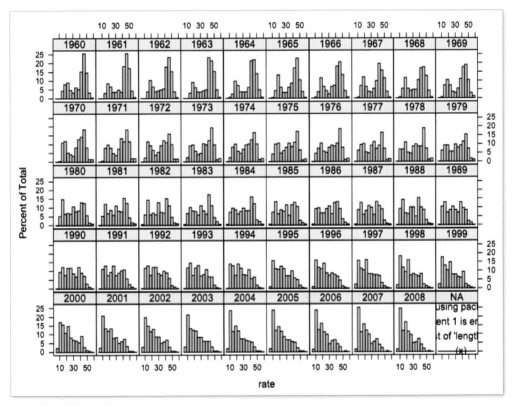

그림 6-34 수정 후의 히스토그램 행렬

이 시점에서 레이아웃은 좋다. 그래픽을 일러스트레이터로 수정한다면 라벨을 더 작게 줄이고, 외곽선과 채움색을 바꾸며, 일반적으로 깔끔하게 정리해서 그림 6-35와 같이 바꿔준다. 이런 식으로 읽기 편하게 만들어줄 수 있다. 더 깔끔하게, 이야기를 완결짓기 위해, 적당한 설명문을 추가하고, 데이터 출처를 명기하고, 전반적으로 세계의 출산율이 감소 추세로 가고 있다는 점을 보여줄 수 있다. 단 하나의 그래픽으로 보기엔 지나치게 복잡한 내용이라고 할 수 있다. 보는 사람이 데이터를 완전히 이해할 수 있게 하려면 많은 맥락 설명을 붙여줘야 한다.

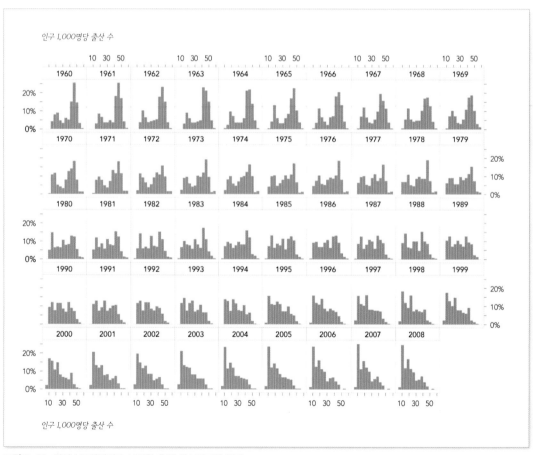

그림 6-35 일러스트레이터로 보정한 후의 히스토그램 행렬

이렇게 설명한 방법이 전부는 아니다. 똑같은 히스토그램 행렬을 프로세싱, 프로토비즈, PHP 등 막대 그래프 기능을 지원하는 거의 모든 도구로 만들어볼 수 있다. R만으로도 이와 같은 그래프 행렬을 만들 수 있는 방법이 여럿 있다. 일례로, 플로잉데이터 블로그에 넣을 목적으로 다음과 같이 2002년부터 2009년까지의 TV 크기 분포 그래프를 그림 6-36과 같이 만들었다.

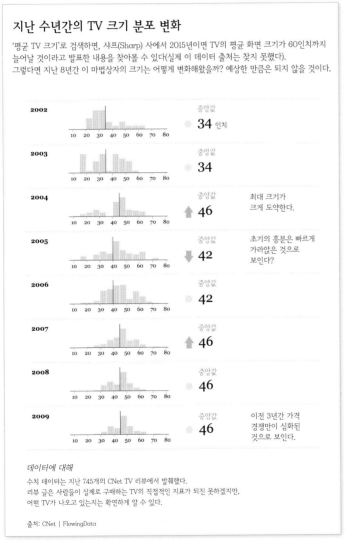

그림 6-36 지난 수년간의 TV 크기 분포 변화

여지껏 작업해온 코드와 모양은 다르지만 내용 로직은 유사하다. 데이터를 가져와서, 아웃라이어를 필터링해서 제거하고, 각 히스토그램을 그려 배치했다. 차이점이 있다면 lattice 패키지의 histogram() 함수 대신 R 내장 기능인 hist() 함수로 히스토그램을 그려 par() 레이아웃 기능으로 배치했다는 것뿐이다.

```
# 데이터를 가져온다.
tvs <- read.table(
    "http://datasets.flowingdata.com/tv_sizes.txt",
    sep="\t", header=TRUE)

# 아웃라이어를 제거한다.
tvs <- tvs[tvs$size < 80, ]
tvs <- tvs[tvs$size > 10, ]

# 히스토그램의 구간 수를 설정한다.
breaks = seq(10, 80, by=5)

# 레이아웃을 설정한다.
par(mfrow=c(4,2))

# 히스토그램을 하나씩 그린다.
hist(tvs[tvs$year == 2009,]$size, breaks=breaks)
hist(tvs[tvs$year == 2008,]$size, breaks=breaks)
hist(tvs[tvs$year == 2007,]$size, breaks=breaks)
hist(tvs[tvs$year == 2006,]$size, breaks=breaks)
hist(tvs[tvs$year == 2005,]$size, breaks=breaks)
hist(tvs[tvs$year == 2004,]$size, breaks=breaks)
hist(tvs[tvs$year == 2003,]$size, breaks=breaks)
hist(tvs[tvs$year == 2002,]$size, breaks=breaks)
```

그림 6-37을 보면 이 코드의 출력 결과를 알 수 있다. 레이아웃의 mfrow 설정에 따라 히스토그램이 2열로 네 줄에 걸쳐 그려진다. 최종 그래픽에는 결국 한 줄로 배치를 바꿔줬는데, 여기서 중요한 점은 일러스트레이터나 엑셀에 8개 데이터를 따로 입력하고서 수정하는 것보다 훨씬 쉽고 빠르게 작업했다는 사실이다.

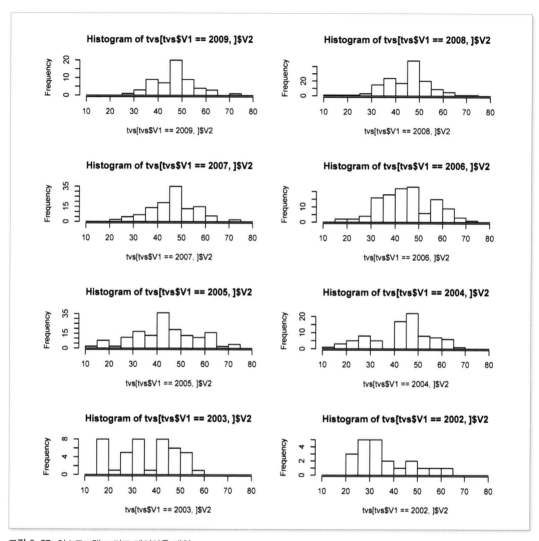

그림 6-37 히스토그램 그리드 레이아웃 배치

스몰 멀티플

스몰 멀티플small multiples이란 공통의 의미를 담고 있는 여러 작은 데이터 그 래프를 하나의 그래픽에 붙여넣는 기술을 말한다. 다양한 그룹과 분류를 서로 비교하거나, 그룹이나 분류 내부적으로도 비교해볼 수 있다는 장점이 있다. 그래픽을 잘 정리한다면 많은 내용을 담을 수 있다.

여기서 나는 영화 순위 사이트 '로튼토마토^{Rotten Tamatoes}(상한 토마토)'의 3부작 영화 랭킹을 살펴봤다. 로튼토마토는 다양한 영화 리뷰를 긍정적인 리뷰와 부정적인 리뷰로 나누어 순위를 매기는 사이트다. 그렇게 수집한 리뷰 글의 60% 이상이 긍정적인 반응을 보여주면 그 영화를 '신선하다^{fresh}'고 하고, 그 미만이면 '상했다^{rotten}'고 한다.

후속편을 원작과 비교했을 때 얼마나 긍정적인 반응을 얻었는지 알고 싶었다. 그 결과로 그려본 그림 6-38을 보면, 그다지 좋지 못한 성적이다. 성적의 중앙값은 원작의 중앙값보다 37% 낮은 점수를 얻었다. 다시 말해, 대부분의 원작은 신선했지만 후속작은 대개 상했다고 볼 수 있다.

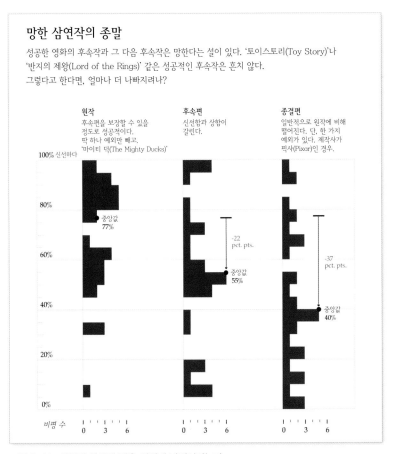

그림 6-38 삼연작 영화의 평은 어떻게 바뀌어가는가

이 그래픽은 가로로 배치한 3개의 히스토그램을 세로로 돌려본 것이다. 그
림 6-39는 R로 만든 원본 히스토그램이다. 이렇게 만들어진 히스토그램을
일러스트레이터로 수정했다.

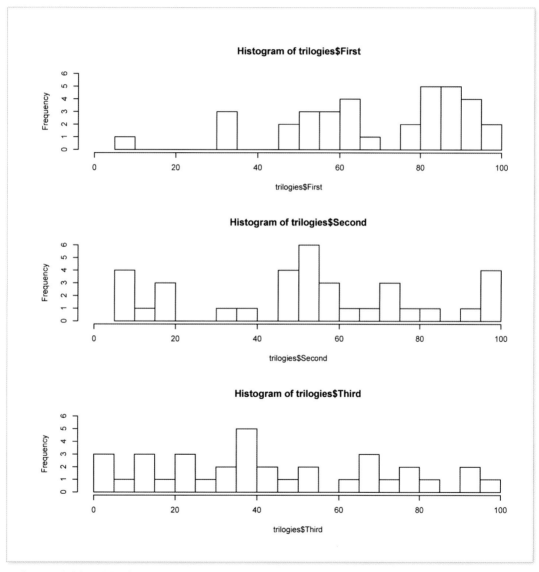

그림 6-39 삼연작 그래픽의 원본 히스토그램

어쨌거나 플로잉데이터의 독자들은 대개 이 그래픽을 쉽게 이해했다. 허나 물론, 플로잉데이터 블로그 독자는 거의가 데이터를 많이 다루는 사람들이다. 그러나 후에 좀 더 대중적인 인지도를 가진 사이트 IMDB^{Internet Movie}DataBase에 링크됐을 때의 댓글로 봤을 때, 지극히 적은 숫자의 독자만이 해석에 어려움을 겪은 것으로 보인다.

그래픽의 둘째 장, 그림 6-40은 그보다 더 이해하기 쉽다. 하나의 연작 영화마다 3개의 막대 그래프를 그려서 보여주는 스몰 멀티플이다. 막대의 색상은 평가를 나타낸다. 신선하다는 평가를 받았을 때 녹색, 상했다는 평가를 받았을 때 빨간색이다.

그림 6-40 삼연작 영화들의 평점에 대한 스몰 멀티플

혹시라도 궁금해할 사람들을 위해 설명하자면, 영화마다 막대 그래프를 그려본 것이다. 앞의 예제 코드처럼 plot()이나 polygon() 함수로 그래프를 그리고 par() 함수의 mfrow 인수를 조정해가며 배치하면 만들 수 있다. 사실 개인적으로는 일러스트레이터의 Column 그래프 도구를 사용했다. 그저, 어쩌다 보니 그때 그 프로그램이 열려 있었기 때문이다.

나는 이 그래픽을 통해 많은 것을 배웠다. 가장 중요한 점은, 모든 사람이 일상적으로 종합적인 분포 통계에 익숙하진 않으므로, 심혈을 기울여 데이터를 설명하고, 이야기 전달에 조심할 필요가 있다는 사실이다. 또한 사람들은 저마다 최고라 생각하는 영화가 있으며, 자신이 최고로 꼽는 영화가 끔찍하게 엉망진창이란 말은 깊은 상처가 될 수 있다는 사실도 깨달았다.

정리

데이터의 관계를 찾는 일은, 단순히 그래프를 그릴 때보다 더 많은 숙고와 도전과제를 담고 있다. 그러나 그 결과는 충분한 정보와 보상으로 돌아온다. 자신의 데이터, 혹은 그 데이터 간의 관계와 상호작용이 의미하는 바는 흥미로우며, 최고의 이야기 재료다.

이번 장에서는 여러 변수 간의 상관관계를 찾는 방법에 집중했지만, 일반적인 관계를 찾아보는 방법도 같은 관점에서 생각해볼 수 있다. 분포 전반에서 모든 것이 서로 어떻게 관계를 맺고 있는지 스스로 찾아보자. 분포의 아웃라이어나 패턴을 찾아보고, 눈앞의 대상이 품고 있는 맥락을 숙고하자. 그 안에서 무언가 눈길이 가는 대상을 찾았다면, 왜 그렇게 되었는지 질문을 던져보자. 데이터의 맥락과 가능한 이야기 흐름을 떠올려보자.

데이터의 관계성은 데이터를 가지고 노는 가장 좋은 방법이다. 데이터 탐색을 즐기며 무언가 흥미로운 점을 찾아낼 수 있기 때문이다. 충분히 파고들어가 보물을 찾았다면, 독자에게 그 발견을 설명하라. 그러나 동시에, 모든 사람이 숫자 놀음에 친숙하지 않다는 점을 유념해야 한다. 일반 대중을 대상으로 한다면, 일반인의 수준에서 이야기를 풀어가야 한다. 쉽게 설명했을 때 얼간이로 비치지 않을까 걱정할 필요는 없다. 적절한 대상에게, 적절한 방법으로 설명한다면 절대 그럴 이유가 없다.

## 7장

비교 시각화

스포츠 해설가는 으레 선수들을 대다수의 일반적인 역할 수행자, 나머지 극히 일부의 슈퍼스타 또는 엘리트 그룹으로 구분하곤 한다. 이런 구분은 보통 스포츠 통계 전문가가 게임 데이터를 연구해서 알게 되는 사실과 대치되곤 한다. '척 보면 안다'는 식의 관점이다. 이런 관점이 잘못이라고 할 순 없다. 해설자들은 (대개) 자신이 말하는 내용과, 단순 수치가 아닌 여러 데이터의 맥락을 잘 이해하고 있기 때문이다. 분석가가 게임 데이터를 늘어놓았을 때, 지켜보는 사람이, 단 한 번의 예외도 없이, "숫자만 본다고 될 일이 아니야, 눈에 보이는 현상이 전부가 아니고, 그래서 멋진 거야"라고 말하는 광경을 지켜보는 일은 항상 나를 행복하게 만든다. 그것이 바로 통계다.

물론, 스포츠 영역에만 국한되는 일은 아니다. 스스로 인근 지역에서 최고의 식당을 찾는다고 해보자. 다양한 분류에 따른 종합적인 자료를 검토하기보단 어느 한 사람의 조언, 한 가지의 비평을 받아들이고 나머지는 무시하는 경우가 많았을 것이다. 7장은 전체에서 다양한 기준으로 집단을 구분해서 찾아내고, 일반 상식에 의거해 아웃라이어를 찾아내는 방법을 설명한다.

무엇을 볼 것인가

하나의 변수로 비교하기는 쉽다. 어떤 집은 다른 집보다 평수가 넓고, 어떤 고양이는 다른 고양이보다 무게가 많이 나간다. 비교해야 할 변수가 둘이 되면 좀 더 어렵긴 하겠지만, 비교가 불가능하진 않다. 한 집은 평수가 더 넓은 반면 좁은 집은 화장실이 더 많다. 이 고양이는 저 고양이보다 더 무겁고, 털은 짧다. 즉 저 고양이는 가볍고 털이 길다.

그러나 분류해야 할 대상이 백 개의 집, 백 개의 고양이가 되면 어떻게 해야 할까? 각각의 집이라 하더라도 비교해야 할 변수가 훨씬 늘어난다면? 침실의 수, 마당의 크기, 관리비도 함께 비교해야 한다면? 결과적으로 비교해야 할 대상의 숫자에 비교하려는 변수의 숫자를 곱한 만큼의 단위 비교 목록을 마주하게 된다. 꽤 어려운 문제다. 그리고 우리가 지금부터 알아보려는 문제다.

갖고 있는 데이터가 몇 개의 변수로 구성됐더라도 서로를 분류하거나 단위에 따라 나누어(사람이라거나, 장소라거나) 예외 범위를 찾아내고 싶어질 것이다. 각 변수에서의 차이뿐만 아니라, 모든 변수에서의 차이를 찾아보고 싶을 것이다. 서로 완전히 다른 득점률을 기록한 두 농구 선수의 그 밖의 기록, 이를테면 리바운드 수, 스틸 수, 게임당 평균 플레이 시간 등의 수치가 완전히 똑같을 수도 있다. 차이를 찾아야 할 필요도 있지만, 동시에 유사성과 관계도 무시할 수 없다. 마치 스포츠 해설가처럼.

여러 변수의 비교

여러 개의 변수를 다뤄야 할 때 마주하는 첫 번째의 난관은 시작점을 찾는 일이다. 자신에게 있는 데이터를 끊임없이 생각하다 보면 너무 많은 변수와 세부 분류에 압도되곤 한다. 때로는 모든 데이터를 한 번 훑어본 다음, 흥미로운 점을 짚고 다른 점을 찾아가는 과정이 더 도움이 된다.

준비운동

가장 단순한 시각화는 데이터를 한눈에 볼 수 있게 표로 만드는 것이다. 숫자 대신 색상으로 값을 나타내기도 한다(그림 7-1).

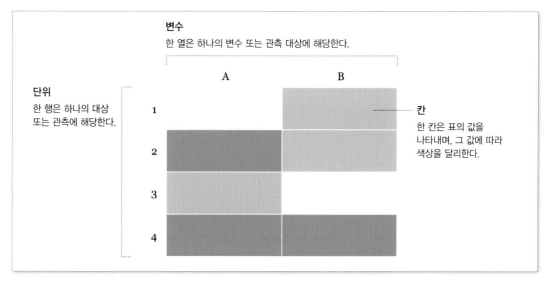

변수
한 열은 하나의 변수 또는 관측 대상에 해당한다.

A B

단위
한 행은 하나의 대상 또는 관측에 해당한다.

1

칸
한 칸은 표의 값을 나타내며, 그 값에 따라 색상을 달리한다.

2

3

4

그림 7-1 히트맵의 구조

그 결과는 일반적인 값을 표현하는 표 대신, 색상으로 값들의 높고 낮은 관계를 한눈에 파악할 수 있는 표로 나타난다. 보통 짙은 색상은 높은 값을, 옅은 색상은 낮은 값을 표현하지만, 소프트웨어 설정에 따라 쉽게 달리해볼 수 있다.

히트맵heatmap(열 지도, 또는 히트 행렬heat matrix)을 읽는 방법은 표를 읽는 방법과 같다. 하나의 대상에 해당하는 한 행을 왼쪽에서 오른쪽으로 보며 모든 변수를 파악할 수도 있고, 하나의 변수에 대응하는 한 열을 위에서 아래로 읽을 수도 있다.

그러나 데이터가 지나치게 많을 경우엔 여전히 혼란스러울 수 있다. 적당한 색상을 선택하고 약간의 정렬 과정을 거치면 쓸 만한 그래픽을 만들 수 있을 것이다.

히트맵 만들기

R로 히트맵을 만드는 방법은 간단하다. R 내장함수로 히트맵의 모든 수학적인 처리를 대신해주는 heatmap() 함수가 있다. heatmap() 함수는 아무리 많은 행과 열이 있더라도 데이터에 맞는 최적의 색상을 선정해주고, 라벨을 정렬해서 그려준다. 즉 이미 그 기능은 R이 마련하고 있으며, 사용자는 디자인만 다루면 된다. 이제쯤 이런 상황이 익숙하게 느껴질 것이다.

이번 예제로 2008년의 NBA 농구 선수 통계를 살펴보자. 데이터는 http://datasets.flowingdata.com/ppg2008.csv에서 CSV 형식 파일로 받아볼 수 있다. 총 22개의 열이 있고, 첫 번째 열은 선수의 이름을, 나머지는 게임당 득점이나 필드슛 성공률 등의 선수 기록 데이터다. R로 데이터를 가져올 때 read.csv()를 사용한다. 데이터를 가져왔다면, 데이터의 구조를 파악하기 위해 우선 처음 다섯 줄을 살펴보자(그림 7-2).

```
bball <- read.csv(
    "http://datasets.flowingdata.com/ppg2008.csv",
    header=TRUE)
bball[1:5,]
```

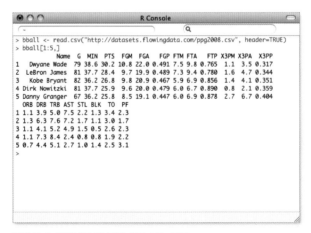

그림 7-2 데이터의 첫 다섯 줄로 보는 구조

지금은 게임당 득점을 기준으로 내림차순 정렬되어 있지만, 순서는 리바운드 성공률, 필드슛 성공률 같은 열의 정보를 기준으로 다시 정렬해볼 수 있다. 데이터 정렬은 order() 함수를 사용한다.

order() 함수의 decreasing 인수는 데이터 정렬 순서의 내림차순(ascending), 오름차순(descending)을 결정한다.

```
bball_byfgp <- bball[order(bball$FGP, decreasing=TRUE),]
```

이렇게 만든 bball_byfgp 데이터의 첫 다섯 줄을 확인해보면, 앞서의 드웨인 웨이드, 레브론 제임스, 코비 브라이언트 대신 샤킬 오닐, 드와이트 하워드, 파우 가솔이 등장하는 것을 볼 수 있다. 이번 예제에서는 게임당 득점을 기준으로 원본의 역순인 오름차순으로 쓰도록 한다.

```
bball <- bball[order(bball$PTS, decreasing=FALSE),]
```

이처럼 데이터의 열 이름은 CSV 파일의 헤더 이름을 따른다. 여기까지는 원하는 그대로다. 하지만 행 이름은 숫자가 아니라 선수의 이름이었으면 좋겠다. 한 열을 밀어서 첫 번째 열의 데이터를 행 이름으로 쓰도록 만들어보자.

```
row.names(bball) <- bball$Name
bball <- bball[,2:20]
```

코드의 첫 줄은 데이터 프레임의 첫 번째 열을 그 행의 행 이름으로 쓰도록 바꿔준다. 두 번째 줄은 2열부터 20열까지의 데이터 프레임 부분을 선택해서 bball 변수로 되돌린다.

히트맵을 그리려면 데이터는 데이터 프레임이 아닌 행렬의 형태여야 한다. 바로 heatmap() 함수에 데이터 프레임을 적용해보면 오류를 얻게 될 것이다. 일반적으로 데이터 프레임은 하나의 열마다 다른 형태의 벡터로 구성된 집합이라 볼 수 있다. 따라서 열마다 숫자나 문자열 등으로 형식이 다를 수 있다. 반면 행렬matrix은 모든 칸에서 동일한 형식으로 구성된 2차원 공간의 값을 나타낼 때 사용한다.

데이터 시각화 작업의 대부분은 데이터 수집과 정리 작업이다. 드물게 정확히 원하는 그대로의 데이터를 구한 경우가 아니라면, 비주얼을 만들기에 앞서 데이터를 이리저리 굴려야 할 것이다.

```
bball_matrix <- data.matrix(bball)
```

원하는 대로 데이터를 정렬하고 형식화를 마쳤으므로, 이제 이 데이터를 heatmap()에 집어넣고 결과를 얻어낸다. scale 인수를 "column"으로 설정하면 R은 최대 최소값을 전체 행렬의 최대 최소값이 아닌 열 기준의 최대 최소값으로 나타낸다.

```
bball_heatmap <- heatmap(bball_matrix, Rowv=NA, Colv=NA,
    col=cm.colors(256), scale="column", margins=c(5,10))
```

결과로 그림 7-3과 비슷한 그래픽을 얻을 것이다. cm.colors() 함수를 쓰면 사용할 색상의 범위를 파랑^{cyan}부터 빨강^{magenta}으로 설정하게 된다. cm.colors() 함수는 입력한 숫자 단계(이 경우 256개) 길이의 파랑에서 빨강까지의 색상 범위를 16진수^{hexadecimal} 색상 코드 벡터로 반환한다. 따라서 결과 그래프에서 게임별 득점에 해당하는 세 번째 열을 보면 가장 큰 값인 첫 줄의 드웨인 웨이드와 레브론 제임스부터 빨간색으로 시작, 앨런 아이버슨과 네이트 로빈슨까지 점차 파란색으로 바뀌어간다. 최고의 리바운드를 기록한 드와이트 하워드와 최고의 어시스트를 기록한 크리스 폴의 빨간색 데이터도 쉽게 찾을 수 있을 것이다.

색상 배치를 바꿔보고 싶을 수 있겠다. 인수 col 부분을 cm.colors(256)에서 원하는 코드로 바꿔보자. 콘솔에 **?cm.colors**를 입력하면 R의 도움말을 볼 수 있다. 그림 7-4처럼 더 따뜻한 색감으로 바꿔보자.

```
bball_heatmap <- heatmap(bball_matrix, Rowv=NA, Colv=NA,
    col=heat.colors(256), scale="column", margins=c(5,10))
```

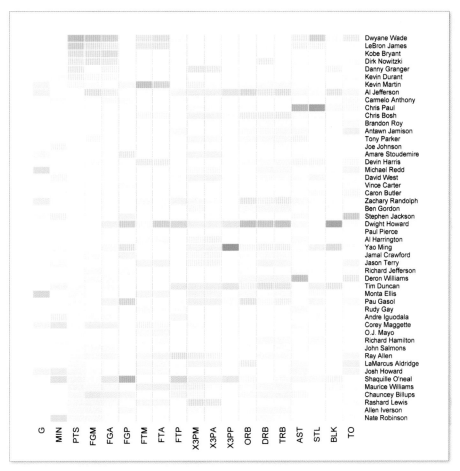

그림 7-3 게임당 득점으로 정렬한 기초 히트맵

R 콘솔에 cm.colors(10)을 입력하면 파랑부터 빨강까지 범위의 10개 색
상 벡터를 확인할 수 있다. heatmap() 함수에서 자동적으로 적용해볼 수
있도록 전달하자.

```
[1] "#80FFFFFF" "#99FFFFFF" "#B3FFFFFF" "#CCFFFFFF" "#E6FFFFFF"
[6] "#FFE6FFFF" "#FFCCFFFF" "#FFB3FFFF" "#FF99FFFF" "#FF80FFFF"
```

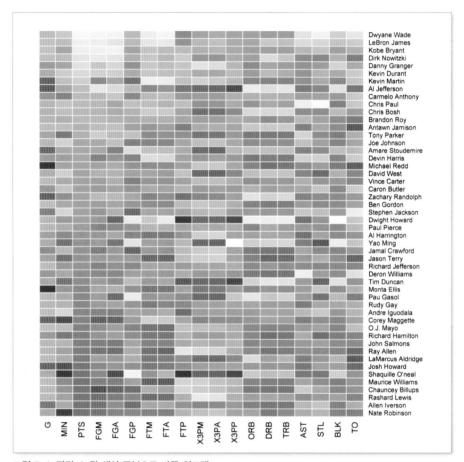

그림 7-4 빨강-노랑 색상 구분으로 바꾼 히트맵

멋진 기능 아닌가. 자신의 색상 스케일을 쉽게 만들어 전달할 수 있다. 한번 0to255.com에 가서 기초 색상을 찾아 적용해보자. 그림 7-5는 빨간색을 기준으로 밝기 구분을 바꿨을 때를 보여준다. 옅은 색부터 짙은 색까지 원하는 색상을 손쉽게 선택해서, 쉽게 적용해볼 수 있다(그림 7-6). R에서 자동으로 만들어주는 색상 벡터 대신, red_colors 변수에 색상 스케일을 직접 정해서 입력해봤다.

```
red_colors <- c("#ffd3cd", "#ffc4bc", "#ffb5ab",
    "#ffa69a", "#ff9789", "#ff8978", "#ff7a67",
    "#ff6b56", "#ff5c45", "#ff4d34")
bball_heatmap <- heatmap(bball_matrix, Rowv=NA, Colv=NA,
    col=red_colors, scale="column", margins=c(5,10))
```

그림 7-5 0to255.com의 빨강 색상표

팁

색상은 신중하게 선택하자. 색상은 이야기의 맥락을 다양하게 내포하기 때문이다. 음침한 주제를 설명하려 한다면 중립적이고 잔잔한 톤의 색상을 쓰고, 신나고 즐거운 주제에는 밝고 화려한 색상을 쓴다.

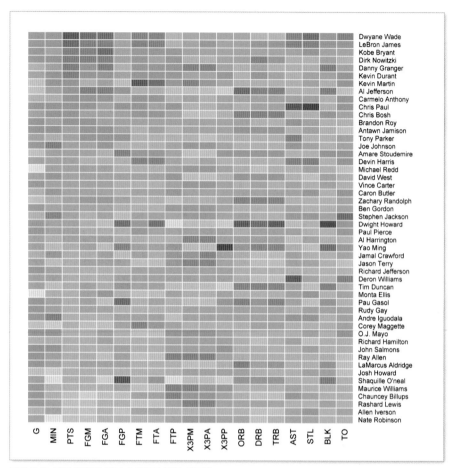

그림 7-6 직접 입력한 색상 스케일로 만든 히트맵

자신만의 색상을 일일이 입력하기 귀찮다면, RColorBrewer 패키지를 적용해볼 수 있다. RColorBrewer 패키지는 R이 기본으로 내장하는 패키지가 아니므로 별도 패키지 설치 과정을 통해 설치해야 한다. ColorBrewer는 지도학자 신시아 브루어^{Cynthia Brewer}가 지도에 적용할 색상표를 찾기 위해 만든 것으로, 일반적인 데이터 그래픽에도 적용해볼 수 있다. RColorBrewer 패키지는 연속/불연속 색상 팔레트와 구분 단계 수 등 다양한 옵션을 선택할 수 있게 만들어졌다. **?brewer.pal** 명령을 콘솔에 입력하면 자세한 옵션을 알아볼 수 있다. 갖고 놀기 좋은 도구다.

RColorBrewer를 설치했다면, 이제 아래 heatmap 함수 구문으로 아홉 단계의 파란색 색상표를 적용한 히트맵을 만들어보자. 결과는 그림 7-7과 같다.

> http://colorbrewer2.com에서 ColorBrewer의 인터랙티브 버전을 확인해보자. 드롭다운 메뉴로 색상표 옵션을 선택해 샘플 지도에서 볼 수 있다.

```
library(RColorBrewer)
bball_heatmap <- heatmap(bball_matrix, Rowv=NA, Colv=NA,
    col=brewer.pal(9, "Blues"), scale="column",
    margins=c(5,10))
```

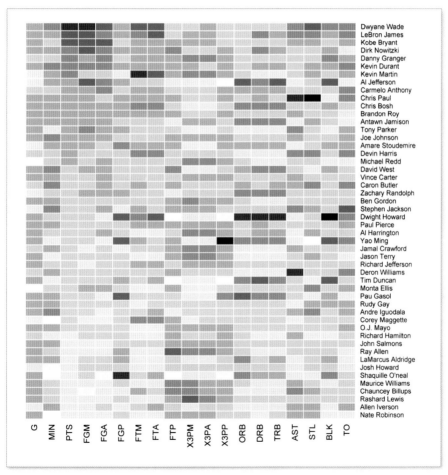

그림 7-7 RColorBrewer로 만든 색상표를 적용한 히트맵

그림 7-7을 저장해서 일러스트레이터로 가져와 수정하자. 그렇게까지 많은 수정을 가할 필요는 없겠지만, 편하게 훑어볼 수 있도록 라벨을 좀 더 읽기 좋게, 전체 색상을 부드럽게 해주는 편이 좋겠다.

라벨은 자체적으로 설명이 완결돼야 한다. 나는 농구팬이기 때문에 여기서 만든 히트맵의 약자를 잘 알고 있지만, 농구를 잘 모르는 사람은 이해하기 어려울 수 있겠다. 다음으로 색상을 부드럽게 만들어주는 수정이라면, 일러스트레이터의 색상 창에서 투명도를 조정해 전반적인 대비를 줄여준다. 칸의 구분선도 좀 더 깔끔하게 적용하면 왼쪽 위에서 오른쪽 아래로 훑어보기 편하게 만들어줄 수 있겠다. 최종 결과는 그림 7-8에서 볼 수 있다.

얼굴에서 찾는다

히트맵의 장점은 전체 데이터를 한눈에 볼 수 있다는 것이다. 이번엔 데이터의 개별적인 부분에 집중해보자. 득점이 많고 적음과 리바운드의 많고 적음은 쉽게 찾을 수 있지만, 한 선수를 다른 선수와 비교하기는 까다롭다.

때론 하나의 대상을 전체적으로 조망하기보다 몇 가지 기준으로 쪼개어보고 싶은 경우가 있다. 여기에 적용할 수 있는 한 방법으로 체르노프 페이스 Chernoff Faces가 있다. 체르노프 페이스는 엄밀한 데이터 그래픽은 아니며, 보통 사람들에게는 혼란을 줄 수 있다. 즉 체르노프의 유용성은 상황에 따라 다르며, 유용성보단 전문가의 흥미가 주 목적이다.

체르노프 페이스는 다양한 변수를 사람의 얼굴 모양에서 바꿀 수 있는 점으로 달리해서 그리는 방법이다. 귀, 머리카락, 눈, 코 등 변화의 영역은 데이터에 따라 달라진다(그림 7-9). 체르노프 페이스는 실생활에서 사람의 얼굴을 쉽게 구분한다는 점에 착안, 데이터 표현에 따라 달라지는 작은 차이도 쉽게 구분할 수 있다고 가정한다. 지나친 가정 같지만 넘어가자.

NBA 선수 기록

2008~2009 시즌 기준 최고의 50명

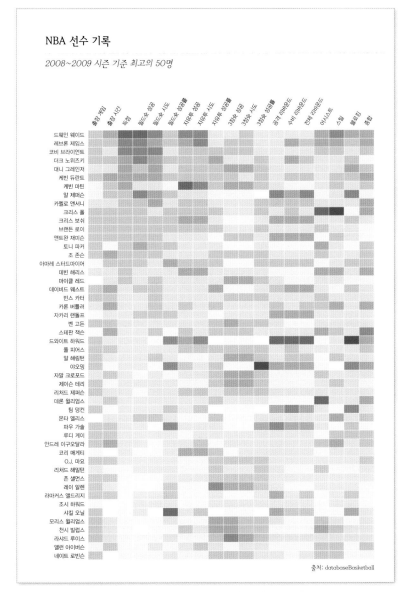

출처: *databaseBasketball*

그림 7-8 NBA 2008~2009 시즌 최고 선수 50명의 경기 기록 히트맵

프로토비즈 사이트의 예제 코너에 가면, 마이크 보스톡(Mike Bostock)이 이 예제를 프로토비즈 기반으로 만든 결과를 볼 수 있다. 모양은 똑같고, 칸 위로 마우스를 가져가면 툴팁 메시지를 출력하는 기능이 추가되어 있다.

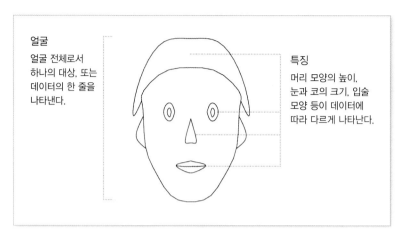

얼굴
얼굴 전체로서
하나의 대상, 또는
데이터의 한 줄을
나타낸다.

특징
머리 모양의 높이,
눈과 코의 크기, 입술
모양 등이 데이터에
따라 다르게 나타난다.

그림 7-9 체르노프 페이스의 구조

아래 예제를 보면, 큰 값은 큰 머리 모양이나 큰 눈으로, 작은 값은 작은 이목구비 모양으로 표현된다. 크기뿐만 아니라 입술이나 얼굴의 윤곽도 값에 따라 달라진다.

체르노프 페이스 만들기

앞선 예제의 NBA 선수 50인 데이터로 돌아간다. 한 명의 선수에 대해 하나의 얼굴을 만들어야 한다. 염려하는 것처럼 얼굴 하나하나를 손으로 만들 필요는 없다. R의 aplpack 패키지는 faces() 함수로 원하는 그래픽을 만들어준다.

aplpack이 아직 설치되어 있지 않다면 install.packages()나 패키지 인스톨러로 설치한다. 여담이지만, aplpack은 '또 하나의 플롯 패키지another plotting package'의 약자로, 한스 피터 울프Hans Peter Wolf가 만들었다. 패키지는 설치했을 때 자동으로 로드된다. 이전에 설치했다면 다음 명령으로 패키지를 가져온다.

```
library(aplpack)
```

앞의 예제를 만들었던 프로그램을 유지하고 있으면 농구 데이터는 이미 불려져 있을 것이다. 혹시라도 그렇지 않은 경우를 위해 다시 한 번 주소 URL을 입력해서 데이터를 가져오자.

```
bball <- read.csv(
    "http://datasets.flowingdata.com/ppg2008.csv",
    header=TRUE)
```

패키지와 데이터를 가져왔다면, 바로 faces() 함수를 적용해서 체르노프 페이스를 만들어볼 수 있다. 결과는 그림 7-10과 같다.

```
faces(bball[,2:16], ncolors=0)
```

농구 데이터에는 선수 이름을 포함해서 20개의 변수(열)가 있다. 그러나 aplpack의 faces() 함수는 최대 15개의 변수까지만 지원한다. 얼굴을 만드는 방식에서 바꿔줄 수 있는 부분이 15가지로 제한되기 때문이다. 따라서 원본 데이터에서 2열부터 16열까지 15개 열의 변수만 적용한다.

얼굴 하나는 어떻게 그려질까? faces() 함수는 입력 데이터의 열 번호에 따라, 아래 순서대로 대응되는 특징을 정한다.

> **참고**
>
> aplpack의 최신 버전은 faces() 함수에 색상을 하나의 변수로 추가할 수 있다. 이번 예제에서는 ncolors를 0으로 설정해서 흑백의 설정만 활용한다. R 콘솔에 **?faces** 명령을 입력해서 색상 벡터 사용법을 알아보자. 앞선 예제의 히트맵에서 색상표를 설정해주는 것과 비슷하다.

1. 얼굴 길이
2. 얼굴 너비
3. 얼굴 윤곽
4. 입의 높이
5. 입의 너비
6. 입모양(미소의 곡률)
7. 눈의 높이
8. 눈의 너비

9. 머리카락 높이
10. 머리카락 너비
11. 머리카락 모양
12. 코의 높이
13. 코의 너비
14. 귀의 너비
15. 귀의 높이

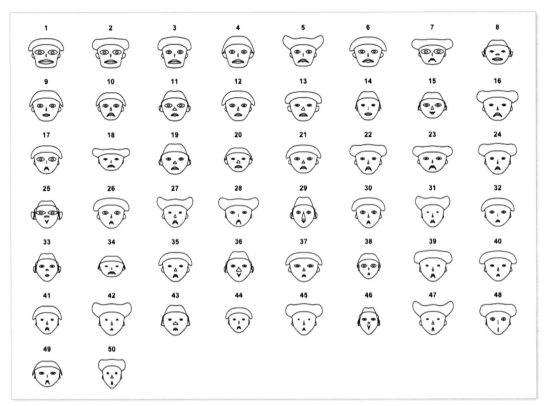

그림 7-10 기초 체르노프 페이스

그려야 할 개별 대상이 지나치게 많은 경우, 전체 대상을 분류로 나누면 상대적으로 적은 얼굴을 빠르게 훑어볼 수 있다. 이번 예제의 데이터라 하면 선수 포지션별로, 즉 가드, 포워드, 센터의 얼굴만을 그려볼 수 있다.

입력한 농구 데이터에 적용해보면, 게임 출장 숫자가 얼굴의 길이를, 입의 높이가 게임당 성공한 필드슛 숫자를 나타낸다. 얼굴에 라벨이 없어 쓸모가 없어 보인다. 한편으로는 7번에 해당하는 선수처럼 꽤 잘생긴 결과, 옆으로 넓적한 머리카락 모양(3점슛 성공)을 볼 수 있다.

faces() 함수에 labels 인수를 정해서 이름을 추가하면 그림 7-11과 같은 결과를 확인할 수 있다.

```
faces(bball[,2:16], labels=bball$Name)
```

훨씬 낫다. 어떤 얼굴이 누구의 것인지 알게 됐다. 포인트 가드를 찾아볼까? 우선 크리스 폴(2행 1열)을 보면, 비슷한 얼굴로 데빈 해리스(3행 1열)나

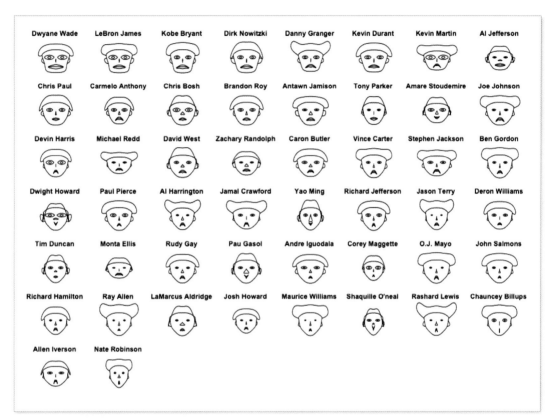

그림 7-11 선수의 이름을 추가한 체르노프 페이스

데론 윌리엄스(4행 8열)를 찾을 수 있다. 사실, 아랫줄의 오른쪽 끝에 위치한 천시 빌럽스도 포인트 가드지만, 여타 포인트 가드 포지션 선수들과는 얼굴이 많이 다르다. 특히 머리카락의 높이(자유투 성공률)와 입술의 너비(필드슛 시도)에서 차이가 크다.

그래픽을 알아보기 쉽게 만들려면, 우선 줄 사이 간격을 띄운다. 그리고 최소한, 그림 7-12에서처럼 얼굴의 한 특징이 어떤 변수를 나타내는지 설명해줘야 한다. 나는 일반적으로 그림으로 구성된 범례를 쓰지만, 여기서는 모든 얼굴의 특징을 전부 활용했기 때문에 하나의 얼굴에 전부 설명을 담기 어려워 글로 적었다.

팁

그래픽의 여백은 가독성을 높여준다. 특히, 그래픽에서 읽고 이해해야 할 사항이 많을수록 여백이 중요하다.

그림 7-12 NBA 08-09 시즌 득점 랭크 상위 선수들의 체르노프 페이스

다시 한번 강조하지만, 체르노프 페이스의 효용은 데이터와 관객의 특성에 따라 큰 차이가 있다. 따라서 이 방법을 쓰려 할 땐 신중하게 결정해야 한다. 가장 치명적인 단점은, 익숙하지 않은 사람의 경우 체르노프 페이스를 글자 그대로 얼굴로 이해한다는 점이다. 샤킬 오닐의 기록을 표현하는 얼굴 그래픽을 샤킬 오닐의 얼굴로 생각해버린다는 의미다. 여기 데이터 그래픽과는 달리, 샤킬 오닐은 사실 체격이 장대한 거한이라는 사실은 다들

알고 있으리라 믿는다.

같은 방법으로 미국의 주별 범죄 발생률 데이터를 체르노프 페이스로 만들어봤다. 이 그래프를 본 어떤 사람은 내가 인종차별주의자란 댓글을 적었는데, 범죄 발생률이 높은 주의 얼굴 특징이 분명했기 때문이다. 나 스스로는 얼굴의 특징이 막대의 길이나 다름없었기 때문에 별로 신경 쓰지 않았지만, 생각해볼 문제다.

팁

데이터 그래픽을 디자인할 때엔 독자의 입장에서 헤아려보자. 독자는 데이터 그래픽을 만드는 당신만큼 시각화에 친숙하지도 않고, 데이터에 대해서도 잘 알지 못한다. 따라서 설명은 스토리텔러, 당신 자신의 몫이다.

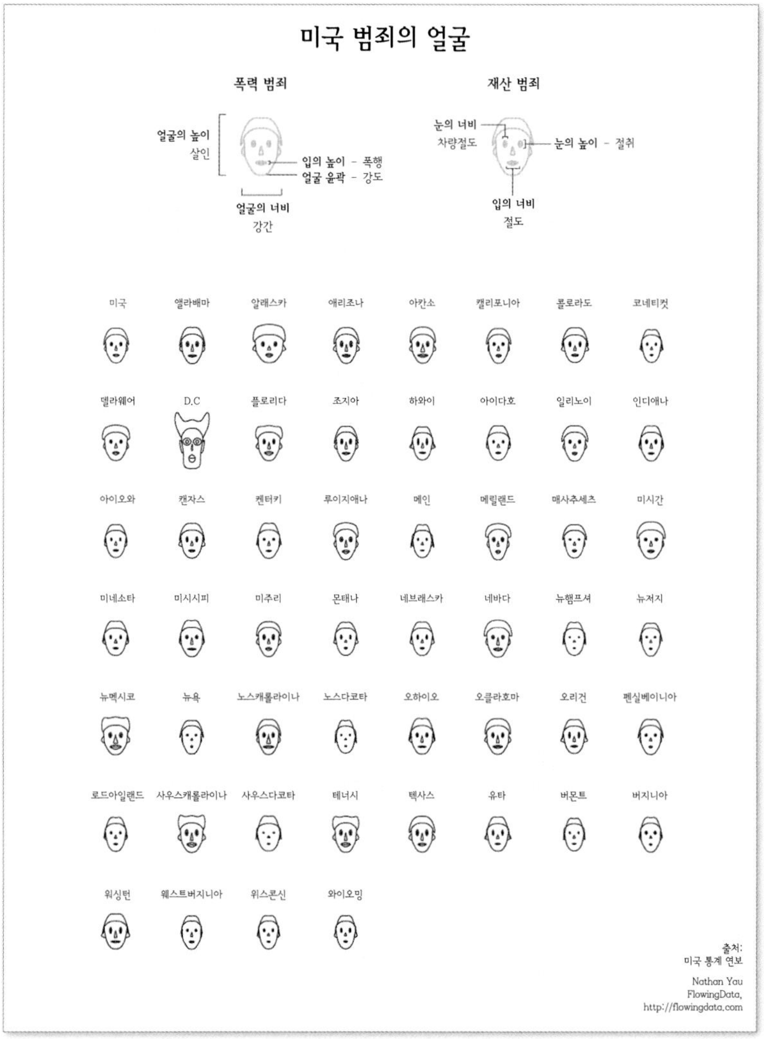

그림 7-13 미국의 주별 범죄율을 얼굴로 표현했다.

별이 빛나는 밤

얼굴로 여러 변수를 표현하는 방법 외에도, 같은 아이디어를 추상적으로 적용해서 다른 모양으로 만들어볼 수 있다. 데이터의 수치에 따라 얼굴의 특징을 달리하는 대신, 전체 모양을 바꾸는 것이다. 스타 차트star chart, 혹은 레이더 차트radar chart, 거미(스파이더) 차트spider chart라 불리는 방법이다.

스타 차트는 그림 7-14와 같이, 몇 개의 축을 그리고, 전체 공간에서 하나의 변수마다 축 위의 중앙으로부터의 거리로 수치를 나타낸다. 중점은 축이 나타내는 값의 최소값을, 가장 먼 끝은 최대값을 나타낸다. 하나의 대상에 대한 스타 차트를 그리면, 하나의 변수에서 다른 변수로 이어지는 연결선을 그린다. 그 결과는 별모양(또는 레이더나 거미줄 모양)의 도형으로 나타난다.

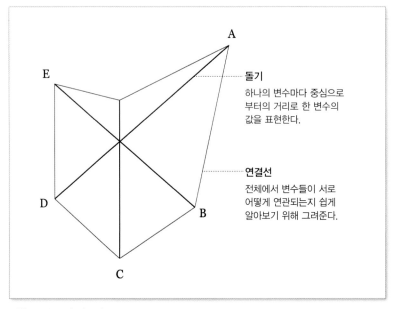

그림 7-14 스타 차트의 구조

여러 대상을 하나의 스타 차트에 그려볼 수도 있겠지만, 성급하게 만든 차트는 이야기 전달이 흐려져 쓸모가 없다. 따라서 대상마다 스타 차트를 그리고 서로 비교하는 방법에 집중하자.

스타 차트 만들기

그림 7-13을 만들었던 미국의 범죄율 데이터로 스타 차트를 만들어 비교해보자. 우선, 데이터를 R로 가져온다.

```
crime <- read.csv("http://datasets.flowingdata.com/
crimeRatesByState-formatted.csv")
```

여기까지 따라왔다면 스타 차트 만들기는 체르노프 페이스 만들기만큼이나 단순하다. R 내장 기능인 stars() 함수를 사용한다.

```
stars(crime)
```

이렇게 만든 기초 차트 결과는 그림 7-15를 보자. 다행히, 이번에 만든 차트에 화를 낼 사람은 없을 것 같다. 다만 아직 차트마다 주의 이름이 매겨져 있지 않고, 어느 축이 어느 데이터를 담고 있는지도 설명되고 있지 않다. faces() 함수에서 그랬던 것처럼 특정한 순서가 있다는 건 확실하지만, 어디서부터 첫 번째 변수가 시작하는지는 알 수 없다. 이 두 가지 문제를 한 번에 처리한다. 히트맵에서 첫 번째 열을 행 이름으로 썼을 때를 떠올려보자. flip.labels 변수를 FALSE로 설정한 것은, 이 값을 기본인 TRUE로 하면 라벨을 차트의 높이에 따라 위아래를 오가며 배치하기 때문이다. 그림 7-16에서 결과를 확인하자.

```
row.names(crime) <- crime$state
crime <- crime[,2:7]
stars(crime, flip.labels=FALSE, key.loc = c(15, 1.5))
```

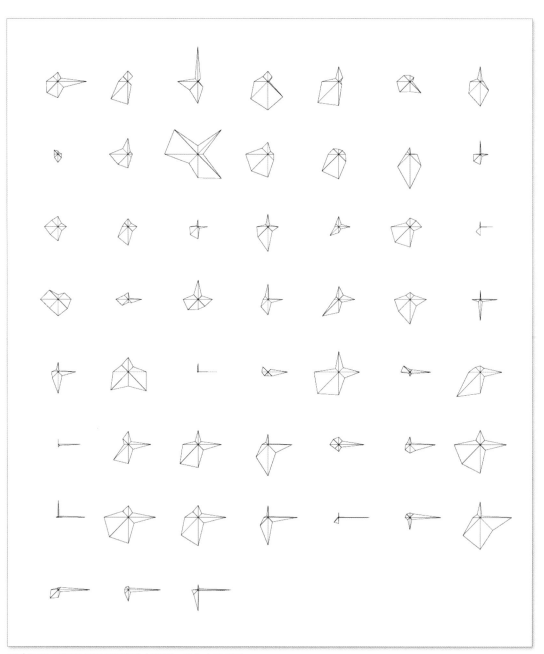

그림 7-15 미국의 주별 범죄율을 보여주는 기초 스타 차트

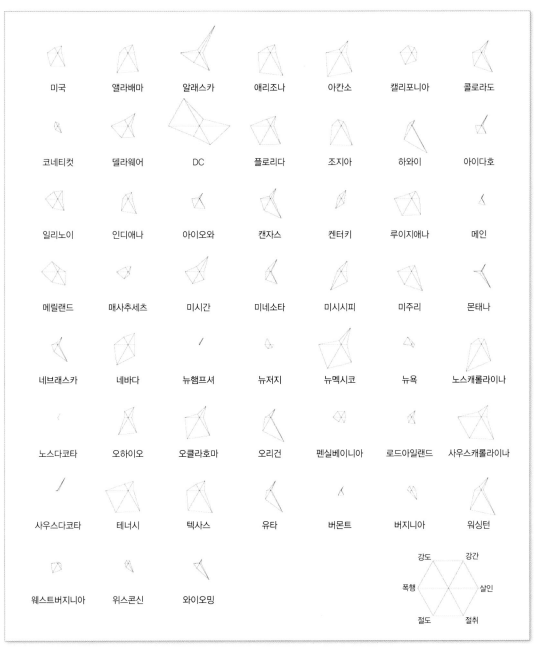

그림 7-16 라벨과 범례를 추가한 스타 차트

앞의 예제에 비해 유사성과 차이를 말하기 훨씬 편해졌다. 체르노프 페이스에서 특히 DC는 여타 주와 달리 눈을 홉뜬 광대 같은 모습으로 그려졌는데, 스타 차트에서는 일부 범죄율이 무척 높은 반면 강간과 절도는 상대적으로 낮음을 알 수 있다. 또 뉴햄프셔와 로드아일랜드처럼 눈에 띄게 범죄율이 낮은 주를 찾기도 쉽고, 노스캐롤라이나처럼 특정 범죄율만 높은 주도 한눈에 볼 수 있다.

개인적으로 이 데이터에 대해선 이 정도 출력으로 만족한다. 그러나 혹여라도 자신의 데이터로 만들 때 다르게 적용하고 싶어질지 모르니 몇 가지 옵션을 더 알아보자. 우선, 그림 7-17과 같이 윗부분만 써서 그리는 옵션 full이다.

```
stars(crime, flip.labels=FALSE, key.loc = c(15, 1.5),
    full=FALSE)
```

두 번째 옵션, draw.segments는 점의 위치 대신 거리로 수치를 나타내는 방식이다(그림 7-18). 이 방식은 스타 차트의 일종이라기보단 나이팅게일 차트Nightingale chart(또는 극 영역 다이어그램polar area diagram)로 더 잘 알려져 있다. 이렇게 만든다. 이때 지금 결과(그림 7-18)처럼 기본의 야한 색상 구분보단 직접 색상표를 지정하는 편이 낫겠다.

```
stars(crime, flip.labels=FALSE, key.loc = c(15, 1.5),
    draw.segments=TRUE)
```

앞에서 이야기했듯, 그림 7-16의 기초 그래프로도 충분히 만족스럽다. 그림 7-16의 내용을 일러스트레이터로 가져와 보정하자. 역시 많은 수정을 가할 필요가 없다. 줄마다 여백을 더 많이 주고, 불분명한 라벨을 깔끔하게 하며, 축의 이름 범례를 맨 위에 배치해서 독자들이 빠르게 이해할 수 있도록 돕는다(그림 7-19). 그 밖에는 전부 괜찮다.

그림 7-17 위쪽 반원만으로 만든 스타 차트

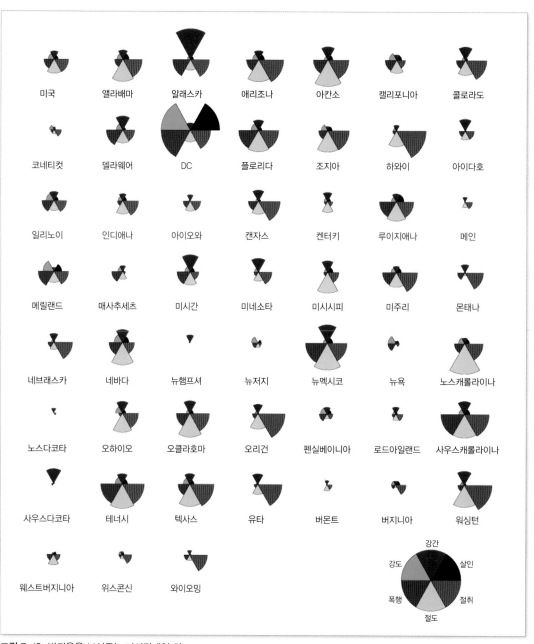

그림 7-18 범죄율을 보여주는 나이팅게일 차트

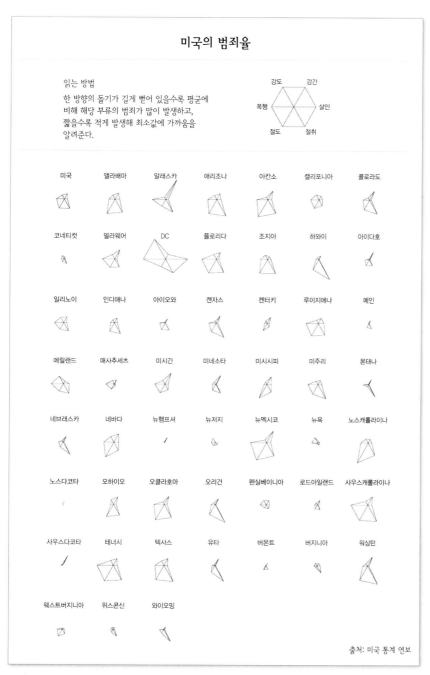

그림 7-19 주별 범죄율을 보여주는 일련의 스타 차트

평행선을 달리다

스타 차트와 체르노프 페이스는 한 대상의 특징을 두드러지게 보여주고 있지만, 일련의 대상 또는 변수를 어떻게 관련지을 수 있을지는 알기 어렵다. 이 문제를 해결해줄 수 있는 방법이 1885년 모리스 도카네^{Maurice d'Ocagne}가 만든 평행 좌표계^{parallel coordinates}다.

평행 좌표계는 그림 7-20과 같이 여러 축을 평행으로 배치해서 만든다. 한 축에서 윗부분은 변수 값 범위의 최대값을, 아래는 변수 값 범위의 최소값을 나타낸다. 하나의 측정 대상은 변수 값에 따라 위아래로 이어지는 연결선으로 그려진다.

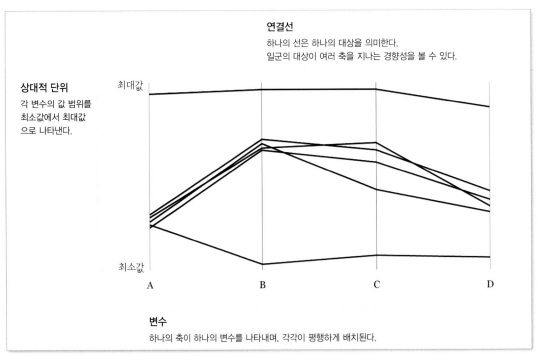

그림 7-20 평행 좌표계의 구조

예를 들어, 앞에서 사용했던 농구 데이터로 평행 좌표계 그래프를 그린다고 해보자. 간략하게 알아보기 위해 우선 득점, 리바운드, 파울만 이 순서로 배치하자. 이제 최고 득점자이자, 리바운드에서는 약점을 보이며 많은 파울을 기록한 한 선수를 떠올려보자. 이 선수의 기록으로 만들어지는 연결선은 첫 번째 축의 맨 위에서 시작해서 아래로 떨어졌다가 다시 올라오는 모양으로 그려진다.

평행 좌표계 그래프는 대상이 많은 데이터에서 집단적인 경향성을 쉽게 알아볼 수 있게 해준다. 국립 센터에서 수집한 교육 통계 데이터로 이어지는 예제 그래프를 그리며 알아보자.

평행 좌표 그래프 만들기

평행 좌표계에는 다양한 인터랙티브 옵션을 적용해볼 수 있다. 프로토비즈를 기반으로 자체 제작할 수도 있고, 데이터를 GGobi 같은 데이터 탐색 도구에 집어넣어 볼 수도 있다. GGobi는 원하는 데이터를 필터링과 하이라이트해볼 수 있는 기능을 제공한다. 그러나 개인적으로는 정적인 평행 좌표 그래프를 선호한다. 한 번에 다양한 필터를 적용해볼 수 있는 셈이기 때문이다. 인터랙티브 버전의 경우 하나의 그래프만 볼 수 있기 때문에, 여러 대상의 연결선이 한꺼번에 필터링을 거쳐 하이라이트되고 있는 와중엔 전반적인 감각을 얻기 어렵다.

> GGobi는 http://ggobi.org에서 다운로드 받을 수 있다.

첫 단계는 알 것이다. 비주얼라이징을 하려면 우선 데이터가 있어야 한다. 예제에서 쓸 교육 통계 데이터를 read.csv() 함수로 R에 가져온다.

```
education <- read.csv(
    "http://datasets.flowingdata.com/education.csv", header=TRUE)
education[1:10,]
```

education 데이터에는 7개의 열(변수)이 있다. 첫 번째 열은 미국 전역("United States")을 포함한 주 이름이다. 이어지는 3개의 변수는 SAT의 읽기, 수학, 쓰기 과목의 평균 점수다. 다섯 번째 열은 전체 졸업생 중 SAT에 응시하는 학생의 비율이며, 마지막 두 열은 고등학교 졸업 후 바로 취업하는 학생의 비율, 그리고 고교 중퇴율이다. 이번 예제로 알아보려는 것은 이런

변수들을 분명한 상관관계로 엮을 수 있는가 하는 점이다. 고교 중퇴율이
높은 주는 과연 평균 SAT 점수도 낮을까?

R의 기본 내장 기능에는 바로 평행 좌표를 그릴 수 있는 기능이 없다. 대신
lattice 패키지에 있다. 이 기능을 사용하자. 바로 패키지를 가져온다(혹은,
설치하지 않았다면 지금 설치한다).

```
library(lattice)
```

좋다. 이제부터는 엄청 쉽다. lattice 패키지는 단번에 적용해볼 수 있는
parallel() 함수를 담고 있다.

```
parallel(education)
```

위 코드는 그림 7-21과 같은 그래프를 그려준다. 글쎄, 이 자체만으로는
아무 쓸모가 없어 보인다. 여러 줄이 어지럽게 얽혀 있으며, 변수 값이 아래
에서 위로 배치된 것이 아니라 왼쪽에서 오른쪽으로 배치됐다. 아직은 무
지개색 스파게티처럼 보인다.

이렇게 만든 평행 좌표 그래프를 어떻게 수정해서 의미 있는 정보를 얻어
낼 수 있을까? 초보자를 위해 조언하자면, 모로 돌려본다. 위아래의 수직선
으로 보는 관점은 원리라기보단 개인적인 선호에 가깝지만, 그림 7-22와
비교해보면 어느 정도 이해가 쉬워짐을 알 수 있다.

```
parallel(education, horizontal.axis=FALSE)
```

여기서는 state 열의 이름을 추가할 필요가 없다. 무엇보다 여기서 알고 싶
은 정보는 전반적인 정보이며, 또한 모든 주의 이름이 각기 다르기 때문이
다. 이제 모든 연결선의 색상을 검은색으로 바꿔보자. 내가 색상을 무척 좋
아하긴 하지만, 지금 상태는 과하다. 아래 코드를 실행하면 그림 7-23의
결과를 얻을 수 있다.

```
parallel(education[,2:7], horizontal.axis=FALSE, col="#000000")
```

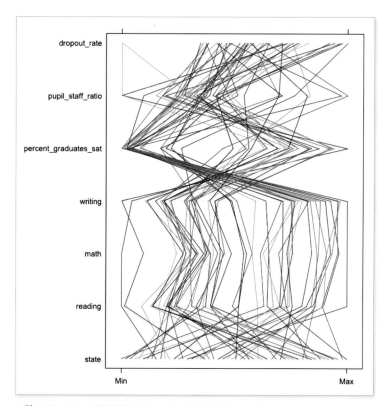

그림 7-21 lattice 패키지 기능으로 그린 기초 평행 좌표 그래프

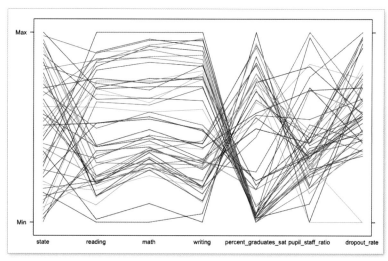

그림 7-22 가로로 배치한 평행 좌표 그래프

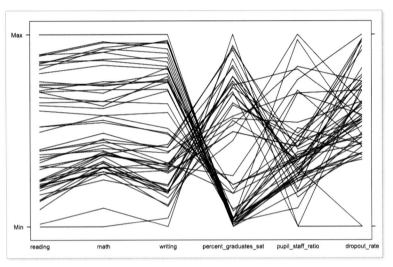

그림 7-23 간략화한 평행 좌표 그래프

좀 낫다. 읽기, 수학, 쓰기는 약간의 교차가 있을 뿐 거의 평행을 달린다. 읽기 성적이 높은 주의 수학과 쓰기 성적도 높다는 것은 납득할 만하다. 같은 관점에서, 읽기 성적이 낮은 주의 수학과 쓰기 성적 역시 낮다.

그러나 SAT 점수와 응시율로 오면 재미있는 일이 벌어진다. 높은 SAT 평균을 기록하는 주일수록 낮은 응시율을 보인다. SAT 점수가 낮은 주의 정반대 양상이다. 교육 분야는 전공이 아니어서 어떤 일이 있었는지는 잘 모르겠지만, 짐작건대 일부 주에서는 거의 모든 학생이 SAT에 응시하도록 하는 반면, 그 밖의 주에서는 대학 진학을 희망하는 학생만 응시하도록 내버려두는 것으로 보인다. 시험 결과에 신경 쓰지 않을 사람들까지 시험을 보도록 강요한다면 전반적인 평균 점수는 낮아질 수밖에 없다.

색상을 달리하면 이 대비를 더 분명하게 볼 수 있다. `parallel()` 함수의 `col` 인수를 이용하면 원하는 대로 색상을 정할 수 있다. 앞에서는 단 하나의 색상(#000000)을 썼지만, 색상 코드의 배열을 전달하면 한 줄의 데이터를 하나의 색상으로 정해줄 수 있다. 이제 읽기 점수를 기준으로 50% 선으로 나누어 상위 50%에 해당하는 주의 데이터는 검정색으로, 하위 50%에 해

당하는 주는 옅은 회색으로 매긴다. 중앙값은 summary() 함수로 쉽게 알
아낸다. 콘솔에 **summary(education)**을 입력한다. 결과로 모든 열에 대한
종합적인 통계 결과를 보여주는데, 이 중에서 읽기 성적의 중앙값이 523이
라는 사실은 한눈에 찾아볼 수 있다.

```
      state            reading              math              writing
 Alabama    : 1    Min.   :466.0    Min.    :451.0    Min.    :455.0
 Alaska     : 1    1st Qu.:497.8    1st Qu.:505.8    1st Qu.:490.0
 Arizona    : 1    Median :523.0    Median :525.5    Median :510.0
 Arkansas   : 1    Mean   :533.8    Mean    :538.4    Mean    :520.8
 California: 1     3rd Qu.:571.2    3rd Qu.:571.2    3rd Qu.:557.5
 Colorado   : 1    Max.   :610.0    Max.    :615.0    Max.    :588.0
 (Other)    :46
 percent_graduates_sat pupil_staff_ratio  dropout_rate
 Min.   : 3.00         Min.   : 4.900     Min.   :-1.000
 1st Qu.: 6.75         1st Qu.: 6.800     1st Qu.: 2.950
 Median :34.00         Median : 7.400     Median : 3.950
 Mean   :37.35         Mean   : 7.729     Mean   : 4.079
 3rd Qu.:66.25         3rd Qu.: 8.150     3rd Qu.: 5.300
 Max.   :90.00         Max.   :12.100     Max.   : 7.600
```

다음으로 데이터의 줄을 순회한다. 읽기 점수가 상위 50%인지, 하위인지
확인하며 대응하는 색상을 매긴다. 색상 변수는 c() 명령으로 빈 벡터 변
수를 만들어, 데이터를 순회하며 채워넣는다.

```
reading_colors <- c()
for(i in 1:length(education$state)) {

    if(education$reading[i] > 523) {
        col <- "#000000"
    } else {
        col <- "#cccccc"
    }
    reading_colors <- c(reading_colors, col)
}
```

이렇게 만든 reading_colors 배열을 parallel 함수의 "#000000" 위치에 입력한다. 그 결과는 그림 7-24와 같다. 위아래의 움직임을 알아보기 더 분명해졌다.

```
parallel(education[,2:7], horizontal.axis=FALSE,
    col=reading_colors)
```

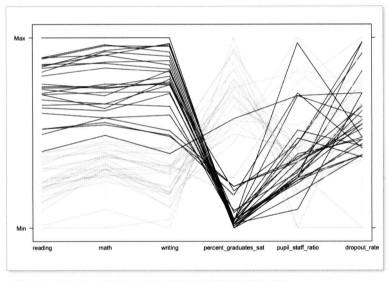

그림 7-24 읽기 점수 상위 50%의 주 데이터를 하이라이트해본 결과

중퇴율에 대해선 어떨까? 읽기 점수로 하이라이트해본 방법을 자퇴율에 그대로 적용하면? 중앙값 대신 첫 4분위값(상위 25%)으로 필터링해 알아보자. 여기에 해당하는 4분위값은 5.3%다. 아까와 같이 데이터의 모든 줄을 반복해서 알아보는데, 이때 읽기 점수 대신 중퇴율을 확인한다는 점만 다르다.

```
dropout_colors <- c()
for(i in 1:length(education$state)) {

    if(education$dropout_rate[i] > 5.3) {
        col <- "#000000"
```

```
    } else {
        col <- "#cccccc"
    }
    dropout_colors <- c(dropout_colors, col)
}
parallel(education[,2:7], horizontal.axis=FALSE, col=dropout_colors)
```

그 결과는 그림 7-25와 같다. 앞에서 봤던 결과와 비교해보면 경향성은 상대적으로 불분명해 보인다. 시각적으로 말하면, 중퇴율은 여타 변수들과 분명한 구분을 보이지 않는다.

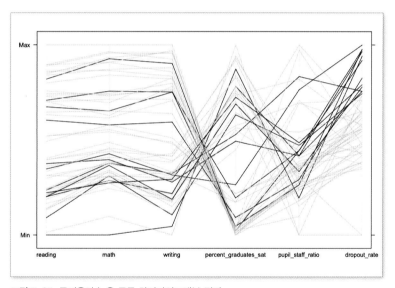

그림 7-25 중퇴율이 높은 주를 하이라이트해본 결과

얼마든지 더 많은 탐색이 열려 있다. 그럼 이제 그림 7-24의 작업으로 돌아가 보자. 더 깔끔하고 멋진 라벨이 있으면 좋겠다. 회색조 대신 다른 색상을 매겨보는 건 어떨까? 왜 상위 50%를 대상으로 하이라이트했는지 설명을 넣어보면? 그 결과는 어떤가? 그림 7-26이다.

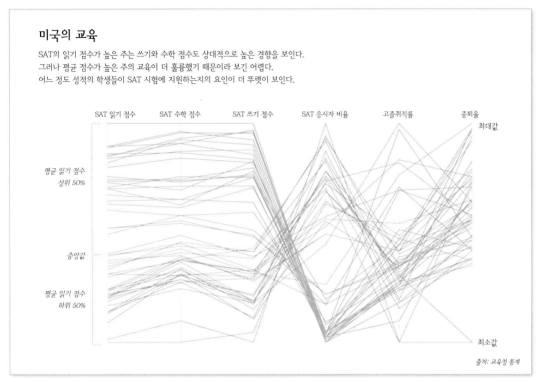

미국의 교육

SAT의 읽기 점수가 높은 주는 쓰기와 수학 점수도 상대적으로 높은 경향을 보인다.
그러나 평균 점수가 높은 주의 교육이 더 훌륭했기 때문이라 보긴 어렵다.
어느 정도 성적의 학생들이 SAT 시험에 지원하는지의 요인이 더 뚜렷이 보인다.

그림 7-26 SAT 점수에 대한 평행 좌표 그래프 결과

차원을 줄인다

체르노프 페이스나 평행 좌표 그래프의 주요한 목표는 감축이다. 데이터의 변수 또는 데이터의 관측 대상을 일련의 그룹으로 묶어보려 만드는 것이다. 그러나 얼굴, 연결선을 그렸다 해도 항상 어디서부터 시작해야 할지 알 수 있는 건 아니다. 따라서 여러 지표에 따라 대상을 묶어볼 수 있다면 좋을 것이다. 이것이 다차원척도법^{MDS, multi-dimensional scaling}의 한 목적이다. MDS는 모든 변수를 비교해서 비슷한 대상을 그래프상에 가깝게 배치한다.

설명 내용은 다소 복잡할 수 있다. 이에 관해선 여러 책이 있으니 찾아보도록 하자. 여기서는 추상적인 수준에서 수학과 같은 복잡한 내용을 빼고 가려 한다. MDS는 내가 대학원 과정에서 처음으로 배웠던 것으로, 관심이 있다면 기반 원리를 배울 가치는 충분하겠다.

다차원척도법에 대한 자세한 설명은 관련 서적이나 주성분 분석(PCA, principal components analysis)을 찾아보자.

텅 빈 사각의 방에 두 사람이 있다고 상상해보자. 당신은 두 사람에게 그들이 어디에 서 있어야 하는지 지정해줘야 한다. 위치 선정 기준은 그들의 키다. 키의 차이가 적을수록 가까이, 차이가 클수록 멀리 배치한다. 한 사람은 아주 작고 다른 사람은 아주 크다면? 서로 반대편 구석에 배치한다. 완전히 반대의 양상이기 때문이다.

이제 세 번째로 중키 정도의 사람이 방에 들어온다. 앞선 배치 규칙에 따라 이 사람은 방의 한가운데, 앞서 들어온 두 사람의 가운데에 배치한다. 똑같은 정도로 크지도, 작지도 않으므로 큰 편과 작은 편의 거리를 똑같이 유지한다. 앞서 들어온 두 사람의 거리는 여전히 최대다.

자, 그리고 새로운 변수를 도입해보자. 체중이다. 세 사람의 키와 체중은 모두 알고 있다. 가장 키가 작은 사람과 중키의 사람이 체중이 같고, 가장 키가 큰 사람의 체중이 가장 많다. 그렇다면, 어떻게 키와 체중에 비례해서 세 사람을 방에 배치할까? 앞에 들어온 두 사람(가장 키가 큰 사람과 가장 작은 사람)은 그대로 둔 상태에서, 세 번째 사람(중키)의 체중이 키가 작은 사람과 같으므로, 세 번째 사람을 작은 사람에게 더 가깝게 이동시킨다.

어떤 방식인지 알겠는가? 두 사람이 비슷할수록 서 있는 거리는 가깝다. 지금의 예제는 단순하게 3명의 사람과 2개의 변수(키와 체중)만 있기 때문에 손으로도 쉽게 적용해볼 수 있지만, 50명을 다섯 가지 변수에 따라 배치한다고 생각해보자. 훨씬 어렵다. 이것이 MDS, 다차원척도법이다.

다차원척도법(MDS)

예제로 보면 다차원척도법을 이해하기 훨씬 쉽다. 바로 뛰어들어 보자. 앞서의 교육 데이터로 돌아가자. 이미 R에 데이터를 가져왔다면 건너뛰어도 좋다.

```
education <- read.csv(
    "http://datasets.flowingdata.com/education.csv",
    header=TRUE)
```

데이터의 구조를 떠올려보자. 한 줄의 데이터는 미국 전역과 DC를 포함한 미국 한 주의 기록이다. 한 줄의 데이터는 SAT의 읽기, 쓰기, 수학 성적과 SAT 응시율, 졸업 후 취직률, 고교 중퇴율을 담고 있다.

방식은 앞에서 설명한 방에 사람을 배치하는 비유와 같다. 사각의 방이 사각의 그래프 영역으로 달라졌고, 사람 대신 주를 나타내는 점으로, 키와 체중 대신 교육 관련 통계 기록으로 달라졌다. 목표는 같다. 각 주를 변수의 유사성에 따라 x-y 좌표로 배치하는데, 이때 비슷한 주일수록 가까운 거리에 배치한다.

첫 단계: 모든 주에 대해, 그 주와 나머지 모든 주 사이의 거리를 구한다. dist() 함수를 쓰면 그 거리를 구할 수 있다. 데이터에서 첫 열은 구분을 위한 주 이름을 담고 있으므로 제외하고, 2열부터 7열까지를 사용해서 거리를 구한다.

```
ed.dis <- dist(education[,2:7])
```

이제 콘솔에 **ed.dis**를 입력해보면 행렬을 확인할 수 있다. 행렬의 한 위치는 행의 주와 열의 주가 얼마만큼의 거리(유클리드 기하학의 점의 거리)로 떨어져 있어야 하는지 나타낸다. 두 번째 행의 두 번째 열에 해당하는 값은 앨라배마와 알래스카의 거리를 뜻한다. 거리의 단위나 정확한 수치는 그다지 중요하지 않다. 여기서 문제가 되는 것은 거리의 상대적인 차이다.

이렇게 만든 51행, 51열의 행렬을 어떻게 해야 x-y 좌표에 배치할 수 있을까? 아직은 (주를 나타내는) 점을 배치할 수 없다. 점의 좌표를 먼저 구해야 한다. 점의 좌표는 cmdscale() 함수로 구할 수 있다. cmdscale() 함수는 거리 행렬을 입력으로 받아, 각 점을 입력된 거리에 맞게 배치한 좌표를 반환한다.

```
ed.mds <- cmdscale(ed.dis)
```

ed.mds를 콘솔에 입력해보자. 데이터 한 줄(하나의 주)마다 x, y 좌표가 정해진 것을 볼 수 있다. 이렇게 구한 좌표를 변수 x, y에 각각 저장하고, plot() 함수에 전달해서 결과를 확인하자(그림 7-27).

```
x <- ed.mds[,1]
y <- ed.mds[,2]
plot(x, y)
```

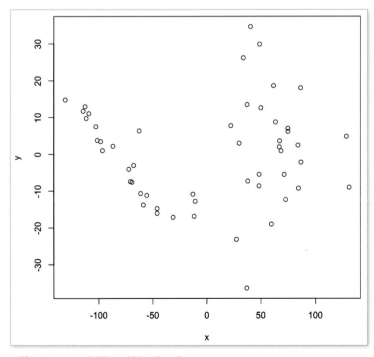

그림 7-27 MDS 결과를 보여주는 점 그래프

나쁘지 않다. 하나의 점은 하나의 주를 표현하고 있다. 문제가 있다면, 한 점이 어떤 주를 나타내는지 알 수 없다는 것이다. 라벨이 필요해졌으니, 앞에서 설명했던 다른 예제처럼 text() 함수에 주 이름을 전달해서 점마다 라벨을 붙이자(그림 7-28).

```
plot(x, y, type="n")
text(x, y, labels=education$state)
```

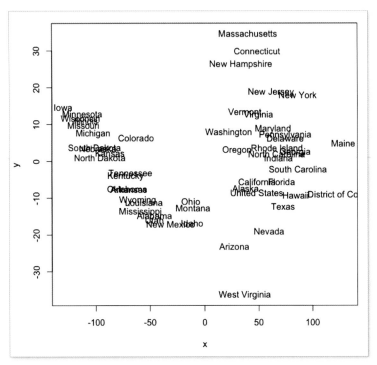

그림 7-28 다차원척도 그래프를 점 대신 주의 이름 라벨로 그린다.

꽤 멋지다. 몇 개의 클러스터cluster로 나누어볼 수 있겠고, 크게는 왼쪽과 오른쪽의 차이가 두드러진다. 미국은 오른쪽 집단의 아래쪽에, 거의 중앙 가까이 오른쪽으로 치우쳐 있다. 이 시점에서 클러스터가 어떤 의미일지 알아내는 것은 데이터를 다루는 당신의 몫이다. 또 데이터 탐색을 끝낼 좋은 지점이기도 하다.

예를 들어, 앞의 평행 좌표 그래프에서와 같이 주 라벨에 `dropout_colors`
를 적용해서 그림 7-29처럼 그려볼 수 있겠다. 큰 의미는 없어 보인다. 그
림 7-25에서 확인했던 일이다.

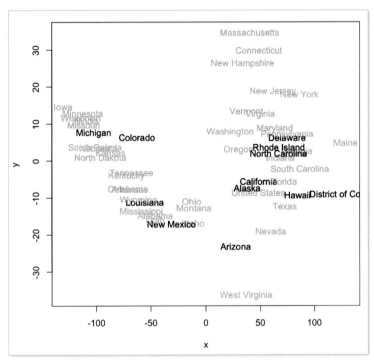

그림 7-29 중퇴율에 따라 다른 색상을 적용한다.

읽기 점수에 따라 색상을 달리해보면 어떨까? 그렇다. 물론 가능하다. 결과
는 그림 7-30과 같다. 아, 분명한 패턴이 보인다. 높은 점수를 기록한 주가
왼쪽에, 낮은 점수를 기록한 주가 오른쪽에 몰려 있는 모습이 보이는가? 워
싱턴 주는 왜 다른 것일까? 스스로 확인해보자. 나중이라도 나에게 설명해
주기 바란다.

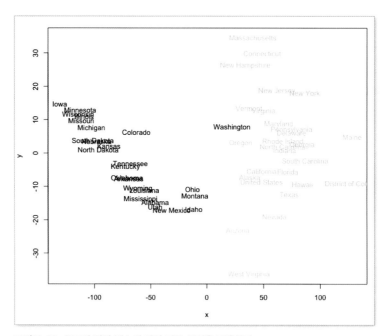

그림 7-30 SAT의 읽기 점수에 따라 다른 색상을 적용한다.

더 멋지게 만들고 싶다면 모델 기반 클러스터링^{model-based clustering}을 적용
해볼 수 있다. 이 책에서는 그에 대한 자세한 설명을 하진 않겠다. 방법만
알려주면, 어떤 황당무계한 마법으로 만드는 게 아니라, 굳건한 수학에 기
초하고 있음을 알 수 있을 것이다. MDS 결과에서 클러스터를 찾는 데엔
`mclust` 패키지를 사용한다. 전에 `mclust` 패키지를 설치하지 않았다면 패
키지를 설치한다. 그리고 아래의 코드를 실행하면 그림 7-31의 결과를 얻
을 수 있다.

```
library(mclust)
ed.mclust <- Mclust(ed.mds)
plot(ed.mclust, data=ed.mds)
```

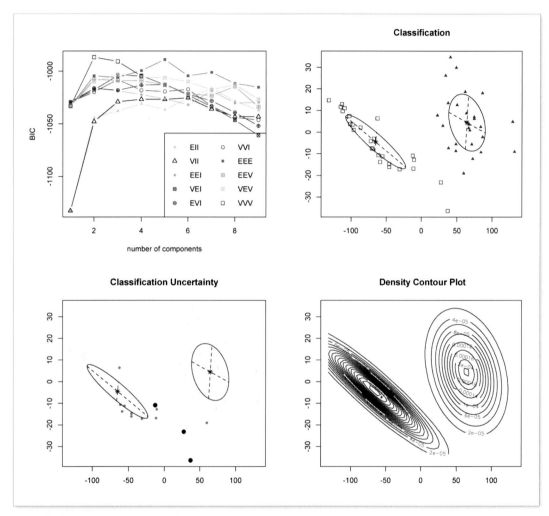

그림 7-31 모델 기반 클러스터링의 결과

첫 번째 그래프(왼쪽 위)는 데이터를 구분하는 클러스터의 이상적인 숫자를 찾는 알고리즘 결과를 보여준다. 나머지 3개의 그래프는 클러스터를 보여준다. 꽤 놀라운 기능이다. 이 결과로써 훨씬 명확하게 정의된 높은 점수와 낮은 점수의 2개 클러스터를 나누어볼 수 있다.

보통 이쯤이면 그래프를 PDF로 저장해서 일러스트레이터로 수정하자고 할 즈음인데, 나는 이 결과를 일반에 공개할 날이 오기나 할까 싶다. 여기서 찾은 결과는 원리를 잘 알지 못하는 일반 대중에게 알려주기엔 지나치게 함축적이다. 여기서 설명하는 방법은 데이터의 탐색적인 분석에는 훌륭하다. 어쨌거나 일반 공개용으로 만들어보고자 한다면 표준적인 디자인 원리를 모두 적용한다. 이야기를 분명하게 하는 요소를 명확히 하고 나머지는 버린다.

아웃라이어 찾기

데이터의 한 대상이 특정 그룹에 들어가는지 알아보는 것과 별개로, 들어가지 않는다면 왜 그런지 그 이유도 설명할 수 있어야 한다. 종종 나머지 데이터와 동떨어져 있는 소수의 대상을 찾아볼 수 있다. 이런 데이터를 아웃라이어outlier라 한다. 아웃라이어는 전체 구성에서 나머지 다수와 동떨어진 극소수의 대상을 말한다. 이런 아웃라이어는 좋은 이야기의 재료가 될 수도 있겠으나, 단순히 입력 오류나 단위 오류일 수도 있다. 어느 쪽이든 그 원인을 확인해봐야 한다. 아웃라이어를 추측만으로 방치한 채 오랜 시간과 각고의 노력으로 웅장한 그래픽을 만들었는데, 집요한 독자 하나가 당신의 그 고된 작업을 무위로 돌려버리는 결과를 보고 싶진 않을 것이다.

아웃라이어를 하이라이트하기 위해 만들어진 그래픽 타입도 있지만, 경험상 아웃라이어 탐색엔 기본적인 그래프와 상식만큼 강력한 도구가 없다. 데이터의 맥락을 파악하고, 자신의 과제를 해나가며, 미심쩍은 부분은 전문가에게 물어보자. 아웃라이어를 찾았다면 독자에게 전달하기 위해 활용해온 하이라이트 기법을 그대로 적용해볼 수 있다. 색상을 달리하고, 지시선을 그리고, 외곽선을 굵게 한다.

간단한 예제로 알아보자. 그림 7-32는 웨더 언더그라운드(2장 '데이터 다루기' 에서 찾았던)에서 가져온 1980년부터 2005년까지의 기상 데이터를 시계열 그래프로 그려본 것이다. 예상한 대로 계절적인 순환을 보여준다. 그런데 한가운데는 어떤가? 다른 부분은 약간의 노이즈가 있는 데 반해 지나치리 만큼 매끈하다. 집착할 만한 일은 아니나, 이 데이터를 바탕으로 기상 모델 을 만들려 한다면 왜 이런 현상이 발생했는지 알고, 실제로는 어떤지 반드 시 확인해봐야 한다.

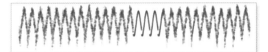

그림 7-32 웨더 언더그라운드의 기상 데이터로 만든 그래프

앞서 범죄 데이터로 만들었던 스타 차트에서도 DC의 자료가 멀찍이 떨어 져 있는 모습을 볼 수 있었다. 그림 7-33처럼 아주 기본적인 막대 그래프 만 그려봐도 알 수 있다. 워싱턴 DC를, 여러 도시로 구성되는 다른 주와 함 께 하나의 주로 취급하는 것은 정당할까? 스스로 판단해보라.

3장 '도구의 선택'에서 나왔던 블로그 구독자 수를 나타낸 그래프(그림 7-34)는 어떤가? 블로그 구독자의 절반가량이 갑자기 줄어들었다가 되돌아 온 듯 깊은 수령이 하나 만들어져 있다.

그림 7-35처럼 전체 분포를 히스토그램으로 만들어보는 방법도 있다. 모 든 대상은 오른쪽에 몰려 있고, 한가운데가 텅 비어 있는 상태로 맨 왼쪽에 몇 개의 데이터만 있다.

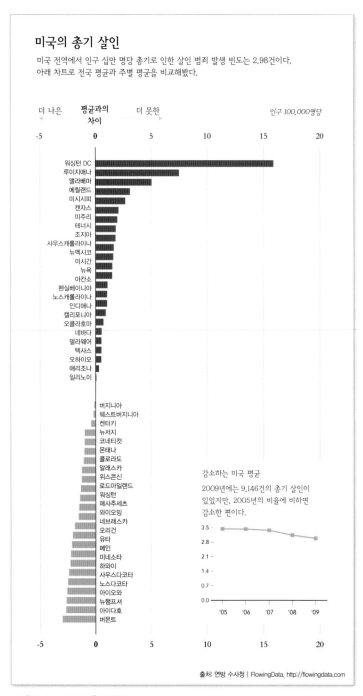

미국의 총기 살인

미국 전역에서 인구 십만 명당 총기로 인한 살인 범죄 발생 빈도는 2.98건이다.
아래 차트로 전국 평균과 주별 평균을 비교해봤다.

더 나은 | **평균과의 차이** | 더 못한 | 인구 100,000명당

감소하는 미국 평균

2009년에는 9,146건의 총기 살인이 있었지만, 2005년의 비율에 비하면 감소한 편이다.

출처: 연방 수사청 | FlowingData, http://flowingdata.com

그림 7-33 미국의 총기 살인

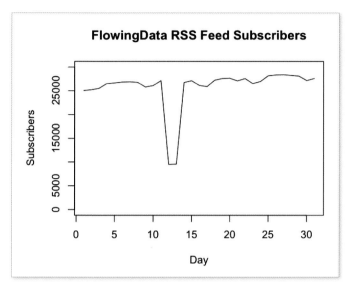

그림 7-34 시간에 따른 플로잉데이터 피드 구독자 수 통계

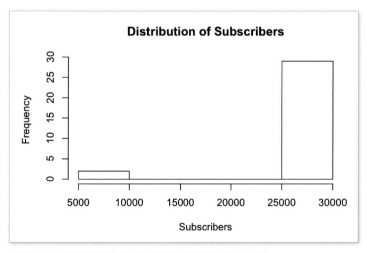

그림 7-35 날짜별 구독자 수 분포 통계를 보여주는 히스토그램

더 분명하게 알아보려면 분포의 4분위점을 나타내는 박스플롯을 그려볼 수 있다. R에서 `boxplot()` 함수로 간단하게 박스플롯을 그려볼 수 있다. 이렇게 만들어진 박스플롯은 중점에서 위아래 4분위값까지의 차이보다 1.5배까지의 거리를 상대적으로 그려 보여준다(그림 7-36).

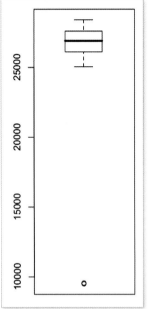

4분위값(quartile)은 데이터 전체를 네 구간으로 균일하게 분할하는 3개의 구간값을 말한다. 중앙의 4분위값은 중앙값 또는 중간값이고, 위의 4분위값은 상위 25%의 수치를 그 아래와 나누는 값, 아래 4분위값은 하위 25%를 나누는 값이다.

그림 7-36 블로그 구독자 수 분포를 보여주는 박스플롯

플로잉데이터 블로그 구독자 수가 한자릿수 정도로 무척 적었더라면 이런 큰 차이를 확인하긴 불가능했을 것이다. 내가 어떤 험한 말을 해서 만 명이 넘는 독자가 한꺼번에 구독을 중단했다가 하루 만에 돌아왔는지 걱정할 필요는 없어 보인다. 그보다는 내가 쓰는 피드 서비스인 피드버너Feedburner의 보고서에 오류가 있었을 가능성이 높다.

위의 경우에서 아웃라이어를 분명하게 찾을 수 있었던 이유는 그 데이터에 대해 약간이나마 알고 있었기 때문이다. 익숙하지 않은 데이터를 보면 아웃라이어가 덜 선명해 보일 것이다. 이럴 경우엔 데이터 출처로 돌아가 그들에게 책임을 묻는 것도 일종의 방법이다. 데이터를 만든 사람 혹은 조직은 노력을 기울여 만든 데이터가 실제로 쓰인다는 사실에 기뻐하며 약간의 조언을 줄 것이다. 더 이상의 어떤 자세한 정보도 찾을 수 없다 하더라도, 적어도 최선은 다했다 말할 수 있으며, 그래픽의 모호한 지점을 설명해줄 수 있다.

정리

초심자에게 있어 어디서부터 시작해야 할지 생각하는 부분은 데이터 그래 픽 디자인에서 가장 어려운 부분이다. 어떤 의미인지, 무엇을 예상해야 하 는지에 대한 실마리 하나 없이 데이터 한아름을 눈앞에 두고 시작해야 한 다. 보통 데이터에 하나의 질문을 던지며 시작해 질문에 답을 찾아가는 과 정을 따라갈 수 있다 하지만, 무엇을 물어야 할지 모른다면 어떻게 해야 하 나? 이 장에서 설명하는 방법은 여기에 많은 힌트를 준다. 이번 장에서 알 아본 방법은 전체 데이터를 한눈에 볼 수 있게 도와주며, 데이터의 어떤 부 분을 심도 있게 찾아가야 하는지 쉽게 구분하도록 돕는다.

그러나 여기서 멈출 일이 아니다. 여기서 설명하는 방법은 심도 있는 분석 이 가능하도록 대상 범위를 좁히는 데 활용한다. 이렇게 하면, 데이터가 어 떤 유형이든지 이 앞 몇 개의 장에서 설명한 방법으로 좀 더 깊이 탐색해볼 수 있을 것이다. 딱 한 유형만 제외하고. 다음 장은 바로 그 예외 유형인 공 간 데이터를 설명한다. 이제, 지도를 만들어보자.

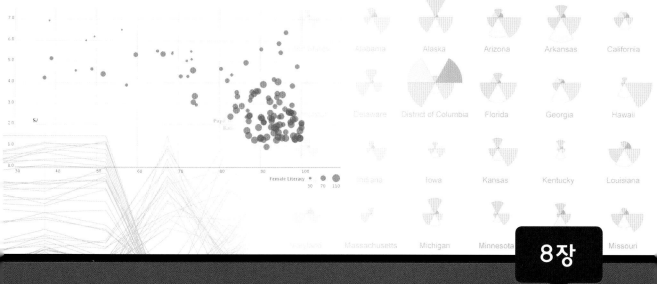

## 8장

공간 시각화

지도는 직관성을 폭넓게 활용한 시각화의 한 분야다. 나 역시도 아주 꼬마였을 때 지도를 읽던 추억이 있다. 아버지의 차 조수석에 앉아 앞에 놓인 접힌 지도를 보며 방향을 알려주던 일을 떠올릴 수 있다. 오늘날에는 조그만 상자에서 방향을 알려주는 기계의 목소리가 이 일을 대체했지만.

어떤 경우라도 지도는 데이터 이해의 훌륭한 방법이다. 세상 어디서나 찾을 수 있는 실제 세계의 축소판이다. 8장에서는 여러 공간 데이터로 뛰어들어, 시간과 공간에 따른 패턴을 찾아보자. 우선 R로 기본적인 지도를 만들어본 다음 파이썬과 SVG로 고도의 맵 제작 기술을 알아보자. 마지막으로, 이 모든 것을 조합해 액션스크립트/플래시로 인터랙티브 애니메이션 지도를 만든다.

무엇을 볼 것인가

지도를 읽는 방법은 통계 그래픽을 읽는 방법과 대단히 비슷하다. 지도의 한 위치를 다른 위치와 비교해보는 것은 그래픽의 한 클러스터 영역과 나머지의 비교와 같다. 다만 지도는 그래픽의 x, y 좌표 대신 위도와 경도를 사용한다는 점이 다르다. 지도의 좌표는 한 도시와 다른 도시의 실제 연결 관계를 나타내고 있다. 지도상에서 A 지점과 B 지점이 몇 마일가량 떨어져 있다면, 가는 데 걸리는 시간을 따져볼 수 있다. 대조적으로 점 그래프에는 점 간의 거리 단위가 따로 없다.

이러한 차이점은 지도와 지도학의 미묘한 관계들을 구성하고 있다. 바로 이 점 때문에 「뉴욕타임스」는 지도만 디자인하는 일군의 전문가로 구성된 디자인 부서가 있을 정도다. 지도를 만들 때 위치는 정확하게 배치돼야 하며, 색상 구분도 정확해야 하고, 라벨이 위치를 가려서는 안 되며, 정확한 투사projection 방법을 선택해야 한다.

이번 장에서는 기초적인 활용법만을 설명한다. 여기서 설명하는 내용만으로도 데이터의 이야기를 찾는 데 많은 도움을 얻을 수 있겠지만, 여기서 설명하지 못한 훨씬 고차원적인 수준의 놀라운 방법을 더 배울 수 있다는 사실을 항상 유념하기 바란다.

모든 데이터에 시간을 도입하면 순식간에 흥미롭게 변하곤 한다. 하나의 지도는 시간상의 한 지점, 한 순간의 현실만을 반영하고 있지만, 여러 장의 지도를 통해 시간의 여러 단면을 표현할 수 있다. 변화를 애니메이션으로 만들어, 어떤 지역의 경제적인 성장(또는 몰락)을 볼 수 있다. 인터랙티브 지도에서 특히 호황을 누리고 있는 특정 지역은 독자들이 쉽게 집중해서 어떻게 변화해가고 있는지 읽기 쉽다. 지도는 데이터를 실제의 삶으로 연결한다. 막대 그래프나 점 그래프로는 불가능한 일이다.

위치 특정

가장 쉽게 얻을 수 있는 공간 데이터는 위치 목록이다. 다양한 장소의 위도와 경도 데이터를 갖고 지도에 그리려 한다. 이때 장소는 어떤 사건이 벌어지는 장소, 이를테면 범죄나 특정 이벤트, 또는 어떤 대상이 몰려 있는 영역일 수도 있다. 이런 작업은 무척 직관적이며, 방법도 다양하다.

웹에서 이 작업을 하려면 구글 지도, 마이크로소프트 지도 서비스로 위치를 찍어볼 수 있다. 이런 서비스에서 제공하는 API 서비스를 활용하면 자바스크립트 몇 줄로, 다양한 인터랙티브 기능을 담고 있는 인터랙티브 지도를 쉽게 만들 수 있다. API 활용법에 대해선 인터넷에 무수히 많은 튜토리얼과 훌륭한 도움말이 있으므로, 자세한 설명은 각자에게 맡기기로 한다.

그러나 단점도 분명히 있다. 어떤 작업이든 지도 위에 새로운 정보를 덧입히는 방법이기 때문에, 결과적으로 기반이 되는 구글 지도, 또는 마이크로소프트 지도 서비스의 틀을 벗어나지 못한다. 이들의 지도가 보기 싫다는 뜻은 아니지만, 출판용으로 지도를 만드는 소프트웨어나 그래픽 디자인을 만들려 한다면 왕왕 자신의 디자인 방식에 맞는 지도를 만들고 싶어질 것이다. 간혹 이런 한계를 우회하는 몇 가지 방법도 있긴 하나, 더 적합한 다른 방법의 활용에 비하면 투입해야 하는 시간과 노력이 지나치게 많다.

> **참고**
>
> 구글과 마이크로소프트는 지도 서비스의 API 활용법에 대해 무척 직관적인 튜토리얼을 제공한다. 기본적인 지도 활용법을 알아보고 싶다면 서비스 페이지를 찾아보자.

위도와 경도

매핑을 시작하기 전에 가져올 수 있는 데이터와 실제로 필요한 데이터를 생각해보자. 필요한 데이터를 갖고 있지 않다면 시각화는 시작조차 할 수 없다. 그렇지 않은가? 거의 모든 프로그램은 지도 위에 위치를 표시하기 위해 위도와 경도를 사용하는데, 구할 수 있는 대부분의 데이터에는 적합한 형식의 자료가 없다. 대신 주소 목록을 담고 있는 경우가 많다.

이 시점에서 번지수, 우편 주소를 입력하면 원하는 대로 예쁘장한 지도를 만들 수 있으리라 기대하기 어렵다. 먼저 위도와 경도 자료를 얻어야 하며, 따라서 지오코딩geocoding 서비스가 필요하다. 지오코딩은 주소를 입력하면 주소에 해당하는 위도와 경도 데이터를 반환하는 서비스를 말한다.

지오코딩 서비스는 다양하다. 위치 정보를 가져와야 할 주소가 몇 개 되지 않는다면 웹사이트로 가서 직접 손으로 주소를 입력해 찾아보는 편이 쉽다. 무료 서비스인 Geocoder.us가 한 가지 예다. 아주 정확한 위치 정보까지 필요하지 않다면 피에르 괴리센Pierre Gorissen이 만든 구글맵 위도경도 팝업Google Maps Latitude Longitude Popup도 좋은 방법이다. 이 서비스는 간단한 구글맵 인터페이스로 지도상의 위치를 클릭하면 그 지점의 위도와 경도를 알려준다.

그러나 가져와야 하는 주소 자료가 많다면 프로그래밍으로 처리해야 한다. 복사와 붙여넣기로 시간을 허비할 필요가 없다. 구글, 야후! Geocoder.us, 미디어위키Mediawiki는 모두 지오코딩의 API를 제공한다. 또 이 모두를 한번에 묶어 가져올 수 있는 파이썬 도구 Geopy도 있다.

지오코딩 도구

- Geocoder.us(http://geocoder.us): 주소를 복사해서 입력하면 위도와 경도를 복사할 수 있는 직관적인 인터페이스를 제공한다. 또, API도 함께 제공한다.
- 위도경도 팝업(www.gorissen.info/Pierre/maps/): 구글맵 매쉬업 프로젝트의 하나로, 구글 지도에서 특정 위치를 클릭하면 그 위치의 위도와 경도를 알려준다.
- Geopy(http://code.google.com/p/geopy/): 파이썬용 지오코딩 도구 모음. 다양한 지오코딩 API를 하나로 묶어 활용할 수 있도록 제공한다.

참고

http://code.google.com/ apis/maps/signup.html에 접속해서 구글맵 API 키를 받아두자. 무료고, 매우 단순한 과정으로 몇 분이면 충분하다.

Geopy 패키지 설치법과 활용법은 프로젝트 홈페이지를 방문해서 알아보자. Geopy 프로젝트 홈페이지에는 그 밖에도 다양하게 적용해볼 수 있는 직관적인 예제가 있다. Geopy 패키지를 설치했다면, 다음 예제를 통해 사용해보자.

Geopy를 설치한 다음 http://book.flowingdata.com/ch08/geocode/
costcos-limited.csv 파일을 다운로드 받는다. 이 CSV 파일에는 미국의
모든 코스트코^{Costco}[1] 매장의 주소가 담겨 있다. 그러나 위도와 경도는 없
다. 당신의 손길이 필요한 시점이다.

새 파일을 열고 geocode-locations.py 이름으로 저장한다. 늘상 그랬듯
이 처음은 필요한 패키지를 가져오는 부분이다.

```
from geopy import geocoders
import csv
```

또 사용할 서비스의 API 키가 필요하다. 이번 예제에서는 구글맵 서비스에
서 구글맵 API를 사용한다.

구글맵 서비스에서 받아온 API 키는 g_api_key 변수에 저장하고,
geocoder 생성자로 전달해서 활용할 수 있게 한다.

```
g_api_key = '이 위치에 API 키를 입력한다'
g = geocoders.Google(g_api_key)
```

costcos-limited.csv 파일을 가져와서 반복 순회한다. 한 줄을 처리할 때
마다 전체 주소를 가져와서 지오코딩 서비스에 전달한다.

```
costcos = csv.reader(open('costcos-limited.csv'), delimiter=',')
next(costcos)  # CSV 파일의 데이터 헤더 한 줄을 넘긴다.

# 데이터 출력 헤더
print "주소,도시,주,우편번호,위도,경도"
for row in costcos:

    full_addy = row[1] + "," + row[2] + "," + row[3] + "," + row[4]
    place, (lat, lng) = list(g.geocode(full_addy, exactly_one=False))[0]
    print full_addy + "," + str(lat) + "," + str(lng)
```

---

1   창고형 대형 할인매장 – 옮긴이

됐다. 이 파이썬 스크립트를 실행해서 출력 결과를 costcos-geocoded. csv 파일로 저장하자. 아래와 같은 모양의 결과를 얻었을 것이다.

```
주소,도시,주,우편번호,위도,경도
1205 N. Memorial Parkway,Huntsville,Alabama,35801-5930,34.7430949,-86
.6009553
3650 Galleria Circle,Hoover,Alabama,35244-2346,33.377649,-86.81242
8251 Eastchase Parkway,Montgomery,Alabama,36117,32.363889,-86.150884
5225 Commercial Boulevard,Juneau,Alaska,99801-7210,58.3592,-134.483
330 West Dimond Blvd,Anchorage,Alaska,99515-1950,61.143266,-149.884217
...
```

멋지다. 어떤 행운이 함께했는지 모든 주소에 위도와 경도 자료가 있을 것이다. 일반적으로는 이렇게 한 번에 다 가져오기가 쉽지 않다. 이런 문제가 발생한다면 원래 스크립트의 반복문 둘째 줄과 마지막 셋째 줄을 다음과 같이 바꿔 처리한다.

```
try:
    place, (lat, lng) = list(g.geocode(full_addy, exactly_one=False))[0]
    print full_addy + "," + str(lat) + "," + str(lng)
except:
    print full_addy + ",NULL,NULL"
```

이 try 문은 위도^{latitude}와 경도^{longitude} 자료를 찾을 때 혹시라도 실패하면, 주소 줄에 NULL 좌표값을 출력한다. 다시 한 번 파이썬 스크립트를 실행해서 출력 결과를 파일로 저장한다. NULL로 출력된 부분은 다른 서비스에 별도로 연결하거나, 수동으로 처리한다.

위치

이렇게 위치의 위도와 경도를 알면 지도에 배치할 수 있다. 가장 단순한 방법은 벽에 걸린 지도에 핀을 꽂듯 컴퓨터에 위도와 경도를 입력해서 찍는 것이다. 그림 8-1과 같이 지도의 위치에 대해 마커^{marker}를 지정할 수 있다.

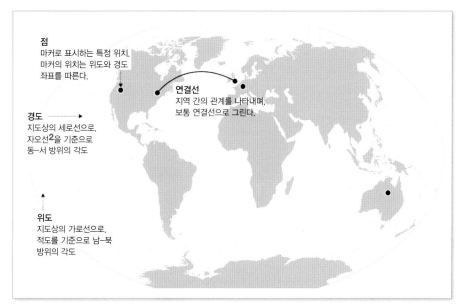

그림 8-1 지도 매핑의 구조

개념은 단순하지만, 클러스터, 확산, 아웃라이어 등 다양한 데이터의 특징
을 확인할 수 있다.

점이 찍힌 지도

R의 지도 기능은 제약이 많지만, 지도 위에 점을 표시하는 방법은 쉽다.
이 작업은 주로 maps 패키지를 통해 이뤄진다. 바로 패키지 인스톨러나
install.packages() 함수 명령으로 패키지를 설치하자. 이제 설치한 패
키지를 작업공간으로 불러온다.

```
library(maps)
```

이제 데이터를 가져오자. 앞에서 만든 코스트코 위치 정보를 적용해도 상
관없지만, 편의를 위해 내가 미리 만들어 인터넷에 공개한 데이터를 사용
하자. URL 주소를 입력해서 바로 가져와 쓸 수 있다.

---

2 영국의 그리니치를 지나는 경도 기준선 – 옮긴이

```
costcos <- read.csv("http://book.flowingdata.com/ch08/
geocode/costcos-geocoded.csv", sep=",")
```

이제 지도에 점을 찍는다. 지도는 (어떤 소프트웨어를 쓰더라도) 레이어 구성으로 만드는 것이 좋다. 일반적으로 맨 아래 레이어는 기반 지도, 지역 구분을 나타내는 지도 데이터로, 이 위에 데이터를 표시하는 새로운 레이어를 덮어쓴다. 이 경우 기반 지도는 미국 전역을 나타내는 지도가 되고, 그 위에 표시하는 레이어로 코스트코 매장 위치를 표시한다. 기반 지도 레이어는 아래 명령으로 만든다(그림 8-2).

```
map(database="state")
```

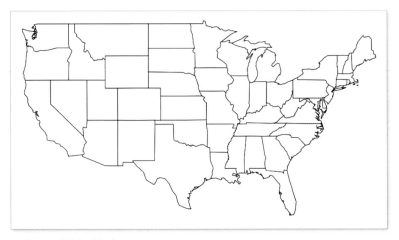

그림 8-2 미국의 기반 지도

코스트코 매장 위치를 나타내는 상위 레이어는 symbols() 함수로 위치를 표시한다. symbols() 함수는 앞서 6장 '관계 시각화'에서 버블 플롯을 만들었던 바로 그 명령이다. 여기서도 같은 방법으로 사용하는데, 다만 x, y 좌표 대신 위도, 경도 좌표를 전달한다는 점이 다르다. 또 add 인수를 TRUE로 설정해서, 새로운 지도를 만드는 것이 아니라 지도 위에 추가하게 한다.

```
symbols(costcos$Longitude, costcos$Latitude,
    circles=rep(1, length(costcos$Longitude)),
    inches=0.05, add=TRUE)
```

그 결과는 그림 8-3에서 볼 수 있다. `circles` 인수를 똑같은 1 값을 갖는
배열로 전달했기 때문에 모든 마커의 크기가 일정하다. 균일한 원의 크기는
`inches`를 0.05로 정해줬다. 모든 원의 크기를 균일하게 줄이려면 이 값을
좀 더 작은 값으로 바꿔준다.

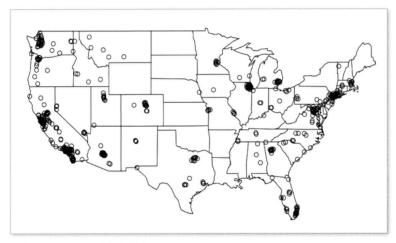

그림 8-3 코스트코 매장 위치 지도

앞의 다른 예제와 마찬가지로 지도의 색상과 원의 색상을 바꿔서, 배경이
되는 지역 구분선을 흐리게, 마커를 돋보이게 만들어줄 수 있다(그림 8-4).
점 마커의 색상은 코스트코 로고의 빨간색으로, 지역 구분선은 옅은 회색
으로 바꿔보자.

```
map(database="state", col="#cccccccc")
symbols(costcos$Longitude, costcos$Latitude,
    bg="#e2373f", fg="#ffffff", lwd=0.5,
    circles=rep(1, length(costcos$Longitude)),
    inches=0.05, add=TRUE)
```

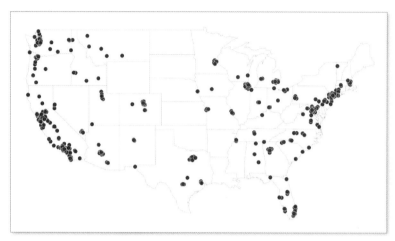

그림 8-4 색상 설정을 적용한 위치 지도

그림 8-3의 점은 채움색도 없고 같은 색으로 그려진 원으로 모든 마커가 겹쳐 보였지만, 색상을 지정하면 데이터를 분명하게 볼 수 있다.

몇 줄의 코드로 만든 결과 치고는 나쁘지 않은 결과다. 코스트코 매장 입점이 캘리포니아 남부와 북부, 그리고 워싱턴 북부와 미국 동북 지역에 몰려 있다는 사실을 알 수 있다.

그러나 여기에는 분명히 빠진 점이 하나, 아니 둘이 있다. 알래스카와 하와이는? 알래스카와 하와이도 엄연히 미국의 일부다. 그러나 map 함수의 database 인수를 "state"로 정해보면 이 2개 주를 찾아볼 수 없다. 알래스카와 하와이는 "world" 지도로 그려보면 확인할 수 있으므로, 알래스카와 하와이의 코스트코 위치를 보려면 세계지도를 그려야 한다(그림 8-5).

```
map(database="world", col="#cccccc")
symbols(costcos$Longitude, costcos$Latitude,
    bg="#e2373f", fg="#ffffff", lwd=0.3,
    circles=rep(1, length(costcos$Longitude)),
    inches=0.03, add=TRUE)
```

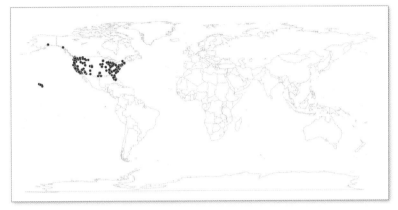

그림 8-5 전 세계의 코스트코 위치 지도

엄청난 공간의 낭비다. 알고 있다. 도움말을 뒤져보면 적용해볼 수 있는 다양한 옵션이 있지만, 일러스트레이터로 가져와서 미국을 제외한 나머지 공간을 수정하는 방법도 있다.

반대편의 관점으로, 이를테면 몇몇 주의 코스트코 매장 위치만 보고 싶은 경우라고 해보자. region 인수를 추가하면 이 설정을 적용해볼 수 있다.

```
map(database="state", region=c("California", "Nevada",
    "Oregon", "Washington"), col="#cccccc")
symbols(costcos$Longitude, costcos$Latitude,
    bg="#e2373f", fg="#ffffff", lwd=0.5,
    circles=rep(1, length(costcos$Longitude)),
    inches=0.05, add=TRUE)
```

이 코드의 결과는 그림 8-6과 같다. 기반 레이어는 캘리포니아, 네바다, 오리건, 워싱턴 주로 만들고, 그 위에 데이터 레이어를 얹는다. 선택한 주에 해당하지 않는 위치의 마커도 일부 표시된 것을 확인할 수 있다. 선택한 위치는 아니지만, 지도 그래픽의 영역에 해당하기 때문이다. 다시 강조하건대, 이런 부분은 벡터 그래픽 에디터로 쉽게 수정할 수 있다.

팁

R에서 미심쩍은 부분이 있다면, 언제나 물음표 뒤에 함수나 패키지 이름을 입력해서 볼 수 있는 도움말을 참조해서 진행한다.

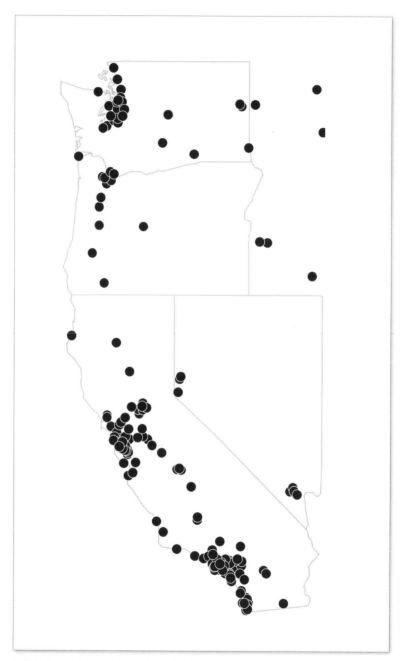

그림 8-6 주를 선택해서 본 코스트코 매장 위치 지도

선을 그린 지도

간혹 지도 위의 위치 점 간의 연결관계를 선으로 표시해야 할 때가 있다. 포스퀘어^{Foursquare}처럼 최신의 성장세에 있는 온라인 위치 서비스를 찾아보면 이런 위치 추적 기능은 드물잖게 찾아볼 수 있다. 선을 그리는 쉬운 방법은 lines() 함수를 사용하는 것이다. 기능을 알아보기 위해, 내가 페이크^{fake} 정부의 스파이로 7일 밤낮을 각기 다른 도시를 염탐한 기록이 있다고 가정해보자. (언제나처럼) 데이터를 가져오고 기반 세계지도를 그린다.

```
faketrace <- read.csv("http://book.flowingdata.com/ch08/
points/fake-trace.txt", sep="\t")
map(database="world", col="#cccccc")
```

R 콘솔에서 **faketrace** 변수에 가져와 저장한 데이터프레임을 확인해보자. 8개 위치의 위도와 경도 데이터를 담은 2개의 열을 볼 수 있다. 여기서의 데이터가 배치된 순서는 그 길었던 7일 밤 동안 움직인 순서 그대로라고 가정한다.

```
    latitude    longitude
1   46.31658     3.515625
2   61.27023    69.609375
3   34.30714   105.468750
4  -26.11599   122.695313
5  -30.14513    22.851563
6  -35.17381   -63.632813
7   21.28937   -99.492188
8   36.17336  -115.180664
```

lines() 함수에 위 데이터 프레임의 두 열을 이력해서 선을 그려보자. 또 색상(col)과 선의 두께(lwd)도 설정해서 적용한다.

```
lines(faketrace$Longitude, faketrace$latitude,
    col="#bb4cd4", lwd=2)
```

이 그래픽 위에, 코스트코 매장 위치를 찍었던 것과 똑같이 점을 추가한다 (그림 8-7).

```
symbols(faketrace$Longitude, faketrace$latitude,
    lwd=1, bg="#bb4cd4", fg="#ffffff",
    circles=rep(1, length(faketrace$Longitude)),
    inches=0.05, add=TRUE)
```

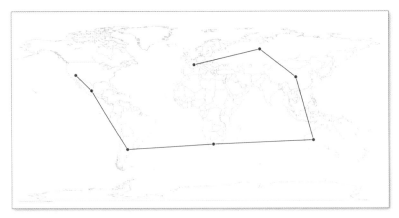

그림 8-7 위치 연결선 그리기

페이크 정부를 위한 7일 밤낮의 스파이 활동이 끝나고, 내가 직접 뛰어들 일이 아니라는 결정을 내렸다. 제임스 본드 식의 멋진 활동이 될 일이 아니었다. 그러나 그간 방문했던 지역과의 연결선은 계속 유지하기로 결정했다. 흥미 삼아 내가 현재 있는 위치로부터 이곳들의 연결선을 그려봤다(그림 8-8).

```
map(database="world", col="#cccccc")
for(i in 2:length(faketrace$Longitude)-1) {
    lngs <- c(faketrace$Longitude[8], faketrace$Longitude[i])
    lats <- c(faketrace$latitude[8], faketrace$latitude[i])
    lines(lngs, lats, col="#bb4cd4", lwd=2)
}
```

기반 지도를 만든 다음, 각 점을 반복 순회하며 데이터 프레임의 마지막 지점에서 해당하는 위치로 선을 그린다. 대단한 정보를 제공해주는 것은 아니지만, 다양한 활용이 있을 수 있겠다. 요는, R로써 그래픽 함수와 위도 경도 데이터를 이용해 지도를 그려본 것이다.

그나저나, 나는 사실 페이크 정부의 스파이가 아니다. 농담이었다.

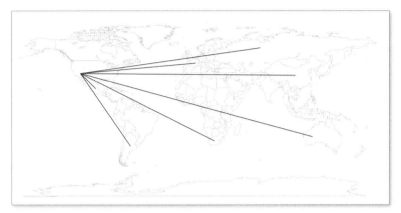

그림 8-8 세계의 연결도

점의 크기 구분

내 스파이 이야기에서 벗어나 실제 데이터의 이야기로 되돌아오자. 실제로 갖고 있는 데이터는 위치 자료 이상을 담고 있는 경우가 훨씬 많다. 보통 위치 자료에 붙여 매출이나 인구 등의 정보가 따라오곤 한다. 지도상에 위치를 점으로 표시한다는 점은 변함이 없지만, 버블 차트의 방식으로 그 이상을 표현해야 한다.

버블 차트의 방식에서 반지름이 아닌 면적으로 양을 표시해야 한다는 점은 다시 강조할 필요가 없겠다. 그렇지 않은가? 좋다. 시작하자.

지도에 버블 그리기

이번 예제로 유엔 인적 개발부에서 발표한 미성년 출산율 데이터를 살펴보자. 15~19세의 여성 1,000명당 출산 수를 나타낸 자료다. 지도 좌표는 지오커먼스GeoCommons에서 참조했다. 버블의 크기는 출산율 수치의 크기를 표현한다.

코드는 앞서 코스트코 매장 위치를 표시한 코드와 거의 비슷한데, symbols() 함수에서 원의 크기를 표현하는 값 벡터를 추가로 전달한다는 점에 유념하자. 코스트코 매장 위치를 그릴 때 썼던 동일한 값 벡터 대신,

여기서는 미성년 출산율 데이터의 sqrt() 함수 결과를 사용한다.

```
fertility <- read.csv("http://book.flowingdata.com/ch08/
points/adol-fertility.csv")
map('world', fill=FALSE, col="#cccccc")
symbols(fertility$Longitude, fertility$latitude,
    circles=sqrt(fertility$ad_fert_rate), add=TRUE,
    inches=0.15, bg="#93ceef", fg="#ffffff")
```

그림 8–9 전 세계의 미성년 출산율

그림 8-9가 그 결과를 보여준다. 한눈에도 아프리카 지역의 미성년 출산율이 가장 높은 반면 유럽 국가군의 수치가 상대적으로 낮다는 사실을 확인할 수 있다. 이 그래픽 자체만 두고 보면 원이 어느 정도의 값을 나타내는지 알 수 없다. 범례가 없기 때문이다. R의 summary() 함수로 자세한 정보를 알아보자.

```
summary(fertility$ad_fert_rate)
```

Min.	1st Qu.	Median	Mean	3rd Qu.	Max.	NA's
3.20	16.20	39.00	52.89	78.20	201.40	1.00

대상 독자의 하나라 할 수 있는 우리 자신에게는 이 정도로도 충분하지만,
데이터를 알지 못하는 다른 사람에게 이 그래픽을 이해시키려면 설명이 더
필요하다. 출산율 수치가 가장 높은 국가와 가장 낮은 국가를 하이라이트
하고, 메모를 적어넣고, 대부분의 대상 독자 출신 국가(이 경우, 한국)의 자료
를 적어넣고, 무엇에 주목해야 할지 설명문을 적어넣는다. 그 결과는 그림
8-10에서 볼 수 있다.

그림 8-10 일반 독자를 위해 명확한 설명과 함께 설명한 출산율 그래픽

영역

지도상에 표시하는 점은 단지 한 위치만을 표시하는 데 그친다. 도시, 주,
국가, 대륙은 일정한 경계를 갖는 영역으로, 지도 그래픽 데이터는 이러한
면을 반영한다. 예를 들어, 한 명의 환자 또는 하나의 병원 기록을 찾기보단

주 정부나 국가의 보건 데이터를 찾기가 더 쉽다. 이 경우 사생활 보호의 관점이 더 큰 문제이지만, 일반적으로 시간에 따라 축적한 데이터를 배포하기가 더 수월하다. 일반적인 경우에 구할 수 있는 공간 데이터와 우리가 만들어갈 지도 그래픽은 이러한 영역 구분을 따르므로, 이제부터 그 비주얼라이즈 방법을 알아보자.

데이터에 따른 색상

영역별 데이터를 표현하는 가장 보편적인 방법은 코로플레스 지도^{Choropleth} ^{map}(영역별로 색상을 구분한 지도)다. 코로플레스 지도는 어떤 데이터 수치에 따라, 지정한 색상 스케일로 영역을 색칠해서 표현한다(그림 8-11). 영역과 위치 구분은 이미 정의되어 있으므로, 그 영역에 해당하는 색상을 정해주는 작업만 하면 된다.

영역의 색상 구분
정해둔 색상 구분에 따라 영역을 칠한다. 일반적으로 짙은 색상의 영역이 더 높은 데이터 수치를 표현한다.

그림 8-11 코로플레스 지도 구조

지도의 색상 선정에는 앞에서 잠시 설명한 ColorBrewer 도구가 좋은 방법이다. 최소한 색상표 디자인을 어떻게 시작해야 하는지라도 알려준다. 연속적인 데이터를 표현하려면, 데이터에 맞게 옅은 색에서 짙은 색의 스펙트럼(채도는 같은 정도를 유지한 채)으로 표현한다(그림 8-12).

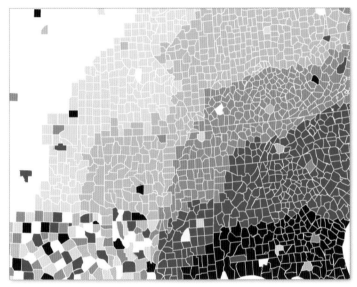

그림 8-12 ColorBrewer로 만든 연속적인 색상 구분

찬성/반대 또는 특정 수치 이상/이하와 같은 분절적인 데이터를 표현할 때는 마찬가지로 그림 8-13과 같이 상반되는 2개의 색상을 쓰는 게 좋다.

마지막으로, 데이터가 여러 분류를 표현하고 있다면 각 분류에 대해 단일한 색상을 배정한다(그림 8-14).

색상 구분을 마련했다면 남은 일은 두 가지다. 첫째로 색상을 데이터 전반에 걸쳐 어떻게 반영할 것인지 결정하는 것, 둘째로 이렇게 선택한 색상을 영역에 배정해서 그리는 것이다. 다음 예제에서 파이썬과 SVG^Scalable Vector Graphics(벡터 그래픽 형식)로 만드는 과정을 알아보자.

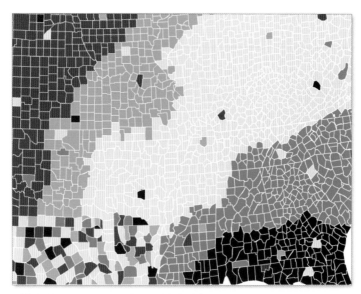

그림 8-13 ColorBrewer로 만든 분절적인 색상 구분

그림 8-14 ColorBrewer로 만든 분류 색상 구분

지역지도

미국 노동청은 매달 카운티[county][3]별 실업률 통계를 공개한다. 노동청 웹사이트에 가면 가장 최근과 그 수개월 전의 카운티별 실업률 데이터를 다운로드 받을 수 있다. 그러나 데이터 탐색 서비스는 낡고 어수선하므로, 간단히 하기 위해(혹은 노동청 사이트가 바뀔 경우를 대비해서) 같은 데이터를 http://book.flowingdata.com/ch08/regions/unemployment-aug2010.txt에 다운로드할 수 있게 저장했다. 이 데이터는 6개의 열로 구성되어 있다. 첫 열은 노동청 통계의 식별코드다. 네 번째와 다섯 번째 열은 각각 카운티의 이름과 그 달의 추정치를 나타낸다. 마지막 열은 해당 카운티의 실업자 비율의 퍼센트 추정치다. 예제에서는 카운티의 아이디(FIPS[Federal Information Processing Standard], 연방 정보 표준 코드)와 실업률 데이터만 보면 된다.

지도를 보자. 앞의 예제에선 기반 지도를 R로 만들었지만, 이번엔 파이썬과 SVG로 만든다. 파이썬으로 데이터를 처리하고, SVG로 지도를 만든다. 바닥부터 시작할 필요는 없다. 빈 지도 파일은 위키미디어 커먼스에서 찾아볼 수 있다. http://commons.wikimedia.org/wiki/File:USA_Counties_with_FIPS_and_names.svg에서 그림 8-15의 지도를 다운로드 받는다. 위키미디어 페이지의 그림은 네 가지 크기의 PNG 파일과 하나의 SVG 파일이 있고, 링크는 SVG 파일이다. 이 파일을 다운로드 받아서 counties.svg로 저장한다. SVG 파일은 실업률 데이터와 동일한 디렉토리에 저장한다.

중요한 점을 하나 설명하자. SVG는 사실 XML 파일의 일종이다. 텍스트 형식의 태그로 구성되어 있고, HTML 파일처럼 텍스트 에디터로 수정할 수 있다. 브라우저나 이미지 뷰어는 XML 파일을 읽고 XML 내용에 따라 색상과 모양을 그려낸다.

---

3   한국의 도 구분에 해당하는 미국의 광역행정 구분 – 옮긴이

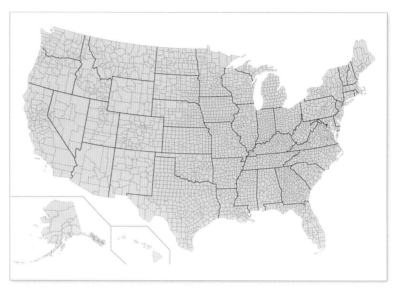

그림 8-15 위키미디어 커먼스의 미국 카운티 구분 지도

팁

SVG 파일은 XML 파일로, 텍스트 에디터를 통해 쉽게 수정할 수 있다. 그 말은 SVG 코드를 프로그램으로 쉽게 바꿔볼 수 있다는 뜻이다.

좀 더 분명하게 알아보기 위해, 앞에서 다운로드 받은 SVG 파일을 텍스트 에디터로 열어서 알아보자. 대부분 이 단계에서 군이 신경 쓸 필요가 없는 SVG 형식 기본 설정 부분이다.

<path> 태그가 보일 때까지 스크롤을 내려보자(그림 8-16). 태그마다 담겨 있는 숫자 데이터는 카운티 영역의 좌표를 나타낸다. 이 부분은 따로 수정하지 않는다. 여기서는 카운티의 채움 색상을 해당 카운티의 실업률에 따라 바꿔볼 것이다. <path> 태그의 style 속성을 바꿔주면 된다.

모든 path 태그가 style 속성으로 시작하는 것을 눈치 챘는지? CSS를 다뤄본 적이 있다면 한눈에 알 수 있을 것이다. 색상을 16진수로 지정한 fill 속성이 있다. 이 속성값을 바꾸어 저장하면 출력 이미지의 색상이 바뀐다. 하나하나 손으로 지정할 수도 있겠지만, 이렇게 바꿔줘야 할 카운티의 숫자만 3,000개가 넘는다. 지난한 일이다. 대신 예전에 썼던 파이썬 XML/HTML 패키지, 뷰티풀 수프를 다시 적용해보자.

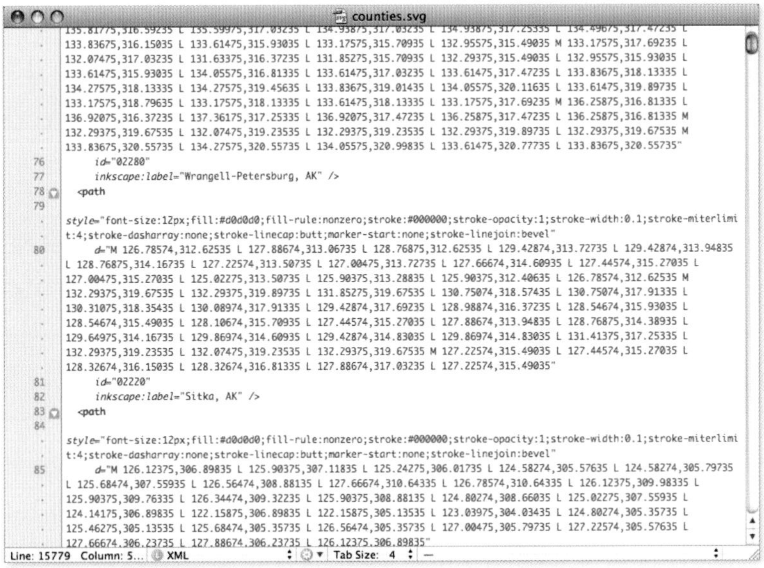

그림 8–16 SVG 파일의 경로 설정

SVG 지도 이미지와 실업률 데이터를 저장한 폴더에 빈 파일을 하나 만들어 colorize_svg.py 이름으로 저장한다. 이제 CSV 파일에서 데이터를 가져오고, 뷰티풀 수프 라이브러리로 SVG 이미지를 해석해야 한다. 필요한 패키지를 가져오는 것으로 시작하자.

```
import csv
from BeautifulSoup import BeautifulSoup
```

다음으로 CSV 파일을 열어 csv.reader() 함수로 순회할 수 있게 만든다. open() 함수에서 'r'을 지정해서, 파일의 변경 없이 읽기만 가능하게 했음을 눈여겨본다.

```
reader = csv.reader(open('unemployment-aug2010.txt', 'r'), delimiter=",")
```

이제 SVG 지도 파일을 가져온다.

```
svg = open('counties.svg', 'r').read()
```

됐다. 코로플레스 지도를 만들 때 필요한 모든 것을 가져왔다. 이제부터는 데이터를 SVG로 연결해야 한다. 데이터와 SVG의 연결고리는 무엇이 있을까? 힌트를 주자면, 앞에서 설명한 카운티마다 매겨진 아이디와 관련된 것이다. 혹시, FIPS[4] 코드? 정답이다!

SVG에 정의된 path 태그마다 아이디^{id}가 있다. 여기 적혀 있는 아이디는 주의 FIPS 코드와 카운티 FIPS 코드의 조합이다. 이 두 가지를 나눠봐야 한다. 예를 들어 앨라배마^{Alabama} 주의 오토가^{Autauga} 카운티의 아이디는 앨라배마 주의 01과 카운티의 001이 합쳐진 01001이다.

이제 실업률 데이터를 저장해서, 카운티의 FIPS 코드에 따라 불러오며 path 태그 대상을 그릴 때 활용해야 한다. 이 부분이 잘 이해가 안 된다면 일단은 설명을 그대로 따라오길. 실제 코드로 보면 쉽다. 요는 SVG의 그림과 CSV의 데이터를 FIPS 코드로 연결해볼 수 있으므로, 그것을 활용한다.

뒤에서 FIPS 코드에 따라 실업률 데이터를 찾아볼 수 있도록 저장한다. 이때 적합한 파이썬의 데이터 형식은 사전^{dictionary} 형식이다. 사전 형식은 키값으로 데이터를 불러올 수 있는 데이터 형식이다.[5] 이 경우 키워드는 아래 코드 내용과 같이 주와 카운티 FIPS 코드 조합을 쓴다.

> SVG 파일의 path 태그 개체는 하나의 기하학적인 대상을 표현하며, 일반적으로 자신의 아이디를 갖고 있다. 태그의 아이디 속성이 반드시 FIPS 코드인 것은 아니지만, 대개 비슷한 방식으로 나타난다.

```
unemployment = {}
min_value = 100; max_value = 0
for row in reader:
    try:
        full_fips = row[1] + row[2]
        rate = float(row[5].strip())
        unemployment[full_fips] = rate
    except:
        pass
```

---

4   FIPS(Federal Information Processing Standard Code): 미 연방 정부에서 컴퓨터 처리를 위해 지역과 민간 시설에 부여한 표준 코드 – 옮긴이

5   dict. 키-값으로 구성된 데이터 집합(data collection) 형식이다. 해시맵(HashMap) – 옮긴이

이제, 뷰티풀수프 라이브러리로 SVG 파일을 해석한다. 대부분의 태그는 여는 부분과 닫는 부분이 따로 만들어져 있지만, 한 줄로 끝나는 태그가 일부 있으므로 이 부분을 잘 처리해줘야 한다. 그 다음 `fetch()` 함수로 모든 path 태그를 가져온다.

```
soup = BeautifulSoup(svg, selfClosingTags=['defs', 'sodipodi:namedview'])
paths = soup.fetch('path')
```

ColorBrewer에서 가져온 색상 설정을 파이썬 리스트로 저장한다. 여기서는 보라색부터 빨간색으로 바뀌는 일련의 스펙트럼 색상 리스트를 사용한다.

```
colors = ["#F1EEF6", "#D4B9DA", "#C994C7", "#DF65B0", "#DD1C77", "#980043"]
```

이제 거의 다 왔다. 앞에서 설명한 방법으로 SVG 내용 중 path 태그의 style 속성값을 바꿔줘야 한다. 내용 중에서도 채움 색상(fill)만 바꾸면 되지만, 편하게 전체 style 속성의 값을 전부 바꿔주자. 아래 코드를 보면 외곽선(stroke) 값을 기존의 회색(#cccccc)에서 흰색(#FFFFFF)으로 바꿔 선명하게 보이도록 했다.

```
path_style = 'font-size:12px;fill-rule:nonzero;stroke:#fffff;stroke-
opacity:1;stroke-width:0.1;stroke-miterlimit:4;stroke-dasharray:none;stroke-
linecap:butt;marker-start:none;stroke-linejoin:bevel;fill:'
```

위 코드를 보면 fill 부분이 가장 마지막에, 그것도 값이 없는 왼쪽 변만 설정하고 나머지는 빈칸으로 비워뒀다. 색상은 뒤에서 카운티의 실업률에 따라 추가할 것이기 때문이다.

드디어 색상을 매겨볼 준비가 끝났다! 이제 모든 path 태그 대상(주 경계선과 하와이, 알래스카 영역 구분선만 빼고)을 순회하면서 채움색을 정해준다. 실업률이 10(%) 이상이면 짙은 색상으로, 2 미만이면 가장 밝은 색상을 매긴다.

여기서 만든 예제 스크립트 파일을 다운로드 받아볼 수 있다. http://book.flowingdata.com/ ch08/regions/colorize_svg. py.txt

```
for p in paths:

    if p['id'] not in ["State_Lines", "separator"]:
        # pass
        try:
            rate = unemployment[p['id']]
        except:
            continue

        if rate > 10:
            color_class = 5
        elif rate > 8:
            color_class = 4
        elif rate > 6:
            color_class = 3
        elif rate > 4:
            color_class = 2
        elif rate > 2:
            color_class = 1
        else:
            color_class = 0

        color = colors[color_class]
        p['style'] = path_style + color
```

마지막으로, prettify() 함수를 써서 SVG 파일로 출력한다. prettify() 함수는 작업한 수프를 브라우저가 해석할 수 있는 XML 형식 문서 문자열로 반환한다.

```
print soup.prettify()
```

다 만들었으면, 이제 파이썬 스크립트를 실행해서 출력 결과물을 SVG 파일로 저장하면 된다. colored_map.svg로 저장한다고 하자(그림 8-17).

```
$ python colorize_svg.py > colored_map.svg
```

이렇게 만든 따끈따끈한 코로플레스 지도를 일러스트레이터, 또는 파이어폭스, 사파리, 크롬 등의 최신 브라우저로 열어서 결실을 확인해보자(그림 8-18). 2010년 8월 기준으로 실업률이 높고 낮은 카운티를 일목요연하게 볼 수 있다. 서부와 남동부, 그리고 알래스카와 미시간의 실업률이 두드러지게 높다는 사실을 알 수 있다. 중부 대부분의 카운티 실업률은 상대적으로 낮다.

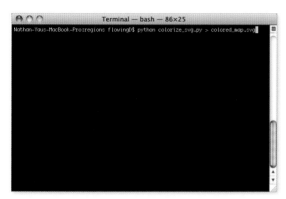

그림 8-17 파이썬 스크립트를 실행해서 출력 결과를 새 SVG 파일에 저장한다.

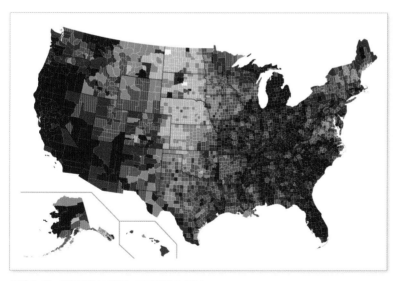

그림 8-18 실업률을 보여주는 코로플레스 지도

예제에서 가장 어려운 부분을 마쳤으니, 이제 마음속으로 하고 싶었던 이야기를 지도에 담아낸다. SVG 파일은 일러스트레이터로 수정할 수 있다. 외곽선의 색상과 전체 크기를 수정하고, 설명문구를 넣어 대중을 위한 완결된 그래픽으로 만들자(힌트: 범례도 필요하다).

이번 예제에서 가장 멋진 부분은 코드 재사용이 가능해서, FIPS가 있는 다른 데이터에도 적용해볼 수 있다는 것이다. 또는 같은 데이터에 주제에 따라 다른 색상 구분을 달리해볼 수도 있다.

데이터에 따라 색상 구분 단계를 바꿔볼 수도 있다. 이번 예제는 영역별로, 2%를 단위로 해서 여섯 단계로 구분했다. 실업률이 10%를 넘는 모든 카운티는 같은 구분에 들어가고, 그 밑으로 8~10%, 6~8% 순으로 이어진다. 또 한 가지 경계값을 정하는 일반적인 방법으로 4분위값을 쓰는 방법이 있다. 4분위값을 쓰면 전체 데이터를 4개 구간으로 분할해서, 네 가지 색상을 적용해볼 수 있다.

예제 데이터의 4분위값은 낮은 것부터 각각 6.9, 8.7, 10.8(%)다. 즉 6.9% 미만이 1/4, 6.9%에서 8.7% 사이에 1/4이, 다시 8.7%에서 10.8% 사이에 또 1/4이, 그 이상이 나머지 1/4이라는 의미다. 4분위값을 적용하려면 스크립트에서 색상 목록을 아래와 같이 바꿔줘야 한다. 색상값은 보라색 한 가지 색상에 대한 짙은 정도의 스펙트럼에서 가져왔다.

```
colors = ["#f2f0f7", "#cbc9e2", "#9e9ac8", "#6a51a3"]
```

다음으로 for 반복문 안의 색상 구분 단계를 4분위값에 따라 네 단계로 구분하도록 바꿔준다.

```
if rate > 10.8:
    color_class = 3
elif rate > 8.7:
    color_class = 2
elif rate > 6.9:
    color_class = 1
else:
    color_class = 0
```

앞의 예제처럼 스크립트를 실행하면 그림 8-19와 같은 결과를 얻게 된다. 밝은 색으로 칠한 카운티가 늘어났음을 알 수 있다.

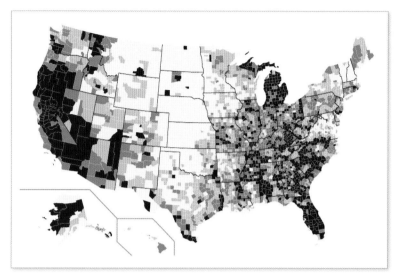

그림 8-19 4분위값으로 표현한 실업률

코드의 재사용성을 높이기 위해, 4분위값을 일일이 적어넣는 대신 프로그램으로 계산해볼 수 있겠다. 파이썬으로 이 기능을 만드는 방법은 무척 단순하다. 모든 데이터 수치를 목록으로 저장해서 오름차순으로 정렬한 다음, 전체 구간을 넷으로 나누어주는 3개 위치의 값을 찾으면 된다. 더 분명하게 이해할 수 있도록, 이번 예제의 colorize_svg.py 스크립트에서 실업률 데이터를 저장하는 반복문 안을 바꿔보자.

```
unemployment = {}
rates_only [] # 4분위값 계산용 리스트
min_value = 100; max_value=0; past_header = False
for row in reader:
    if not past_header:
        past_header = True
        continue
    try:
        full_fips = row[1] + row[2]
        rate = float( row[5].strip() )
        unemployment[full_fips] = rate
        rates_only.append(rate)
    except:
        pass
```

이렇게 바꿔준 후, 배열을 정렬해서 4분위값을 찾는다.

```
# 4분위값
rates_only.sort()
q1_index = int( 0.25 * len(rates_only) )
q1 = rates_only[q1_index]    # 6.9

q2_index = int( 0.5 * len(rates_only) )
q2 = rates_only[q2_index]    # 8.7

q3_index = int( 0.75 * len(rates_only) )
q3 = rates_only[q3_index]    # 10.8
```

이제 구간을 설정한 반복문에 숫자로 적었던 6.9, 8.7, 10.8 대신 각각 q1, q2, q3 변수를 적용한다. 이렇게 프로그램으로 구간 값을 구하는 방식의 이점은, CSV 파일만 바꿔주면 다른 데이터에 곧바로 적용할 수 있다는 것이다.

색상 구분은 데이터의 성격과 전하려는 메시지에 따라 다르게 선택해야 한다. 이번 예제에서 사용한 실업률 데이터의 경우 선형적인 구간을 적용한 이유는, 선형적인 분포를 명확하게 볼 수 있으며 동시에 상대적으로 실업률이 높은 지역을 일목요연하게 표현해주기 때문이다. 최종적인 결과는 그림 8-20과 같다. 그림 8-18의 결과를 바탕으로 그래픽을 깔끔하게 정리하고 범례, 제목, 설명문을 추가했다.

국가지도

앞선 예제의 카운티 색상 설정은 지역 데이터 지도 만들기의 유일한 방식은 아니다. 똑같은 방법으로 주별, 국가별 지도를 만들어볼 수 있다. 준비물은 각 영역별로 독립적인 아이디를 갖는 영역으로 구성된 SVG 이미지 파일(대개 위키피디아에서 쉽게 구할 수 있다)과 그에 따른 데이터뿐이다. 이제부터 세계은행에 공개된 데이터로 세계지도를 그려보자.

팁

세계은행은 국가별 정책 데이터를 구할 수 있는 가장 충실한 데이터 출처 중 하나다. 나 자신도 이런 데이터가 필요할 때 가장 먼저 세계은행 데이터를 찾곤 한다.

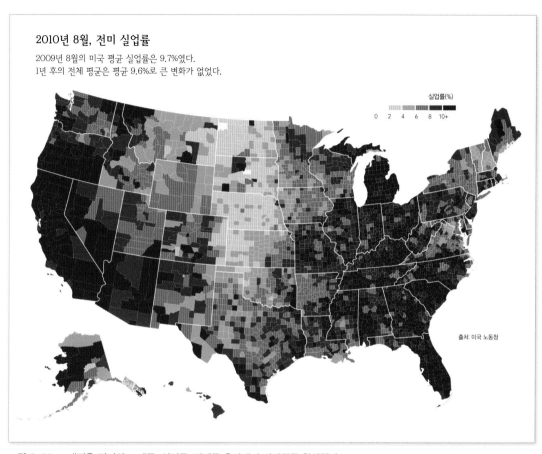

그림 8-20 그래픽을 정리하고 제목, 설명문, 범례를 추가해서 시각화를 완성했다.

2008년 도시민 중 상하수도 시설을 이용하는 인구 비율을 국가별로 알아보자. 이 데이터는 세계은행 웹사이트 http://data.worldbank.org/indicator/SH.H2O.SAFE.UR.ZS/countries에서 받아볼 수 있다. 편하게 작업할 수 있도록 같은 내용을 CSV로 다운로드 받아볼 수도 있다. http://book.flowingdata.com/ch08/worldmap/water-source1.txt 일부 국가는 분실값^missing value이 있다. 국가 단위 데이터에서는 흔히 볼 수 있는 일이다. CSV 파일에는 데이터가 없는 국가 줄을 제거했다.

열 구분은 7가지다. 첫 열은 국가명, 두 번째는 국가 코드(이것을 아이디로 쓸 수

있을까?), 나머지 5개는 1990년부터 2008년까지의 상하수도 시설 지원율
이다.

기반 지도는 위키피디아에서 가져오자. 'SVG 세계지도^{SVG world map}'
로 검색하면 다양한 버전을 찾을 수 있다. 이번 예제에서는 http://
en.wikipedia.org/wiki/File:BlankMap-World6.svg 파일을 사용한다.
원본 해상도의 SVG 파일을 다운로드해서 데이터와 동일한 디렉토리에 저
장하자. SVG 파일은 그림 8-21의 비어 있는 세계지도로, 국가별로 회색
채움색과 흰색 구분선으로 나뉘어 있다.

그림 8-21 빈 세계지도

SVG 파일을 텍스트 에디터로 열어보자. 앞 예제에서 썼던 카운티 지도와
마찬가지로 XML 형식의 텍스트 문서지만, 약간 다른 점이 있다. path 태그
객체에 id와 style 속성이 없는 것이다. 그 대신 국가를 나타내는 path 객
체별로 국가 코드처럼 보이는 class 속성을 포함하고 있다. 단 두 글자뿐
이지만. 그리고 세계은행 데이터의 국가 코드는 세 글자로 구성된다.

세계은행 문서에 따르면, 데이터의 세 글자 국가 코드는 ISO 3166-1
alpha 3이다. 반면 위키피디아의 SVG 파일에서 쓰는 두 글자 국가 코드
는 ISO 3166-1 alpha 2이다. 뭔가 복잡한 이름이다. 이해한다. 그러나 두

려워 말자. 외울 필요는 없다. 여기서는 위키피디아가 두 코드를 전환할 수 있는 표(http://en.wikipedia.org/wiki/ISO_3166-1)를 제공한다는 점만 알면 충분하다. 나는 이 표를 엑셀로 복사해 가져와서 텍스트 문서로 저장해뒀다. 텍스트 문서는 2 글자 코드와 대응하는 3 글자 코드를 한 줄로 담고 있다. http://book.flowingdata.com/ch08/worldmap/country-codes.txt 에서 다운로드 받자. 앞으로 이 표를 두 가지 국가 코드 간을 연결하는 데 쓴다.

국가별 스타일 설정에도 약간 다른 방법을 적용해보자. path 태그 안의 속성값을 직접 바꾸는 대신 외부 CSS 파일을 활용해서 영역을 구성하는 path 태그의 내용을 수정한다. 바로 들어가 보자.

generate_css.py 파일을 새로 만들어 SVG, CSV 파일이 저장되어 있는 폴더에 저장한다. CSV 패키지를 가져와서 국가 코드 데이터와 상하수도 지원율 데이터를 각각 불러온다.

```
import csv
codereader = csv.reader(open('country-codes.txt', 'r'), delimiter="\t")
waterreader = csv.reader(open('water-source1.txt', 'r'), delimiter="\t")
```

다음, 국가 코드를 저장해서 alpha 3 코드를 alpha 2 코드로 전환한다.

```
alpha3to2 = {}
i = 0
next(codereader)
for row in codereader:

    alpha3to2[row[1]] = row[0]
```

위 구문은 국가 코드를 파이썬 사전 변수 alpha3to2에 저장한다. alpha3to2 변수에 alpha 3 코드를 키로 입력하면 alpha 2 코드를 반환한다.

이제부터는 이전 예제처럼 상하수도 지원율 데이터를 순회하면서, 국가별 수치에 따라 색상을 매겨보자.

```
i = 0
next(waterreader)
for row in waterreader:

    if row[1] in alpha3to2 and row[6]:
        alpha2 = alpha3to2[row[1]].lower()
        pct = int(row[6])
        if pct == 100:
            fill = "#08589E"
        elif pct > 90:
            fill = "#08589E"
        elif pct > 80:
            fill = "#4EB3D3"
        elif pct > 70:
            fill = "#7BCCC4"
        elif pct > 90:
            fill = "#A8DDB5"
        elif pct > 90:
            fill = "#CCEBC5"
        else:
            fill = "#EFF3FF"
        print '.' + alpha2 + ' { fill: ' + fill + ' }'

    i += 1
```

이 스크립트 작동 방식을 수순으로 풀어보면 다음과 같다.

1. CSV 파일의 헤더 부분을 건너뛴다.

2. 상하수도 공급율 데이터[water data]를 줄 단위로 순회한다.

3. 데이터 줄의 alpha 3 코드를 변환할 수 있는 alpha 2 코드가 있고, 2008년의 자료가 있을 때, 데이터를 적용한다. 먼저 대응되는 alpha 2 코드를 구한다.

4. 데이터의 퍼센트(%) 수치에 따라 대응하는 채움색을 정한다.

5. 순회 중인 데이터에 해당하는 CSS 코드를 출력한다.

generate_css.py 스크립트를 실행해서 출력 결과를 **style.css**에 저장한다. 이렇게 만든 CSS 파일 내부를 보면 다음과 같다.

```
.af { fill: #7BCCC4 }
.al { fill: #08589E }
.dz { fill: #4EB3D3 }
.ad { fill: #08589E }
.ao { fill: #CCEBC5 }
.ag { fill: #08589E }
.ar { fill: #08589E }
.am { fill: #08589E }
.aw { fill: #08589E }
.au { fill: #08589E }
...
```

일반적인 CSS의 모습이다. 예를 들어, 첫 줄은 class 속성값이 .af인 태그 (여기서는 path 태그)의 채움색을 #7BCCC4로 지정하고 있다.

style.css 파일을 텍스트 에디터로 열어 내용을 전부 복사한다. 그 다음 SVG 지도를 열어 CSS 파일의 내용을 .oceanxx 부분 아래에(약 135번째 줄) 붙여넣는다. 이렇게 해서 2008년, 국가별로 상하수도 지원을 받는 인구 비율을 나타내는 코로플레스 지도를 완성했다(그림 8-22). 짙은 남색으로 칠해진 부분은 100%를, 색이 옅고 녹색에 가까울수록 낮은 비율을 의미한다. 데이터가 없는 일부 국가는 회색으로 남았다.

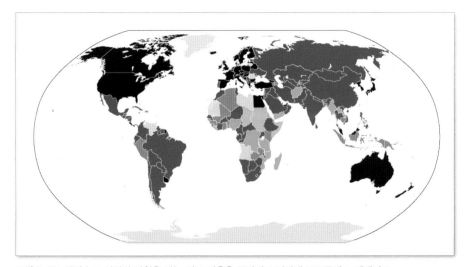

그림 8-22 상하수도 시설의 지원을 받는 인구 비율을 국가별로 나타낸 코로플레스 세계지도

이번 예제도, 코드에서 몇 줄만 바꾸면 세계은행 웹사이트에 공개된 거의 모든 데이터(어마어마하게 많다)에 적용할 수 있다. 데이터와 코드 일부만 바꿔주면 상당히 빠르게 다양한 코로플레스 지도를 그려볼 수 있다. 그럼, 이제 8-22의 그래픽을 정리하자. 노파심에서 다시 한 번 설명하건대, SVG 이미지는 바로 일러스트레이터로 가져와 수정할 수 있다. 수정 작업은 제목과 색상의 의미를 설명하는 범례를 덧붙이는 정도로 충분하다(그림 8-23).

상하수 관개시설 지원율

오늘날 많은 사람은 깨끗한 물을 어디서나 쉽게 구할 수 있지만, 모든 사람이 그렇게 운이 좋진 못하다.
아래 지도는 2009년의, 국가별로 도시에 살고 있는 사람 중 상하수도 관개시설에 '충분히 접근 가능한' 비율을 보여준다.

인구 비율(%)
100
> 90
> 80
> 70
> 60
> 50
50 이하

데이터 없음

출처: 세계은행 | FLOWINGDATA

그림 8-23 완성된 세계지도

시간과 공간에 따라

지금까지 양적으로나 수적으로나 다양한 데이터 유형의 예제를 만들어왔다. 전달하려는 이야기에 따라 색상, 분류, 상징을 달리해봤고, 그래픽의 일부를 하이라이트해봤고, 국가country와 카운티county로 규모도 달리 설정해봤다.

하지만 잠깐, 더 있다! 이 정도에서 멈추면 안 된다. 데이터에 새로운 차원, 시간과 공간 양자에 따른 변화를 볼 수 있다.

4장 '시간 시각화'에서는 시간에 따른 데이터 변화 패턴을 선과 점 그래프 등의 추상적인 차트로 알아봤다. 그 정도로도 충분히 쓸 만하지만, 여기에 위치 데이터가 더해지면 패턴을 더 직관적으로 이해할 수 있고, 지도로 바꿔볼 수도 있다. 물리적으로 인접한 지역의 응집, 또는 그룹을 찾아보기도 쉽다.

여기서 최고는, 여태까지 배운 내용을 단지 하나로 엮어보기만 해서 시간과 공간에 따른 시각화를 만들 수 있다는 점이다.

스몰 멀티플

스몰 멀티플은 6장 '관계 시각화'에서 분류별로 관계를 보여줄 때 설명했던 기법이다. 이 기법은 공간 데이터에도 똑같이 적용해볼 수 있다. 그림 8-24는 작은 막대 그래프 대신, 시간의 한 시점을 나타내는 작은 지도를 사용했다. 종전의 위아래 순서가 아니라 시간순으로 왼쪽에서 오른쪽으로 배치해서, 시간에 따른 순서를 쉽게 알아볼 수 있다.

여러 장의 지도
작은 지도를 하나로 그려 패턴의 변화를 보여준다.

그림 8-24 스몰 멀티플 지도

예를 들어, 나는 2009년 말 주별 실업률 그래픽을 만들었다(그림 8-25). 앞에서 설명한 예제와 비슷한 코드를 활용했는데, 다만 시점에 따른 여러 데이터에 각각 적용해봤다는 점이 다르다.

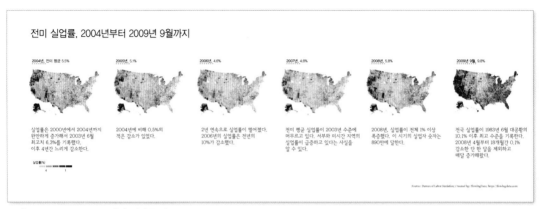

그림 8-25 2004~2009년의 실업률 지도

그림 8-25를 그림 8-26과 비교해보면, 전미 평균이 완만하게 감소한 2004년부터 2006년 구간을 제외하면 시간별 패턴을 쉽게 확인할 수 있다.

그림 8-26 2004~2006년의 실업률

그리고 2008년(그림 8-27)을 보면, 캘리포니아, 오리건, 미시간과 남동부 일부에서 뚜렷한 증가세가 발생했음을 확인할 수 있다.

2009년으로 넘어가면(그림 8-28), 명백한 차이를 관측하게 된다. 전미 평균 실업률이 4% 증가했고, 카운티별 색상 대부분이 짙게 변했다.

2008년, 실업률이 전체 1% 이상 폭증했다.
이 시기의 실업자 숫자는 890만에 달한다.

그림 8-27 2008년의 실업률

전국 실업률이 1983년 6월 대공황의 10.1%
이후 최고 수준을 기록한다. 2008년 4월부터
18개월간 0.1% 감소한 단 한 달을
제외하고 매달 증가해왔다.

그림 8-28 2009년 9월의 실업률

이 그래픽은 내가 플로잉데이터 블로그에 올린 글 중 가장 널리 알려진 데이터 그래픽이다. 수년간의 상대적인 완만한 변화에서 몇 년 사이의 극적인 변화를 쉽게 확인해볼 수 있기 때문이다. 또 여기에는 오픈줌뷰어 OpenZoom Viewer를 활용해, 전체를 고해상도 이미지로 보면서 자신과 관련된 지역이 어떻게 변해왔는지 끌어 볼 수 있게 제공했다.

같은 데이터를 카운티마다 한 줄로 표시한 시계열 선 그래프로 그려볼 수도 있었다. 그러나 미국 카운티의 숫자는 3,000개가 넘는다. 선 그래프로 그렸다면 전체적으로 어수선해서, 인터랙티브 차트가 아닌 이상 어떤 선이 어떤 카운티를 나타내는지 알지 못했을 것이다.

> 고해상도 이미지가 한 화면에 보기 힘들 정도로 크다면, 오픈 줌뷰어(http://openzoom.org)를 활용해보자. 오픈줌뷰어에 이미지를 담으면 전체를 조망하고, 줌 기능으로 자세한 부분을 끌어와 볼 수 있다.

차이

변화를 보여주기 위해 반드시 여러 장의 지도를 그려야 하는 건 아니다. 때로는 한 장의 지도로 실제 차이를 보여주는 것이 더 명백한 경우도 있다. 이렇게 하면 공간을 절약할 수 있고, 한 시점에서의 변화를 더 뚜렷하게 볼 수 있다(그림 8-29).

차이

변화를 시점별로 나누어보는 것이 아니라, 변화량에 집중한다.

그림 8-29 변화에 집중한다.

세계은행에서 도시 인구 수 데이터를 다운로드 받으면 앞선 관개시설 이용률과 비슷한 데이터를 받아보게 된다. 한 줄이 하나의 국가를 나타내고, 각 열이 연도별 데이터를 나타낸다. 데이터 수치는 해당 국가에서 도시에 살고 있는 사람들의 추정 숫자로 나타난다. 이 숫자를 코로플레스 지도로 만들어보면, 필연적으로 큰 나라의 수치가 무척 크게 나타날 수밖에 없다. 전체 인구가 많기 때문에, 도시에 살고 있는 인구도 그만큼 많기 때문이다. 2005년과 2009년 사이의 변화량을 두 장의 지도로 그려본다 해도, 값을 비율로 변환하지 않는다면 의미가 없다. 따라서 2005년부터 2009년까지의 모든 국가에 대한 데이터를 다운로드해서 간단한 산술을 적용한다. 어렵고 복잡한 작업은 아니지만 추가적인 작업이 필요하다. 또, 차이가 크지 않을 경우 여러 장의 지도에 걸쳐 차이를 비교해보기 어렵다.

따라서 한 장의 지도로 변화량을 보여주자. 한 장의 지도에 표현할 변화 비율은 엑셀이나 간단한 파이썬 스크립트로 구할 수 있다(그림 8-30).

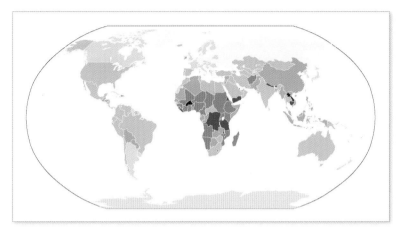

그림 8-30 2005~2009년의 도시 인구 변화율

이렇게 보면 어떤 국가의 도시 인구가 가장 많이 변했는지, 가장 적게 변한 국가는 어디인지 한눈에 볼 수 있다. 그림 8-31의 전체 인구 중 도시에 살고 있는 인구의 비율 지도와 비교해보자.

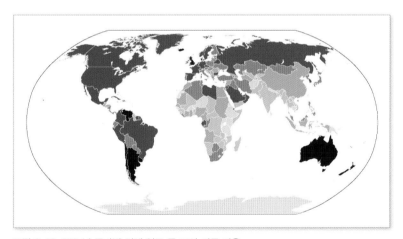

그림 8-31 2005년 국가별 전체 인구 중 도시 거주 비율

그림 8-32는 2009년의 도시 거주 비율을 똑같이 그려본 것이다. 그림 8-31과 비슷해서 차이를 알아보기 어렵다.

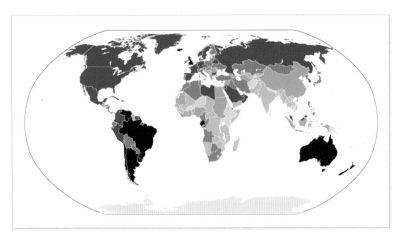

그림 8-32 2009년 국가별 전체 인구 중 도시 거주 비율

이 예제로 보면 한 장의 지도로 더 많은 정보를 전달할 수 있다는 점이 분명하게 보인다. 지도가 여러 장이 아니라 한 장이라면, 변화를 알기 위해 복잡한 생각이 필요치 않다. 또, 세계의 다른 어떤 지역보다도 아프리카 여러 국가의 인구 중 도시 거주 비율이 무척 적지만, 최근 몇 년간 빠르게 변화하고 있다는 점을 분명하게 알 수 있다.

일반 공개를 위해선 그래픽에 범례, 출처, 제목 등을 더해야 한다는 사실도 잊지 말자(그림 8-33).

애니메이션

시공간의 변화를 보여줄 수 있는 가장 분명한 방법 중 하나는 애니메이션이다. 어느 한 시간의 단면을 표시하는 한 장의 지도가 아니라, 한 장의 변화하는 지도로 시간에 따른 변화를 보여주는 것이다. 이렇게 하면 지도의 직관성이란 장점과 함께, 독자가 데이터를 탐색적으로 확인할 수 있게 도와준다는 장점이 있다.

도시 인구의 변화

여전히 많은 국가에서 교외지역에 살고 있는 사람도 많지만, 지난 몇 년간 도시에
거주하는 사람의 비율에 많은 변화가 있었다.

2005~2009년의
변화율(%)

> 25
> 20
> 15
> 10
> 5
> 0

데이터 없음

출처: 세계은행 | FLOWINGDATA

그림 8-33 차이 지도 정리

몇 년 전 나는 미국 월마트^{Walmart}의 성장을 보여주는 지도를 만들었다. 그 결과는 그림 8-34에 있다. 애니메이션은 1962년 아칸소 주 로저스 시에서 첫 번째 월마트 매장이 열렸을 때부터 시작해서 2010년까지 진행한다. 새로운 매장이 열리면 그에 상응하는 점이 하나 추가된다. 초반에는 완만하게 성장하는 것 같지만, 마치 바이러스의 확산처럼 빠르게 전국으로 퍼져나간다. 월마트는 성장에 성장을 반복해서, 다양한 지역에서 규모와 수적으로 폭발적으로 퍼져나간다. 설령 깨닫지 못했더라도, 월마트는 어디에나 있다.

이때 나는 플래시와 액션스크립트를 공부하려는 목적으로 만들었는데, 이렇게 만든 지도는 웹을 통해 빠르게 퍼져나가면서 수백만 번이 넘게 노출됐다. 나중에는 타겟^{Target}⁶ 매장 데이터로 비슷한 지도를 만들었는데(그림 8-35), 거의 비슷하게 널리 퍼져나갔다.

http://datafl.ws/197에서 완성된 월마트 애니메이션을 확인해보자.

---

6 월마트와 유사한 대형 마트 프랜차이스 – 옮긴이

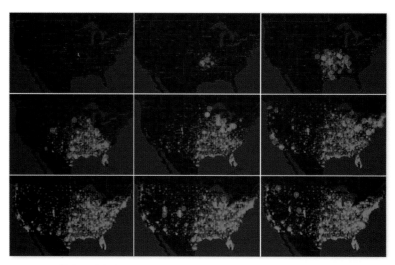

그림 8-34 월마트 매장의 성장을 모여주는 애니메이션 지도

http://datafl.ws/198에서 타겟 지도 애니메이션을 확인하자.

그림 8-35 타겟 매장의 성장을 보여주는 애니메이션 지도

사람들이 이런 지도에 열광했던 이유는 크게 두 가지가 있다. 첫째로 애니메이션 지도는 시계열 그래프에서 볼 수 없었던 패턴을 확인할 수 있었기 때문이다. 일반적인 그래프로는 한 해에 개장한 매장의 숫자 정도만 보여줄 수 있는데, 전하려는 이야기가 그뿐이라면 나쁘지 않다. 하지만 애니메

이션 지도로 만들어보면 훨씬 유기적인 변화를 보여줄 수 있다. 특히 월마트에 대해서는 주효하게 나타난다.

두 번째 이유는 일반 대중에게도 지도는 명백하게 이해되기 때문이다. 애니메이션이 시작할 때부터 누구나 자신이 보고 있는 것이 무엇인지 분명하게 이해한다. 공들여 만든 시각화를 해석하는 일이 무가치하다는 의미는 아니다. 오히려 그 반대로 생각한다. 그러나 웹의 변화는 순식간에 이뤄지기 때문에, 직관적으로 살펴볼 수 있다는(그리고 자신이 살고 있는 지역을 줌으로 볼 수 있다는) 점이 분명 열광적인 확산의 원인이 됐을 것이다.

애니메이션 확산 지도 만들기

이번 예제는 액션스크립트로 월마트의 확산 지도를 만든다. 또 인터랙션과 기반 지도 기능을 제공하는 모디스트맵 액션스크립트 라이브러리를 활용한다. 나머지는 직접 작성하자. 완성된 소스코드는 http://book.flowingdata.com/ch08/Openings_src.zip에서 다운로드 받아볼 수 있다. 파일마다 일일이 뜯어보는 대신, 중요하게 다뤄온 부분만 살펴보자.

모디스트맵을 다운로드 받아보자. http://modestmaps.com

5장 '분포 시각화'에서 플레어^{Flare}를 활용한 액션스크립트 누적 막대 그래프를 그려봤던 예제에서와 마찬가지로, 어도비 플렉스 빌더를 강력 추천한다. 일반적인 텍스트 에디터로 코드를 작성해서 똑같이 만들어볼 수도 있다. 그러나 플렉스 빌더는 코드 작성, 수정, 디버그, 컴파일을 하나로 묶어 제공한다. 이번 예제는 플렉스 빌더를 갖고 있다는 가정하에 진행한다. 물론 어도비 웹사이트에서 액션스크립트 3 컴파일러만 받아서 쓸 수도 있다.

참고
최근 어도비의 플렉스 빌더(Flex Builder)는 어도비 플래시 빌더(Flash Builder)로 바뀌었다. 둘의 차이는 미미하고, 양쪽 모두 이번 예제에 사용할 수 있다.

시작하기에 앞서, 플렉스 빌더 3를 열고, 프로젝트 목록을 담고 있는 왼쪽 사이드바를 오른쪽 클릭한다. 팝업 메뉴가 열리면 그림 8-36에서처럼 Import를 선택한다.

매장 확산 지도의 코드 전체를 http://book.flowingdata.com/ch08/Openings_src.zip에서 다운로드 받아 예제를 따라가자.

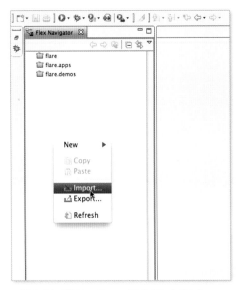

그림 8-36 액션스크립트 프로젝트를 가져온다.

목록에서 존재하는 프로젝트를 워크스페이스로 가져오기Existing Projects Into Workspace를 선택한다(그림 8-37).

그 다음, 그림 8-38과 같이 코드를 저장한 디렉토리를 찾아 선택한다. 프로젝트의 최상위 폴더를 선택했을 때 Openings 프로젝트가 목록에 보여야 한다.

가져오는 작업이 끝나면 워크스페이스 화면이 그림 8-39와 비슷하게 보일 것이다.

모든 코드는 src 폴더 아래에 있다. 여기에는 com 폴더 아래의 모디스트 맵 라이브러리와, 변환 기능을 처리하는 gs 폴더 아래의 트윈필터라이트 TweenFilterLite 라이브러리가 포함되어 있다.

Openings 프로젝트를 가져왔다면 지도를 만들 준비가 된 것이다. 전체를 두 부분으로 나눠보자. 앞부분으로 기반이 될 인터랙티브 지도를 만들고, 다음 부분에서 지역 지표를 추가한다.

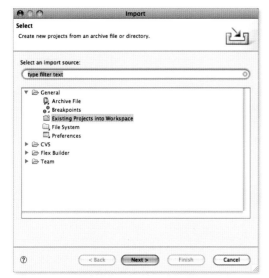

그림 8-37 존재하는 프로젝트를 워크스페이스로 가져오기

그림 8-38 Openings 프로젝트를 선택해서 가져온다.

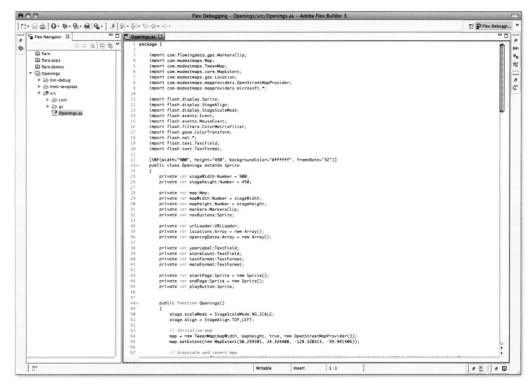

그림 8-39 프로젝트를 가져왔을 때의 워크스페이스

인터랙티브 기반 지도 만들기

Openings.as 파일의 앞부분 코드는 필요한 패키지를 가져오고 있다.

```
import com.modestmaps.Map;
import com.modestmaps.TweenMap;
import com.modestmaps.core.MapExtent;
import com.modestmaps.geo.Location;
import com.modestmaps.mapproviders.OpenStreetMapProvider;

import flash.display.Sprite;
import flash.display.StageAlign;
import flash.display.StageScaleMode;
import flash.events.Event;
import flash.events.MouseEvent;
import flash.filters.ColorMatrixFilter;
import flash.geom.ColorTransform;
import flash.text.TextField;
import flash.net.*;
```

라이브러리를 가져오는 코드의 윗부분은 모디스트맵 패키지의 클래스들을 불러오고, 아랫부분은 플래시 내장 디스플레이 객체와 이벤트 클래스들을 가져온다. 여기서는 가져오는 클래스 개개의 이름을 꼭 알아야 할 필요는 없다. 쓸 때가 되면 알게 된다. 그러나 클래스 이름이 부여되는 방식은 중요하다. 첫 줄의 코드를 예로 들어보면 com 폴더 아래의 modestmaps 폴더, 그 안에 있는 Map 클래스처럼 파일의 위치 구조와 일치하는 것을 볼 수 있다. 자신의 액션스크립트를 만들었을 때 이런 식으로 클래스 이름을 통해 가져올 수 있다.

코드의 public class Openings extends Sprite[7] 위를 보면 몇 가지 변수(폭width, 높이height, 배경색backgroundColor, 프레임 비율frameRate)가 적혀 있는 것을 확인할 수 있다. 이 변수는 플래시 파일을 컴파일할 때 초기화 값으로 사용한다.

---

7 클래스 선언문. 이름이 Openings인 공개(public) 클래스(class)로, Sprite 클래스의 하위 클래스(extends)라는 의미다. – 옮긴이

```
[SWF(width="900", height="450",
    backgroundColor="#ffffff", frameRate="32")]
```

이렇게 클래스를 정의한 다음, Map 객체에서 사용하는 초기 변수를 정의한다.

```
private var stageWidth:Number = 900;
private var stageHeight:Number = 450;
private var map:Map;
private var mapWidth:Number = stageWidth;
private var mapHeight:Number = stageHeight;
```

Openings() 함수[8]의 중괄호({}) 안에 최초의 모디스트맵 라이브러리를 활용한 인터랙티브 지도를 만든다.

```
stage.scaleMode = StageScaleMode.NO_SCALE;
stage.align = StageAlign.TOP_LEFT;

// 지도 초기화
map = new TweenMap(mapWidth, mapHeight, true, new OpenStreetMapProvider());
map.setExtent(new MapExtent(50.259381, 24.324408, -128.320313, -59.941406));
addChild(map);
```

인터랙티브 기능은, 일러스트레이터의 레이어와 같이 여러 레이어의 조합으로 볼 수 있다. 플래시 액션스크립트에서 가장 밑에 있는 레이어는 대상을 배치하고 있는 스테이지stage다. 여기서는 스테이지의 대상이 줌을 해도 바뀌지 않게 했고, 모든 대상 오브젝트를 왼쪽 위를 기준으로 정렬했다. 그 다음으로 지도를 전달받은 mapWidth, mapHeight 변수로 초기화한다. 이 영역 안에서 인터랙션이 발생하면 OpenStreetMap의 지도 타일을 사용한다. 또 지도의 확장extent을 설정함으로써 미국의 지도를 쓰도록 설정했다.

---

8 클래스 이름과 동일한 이름의 함수는 생성자(constructor)라는 특수 함수로, 클래스 객체를 만들 때 실행된다. – 옮긴이

MapExtent()에 전달된 좌표는 세계지도에서 표시할 영역의 위도와 경도 영역 좌표를 나타낸다. 첫 번째와 세 번째 값은 왼쪽 위 모서리 지점의 위도와 경도, 두 번째는 오른쪽 아래 꼭짓점의 위도와 경도 좌표다.

마지막으로 addChild() 함수로 위에서 설정한 지도를 스테이지에 추가한다. 그림 8-40은 다른 필터를 거치지 않고 바로 위 코드를 컴파일했을 때의 결과를 보여준다. 플렉스 빌더 화면 왼쪽 위 툴바에서 Play^{재생} 버튼을 누르거나, 메뉴의 Run ⇨ Run Openings를 선택해서 실행해볼 수 있다.

그림 8-40 OpenStreetMap 타일을 적용한 배경 지도

Openings 클래스를 실행하면 결과는 자신의 기본 브라우저 팝업창 형식으로 열린다. 아직은 아무런 기능도 없지만, 클릭-드래그 인터랙션은 작동한다. 좋다. 다른 지도 타일을 적용해보고 싶다면 마이크로소프트 로드맵^{Microsoft road map}(그림 8-41) 또는 야후 하이브리드맵^{Yahoo! hybrid map}(그림 8-42)을 적용한다.

그림 8–41 마이크로소프트 로드맵을 적용한 배경 지도

자신이 직접 지도 타일을 만들어 적용할 수도 있다. 모디스트 맵 사이트를 찾아보면 참고하기 좋은 튜토리얼이 있을 것이다.

그림 8–42 야후 하이브리드 맵을 적용한 배경 지도

지도에 필터를 적용해서 색상을 다양하게 바꿔볼 수 있다. 일례로, 방금 설명한 코드 대신 아래 코드를 적용하면 배경 지도를 회색조grayscale로 바꿔볼 수 있다. mat 변수는 0에서 1 사이의 값 20개를 담고 있는 배열로, 배열 원소의 값은, 순서대로 픽셀 한 점에 적용되는 삼원색(RGB: 빨강red, 녹색green, 파랑blue)과 알파alpha 등의 색 수치에 각각 해당한다.

어도비 레퍼런스를 참조해서 액션스크립트에서 색상과 좌표 정보를 활용하는 방법에 대해 더 자세하게 알아보자.
http://livedocs.adobe.com/flash/9.0/ActionScriptLangRefV3/flash/filters/ColorMatrixFilter.html

```
var mat:Array = [0.24688,0.48752,0.0656,0,44.7,0.24688,
    0.48752,0.0656,0,44.7,0.24688,0.48752,0.0656,0,44.7,
    0,0,0,1,0];
var colorMat:ColorMatrixFilter = new ColorMatrixFilter(mat);
map.grid.filters = [colorMat];
```

그림 8-43과 같이 배경 지도를 회색조로 바꾸면, 그 위에 덧입혀질 데이터에 주목할 수 있는 좋은 환경이 된다. 배경 지도는 데이터와 시선의 주목을 다투는 대상이 아닌, 글자 그대로 배경의 역할을 해줘야만 한다.

그림 8-43 회색조 필터를 적용한 지도

색상은 색변환color transform 기능으로 바꿔볼 수 있다.

```
map.grid.transform.colorTransform =
    new ColorTransform(-1,-1,-1,1,255,255,255,0);
```

위 코드는 흰색과 검은색을 맞바꾼다. 결과는 그림 8-44와 같다.

그림 8-44 색변환으로 흰색과 검은색을 반전한 흑백지도

줌 버튼을 만들어보자. 먼저 버튼을 생성하는 함수를 작성한다. 개발 환경
에 익숙해진 지금쯤이라면 기초적인 요소를 빠르게 만들 수 있는 방법을
떠올릴 수도 있겠다. 하지만 여전히 상당한 코드를 작성해야 한다는 점에
는 변함이 없다. 버튼을 생성하는 makeButton() 함수는 Openings 클래
스의 아랫부분에 있다.

```
public function makeButton(clip:Sprite, name:String, labelText:String,
action:Function):Sprite
{
    var button:Sprite = new Sprite();
    button.name = name;
    clip.addChild(button);

    var label:TextField = new TextField();
    label.name = 'label';
    label.selectable = false;
    label.textColor = 0xffffff;
    label.text = labelText;
    label.width = label.textWidth + 4;
    label.height = label.textHeight + 3;
    button.addChild(label);

    button.graphics.moveTo(0, 0);
    button.graphics.beginFill(0xFDBB30, 1);
    button.graphics.drawRect(0, 0, label.width, label.height);
    button.graphics.endFill();

    button.addEventListener(MouseEvent.CLICK, action);
    button.useHandCursor = true;
    button.mouseChildren = false;
    button.buttonMode = true;

    return button;
}
```

다음으로 makeButton() 함수를 써서 원하는 버튼을 그려주는 함수를 작
성한다. 다음 코드는 줌 인zoom in과 줌 아웃zoom out 기능의 버튼 2개를 생성
한다. 이렇게 만든 2개의 버튼은 지도의 왼쪽 아래에 추가한다.

```
// 내비게이션에 필요한 버튼을 만든다.
private function drawNavigation():void
{
    // 내비게이션 버튼(zooming)
    var buttons:Array = new Array();
    navButtons = new Sprite();
    addChild(navButtons);
    buttons.push(makeButton(navButtons, 'plus', '+', map.zoomIn));
    buttons.push(makeButton(navButtons, 'minus', '-', map.zoomOut));
    var nextX:Number = 0;
    for(var i:Number = 0; i < buttons.length; i++) {
        var currButton:Sprite = buttons[i];
        Sprite(buttons[i]).scaleX = 3;
        Sprite(buttons[i]).scaleY = 3;
        Sprite(buttons[i]).x = nextX;
        nextX += 3*Sprite(buttons[i]).getChildByName('label').width;
    }
    navButtons.x = 2; navButtons.y = map.height-navButtons.height-2;
}
```

위 코드도 엄연한 함수이기 때문에 실행되는 부분에서 불러오지 않으면 작동하지 않는다. 생성자 함수인 Openings() 함수 안, 필터 적용 부분 아래에 drawNavigation() 명령을 추가해 함수를 불러온다. 이제 원하는 지역을 줌 기능으로 볼 수 있다(그림 8-45).

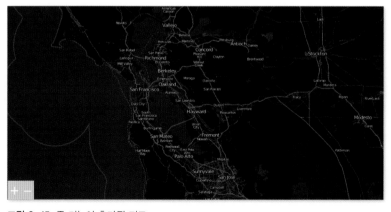

그림 8-45 줌 기능이 추가된 지도

기반 지도 작업은 여기까지다. 배경 타일을 선정하고, 변수(필터)를 적용한 후, 인터랙션 기능을 추가한다.

위치 마커 추가

다음 단계는 데이터에서 월마트 매장의 위치를 가져와 개점 시점, 개점 위치에 해당하는 지도 마커를 추가하는 것이다. 아래에서 설명하는 코드는 생성자 안에 있으며, 넘겨받은 URL에서 XML 파일을 가져온다. 파일을 완전히 불러온 다음엔 onLoadLocations() 함수를 호출한다.

```
var urlRequest:URLRequest =
    new URLRequest('http://projects.flowingdata.com/walmart/walmarts_new.xml');
urlLoader = new URLLoader();
urlLoader.addEventListener(Event.COMPLETE, onLoadLocations);
urlLoader.load(urlRequest);
```

다음 단계가 onLoadLocations() 함수라는 점은 명백해 보인다. onLoadLocations() 함수는 가져온 XML 파일을 읽어들여 데이터를 저장한다. 데이터는 이후에 활용하기 쉽도록 배열 형식의 변수에 저장한다. 그러나 그 전에, 필요한 변수 몇 개를 새로 정의한다. 다음 코드는 navButtons 변수 아래에 추가한다.

```
private var urlLoader:URLLoader;
private var locations:Array = new Array();
private var openingDates:Array = new Array();
```

위에서 정의한 변수는 onLoadLocations() 함수 안에서 쓰인다. locations 배열은 위도와 경도 좌표를 담고 있으며, openingDates 변수는 매장의 개점 날짜를 연도 형식으로 담게 된다.

```
private function onLoadLocations(e:Event):void {
    var xml:XML = new XML(e.target.data);
    for each(var w:* in xml.walmart) {
        locations.push(new Location(w.latitude, w.longitude));
        openingDates.push(String(w.opening_date));
```

```
        }
        markers = new MarkersClip(map, locations, openingDates);
        map.addChild(markers);
    }
```

다음으로 마커의 `MarkersClip` 클래스를 만든다. 앞서 설명한 디렉
토리 구조에 따라, `com` 폴더 아래의 flowingdata 디렉토리가 있
다. `MarkersClip` 클래스는 그 아래의 gps 폴더 안에 있고, gps 폴더
는 flowingdata 폴더 아래에 있다(`com.flowingdata.gps.MarkersClip`).
`MarkersClip` 클래스는 월마트 마커, 즉 여기서 만드는 예제 인터랙티브
지도의 데이터 레이어를 담게 된다.

클래스 파일은 앞에서 설명한 `Openings` 클래스 파일처럼 사용할 라이브
러리 클래스를 가져오는 부분으로 시작한다. 이 부분의 코드는 코드 작성
과정에서 필요할 때마다 자동완성 기능으로 가져올 수도 있고, 간단히 처
리하기 위해 한 번에 전부 가져올 수도 있다.[9]

```
import com.modestmaps.Map;
import com.modestmaps.events.MapEvent;

import flash.display.Sprite;
import flash.events.TimerEvent;
import flash.geom.Point;
import flash.utils.Timer;
```

위 두 줄은 모디스트맵의 클래스를 가져오고, 이어지는 네 줄은 플래시 내
장 클래스를 가져온다. 다음으로 `MarkersClip()` 함수 바로 윗부분에 클
래스 안에서 쓸 변수를 정의한다. 다시 한번 강조하지만, 실제로 코드를 작
성할 때 이런 변수는 필요할 때마다 추가한다. 그러나 여기서는 설명을 간
소하게 해서 바로 기능을 설명하기 위해 한 번에 훑어보자.

---

9   플렉스 빌더는 이클립스(eclipse)의 확장 프로그램이다. 이클립스의 자동완성(Ctrl+Space), 임포트
    정리(Ctrl+Shift+O) 기능을 적용해보자. – 옮긴이

```
protected var map:Map;                      // 기반 지도
public var markers:Array;                   // 마커를 담을 배열
public var isStationary:Boolean;

public var locations:Array;
private var openingDates:Array;

private var storesPerYear:Array = new Array();
private var spyIndex:Number = 0;        // 연도별 인덱스를 저장한다
private var currentYearCount:Number = 0;
                                   // 해당 시점까지 개점한 매장 수
private var currentRate:Number;             // 표시하고 있는 매장 수
private var totalTime:Number = 90000;    // 약 1.5분
private var timePerYear:Number;
public var currentYear:Number = 1962;      // 최초 시작 연도

private var xpoints:Array = new Array(); // 수정한 위도의 배열
private var ypoints:Array = new Array(); // 수정한 경도의 배열

public var markerIndex:Number = 0;
private var starting:Point;
private var pause:Boolean = false;
public var scaleZoom:Boolean = false;
```

MarkersClip() 생성자 안을 보면, 한 연도에 해당하는 시간(timePerYear)
과 좌표(xpoints, ypoints) 등 클래스 안에서 넘겨받아 계산하는 변수가 있
다. 이 부분은 설정 부분에서 다시 돌아볼 것이다.

storesPerYear 변수는 한 연도 안에 개점한 매장의 수를 담고 있다. 첫
해(1962년)에는 단 1개의 매장만 개점했고, 그 다음 해에는 하나도 개점하
지 않았다. 자신이 갖고 있는 다른 데이터에 적용해보자면, 비슷한 식으로
storesPerYear 변수를 바꿔줘야 한다. 연도별, 지역별로 개점한 매장 수
를 구하는 함수를 만들어 코드 재사용성을 높일 수도 있다. 이 예제에서
직접 적어넣은 배열hard coded array을 쓰는 이유는 오로지 쉽게 작성하기 위
해서다.

```
this.map = map;

this.x = map.getWidth() / 2;
this.y = map.getHeight() / 2;

this.locations = locations;
setPoints();
setMarkers();

this.openingDates = openingDates;

var tempIndex:int = 0;

storesPerYear = [1,0,1,1,0,2,5,5,5,15,17,19,25,19,27,
    39,34,43,54,150,63,87,99,110,121,142,125,131,178,
    163,138,156,107,129,53,60,66,80,105,106,114,96,
    130,118,37];
timePerYear = totalTime / storesPerYear.length;
```

MarkersClip 클래스에는 아직 설명하지 않은 2개의 함수가 있다.
setPoints()와 setMarkers() 함수다. setPoints() 함수는 위도, 경
도 좌표를 화면의 x, y 좌표로 변환해주고, setMarkers() 함수는 이렇
게 지정한 지도상의 위치에 마커를 배치한다(보여주진 않는다). 아래 코드는
setPoints() 함수의 정의다. setPoints() 함수는 모디스트맵 라이브러
리에서 제공하는 기능으로 x, y 좌표를 계산해서 xpoints와 ypoints 배
열에 담는다.

```
public function setPoints():void {
    if (locations == null) {
        return;
    }
    var p:Point;
    for (var i:int = 0; i < locations.length; i++) {
        p = map.locationPoint(locations[i], this);
        xpoints[i] = p.x;
        ypoints[i] = p.y;
    }
}
```

다음으로 setMarkers() 함수다. setMarkers() 함수는 setPoints() 함수에서 구한 좌표로 마커를 배치한다.

```
protected function setMarkers():void {
    markers = new Array();
    for (var i:int = 0; i < locations.length; i++) {
        var marker:Marker = new Marker();
        addChild(marker);
        marker.x = xpoints[i]; marker.y = ypoints[i];
        markers.push(marker);
    }
}
```

위 함수 안에서는 Marker 클래스를 사용한다. 전체 코드를 다운로드 받아서 보고 있다면 com ⇨ flowingdata ⇨ gps ⇨ Marker.as 파일에서 찾아볼 수 있다. Marker 클래스는 데이터를 모아 담는 역할을 담당하며, 객체의 play() 함수를 호출하면 객체에 해당하는 마커에 '불이 들어온다'.

여기까지 마커의 위치를 구하고 마커를 지도에 지정했다. 그러나 이 시점에서 코드를 컴파일해 실행하면 비어 있는 기반 지도만 출력된다. 이제 다음 단계로 마커를 순회하며 적절한 시점에 불이 들어오도록 만든다.

playNextStore() 함수는 단순히 하나의 Marker 객체의 play() 함수를 호출하고 다음 Marker 객체 하나를 준비한다. 각각의 매장을 점진적으로 표시하기 위해 startAnimation() 함수와 onNextYear() 함수를 사용한다.

```
private function playNextStore(e:TimerEvent):void
{
    Marker(markers[markerIndex]).play();
    markerIndex++;
}
```

이제 코드를 컴파일해서 실행하면 점(마커)이 표시되는 것을 볼 수 있다. 그러나 지도의 줌과 이동(팬pan) 기능에 맞지 않는다(그림 8-46). 지도를 끌어 이동하거나 줌 기능을 적용해서 화면에 보이는 지도 영역을 바꾸더라도 매장을 나타내는 마커는 따라 변하지 않는다.

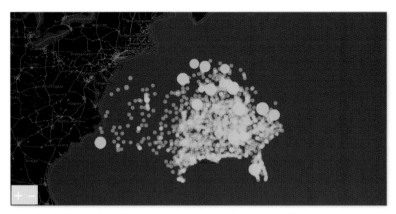

그림 8-46 잘못된 이동과 줌이 적용된 지도

이 부분의 해결을 위해 MarkersClip() 생성자에 리스너listener를 추가해서 지도가 이동했을 때 마커도 함께 이동하도록 수정한다. 모디스트맵 라이브러리의 지도 이벤트(MapEvent)가 호출되면 MarkersClip.as 파일 안에 정의되어 있는 대응 함수가 호출되어 점의 위치를 이동시킨다. 아래 코드의 첫 줄, onMapStartZooming() 함수는 사용자가 줌 버튼을 클릭했을 때 불려진다.

```
this.map.addEventListener(MapEvent.START_ZOOMING,
    onMapStartZooming);
this.map.addEventListener(MapEvent.STOP_ZOOMING,
    onMapStopZooming);
this.map.addEventListener(MapEvent.ZOOMED_BY,
    onMapZoomedBy);
this.map.addEventListener(MapEvent.START_PANNING,
    onMapStartPanning);
this.map.addEventListener(MapEvent.STOP_PANNING,
    onMapStopPanning);
this.map.addEventListener(MapEvent.PANNED, onMapPanned);
```

인터랙티브 지도를 완성했다. 결과는 그림 8-47과 같다.

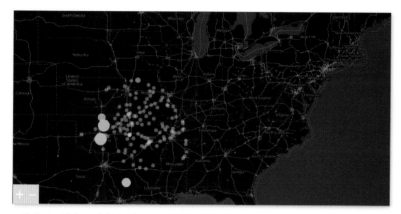

그림 8-47 월마트 매장 개점을 보여주는 인터랙티브 지도

월마트 매장의 확장 데이터가 전하는 이야기는 월마트의 유기적인 확장에 있다. 월마트는 하나의 매장에서 시작해 느리게 확산되어갔다. 흔한 일은 아니다. 반례로 타겟의 확산은 거의 전략이 없는 것처럼 보인다. 코스트코는 월마트만큼 매장이 많지 않아서 양상이 덜 극적으로 보인다. 같은 방식으로 코스트코의 확장 전략을 보면 해안 지역에서 시작해 내륙으로 진출하는 양상을 볼 수 있다.

어떤 경우에서든지 데이터를 보는 일은 즐겁고 흥미진진하다. 지도가 보여주는 성장세는 사람들의 상상력을 자극해서 맥도날드와 스타벅스의 성장에도 호기심을 갖게 만든다. 이제 여기에 필요한 코드를 갖게 됐으므로, 다른 지도를 만들기는 그리 어렵지 않다. 적절한 데이터를 찾는 일이 가장 어렵다.

정리

지도는 시각화 중에서도 무척 까다로운 영역이다. 자신이 본래 갖고 있는 데이터에 지리학의 차원을 추가로 생각해야 하기 때문이다. 그러나 지도는 태생적으로 직관적이기 때문에, 일반에 데이터를 제시할 때, 또는 통계 수치보다 심도 있는 탐색이 필요할 때, 노력에 상응하는 보답을 가져다준다.

이 장의 예제에서 알아본 바와 같이 공간 데이터로 할 수 있는 가능성은 다양하게 열려 있다. 약간의 기본 기술만으로도 많은 데이터를 시각화로 만들고, 다채롭고 흥미로운 이야기를 전해줄 수 있다. 이 장에서 설명한 내용은 빙산의 일각에 불과하다. 지도학cartography과 지리학geography은 대학, 대학원의 한 전공 과목일 정도로 심도 있는 기술이다. 지리적인 영역에 수치를 대입해서 살펴보는 카르토그램cartogram(통계 지도)을 만들어볼 수도 있고, 플래시 인터랙션을 발전시켜볼 수도 있다. 지도와 그래프를 조합해서 데이터를 더 자세하고 탐색적으로 살펴볼 수도 있겠다.

최근 온라인 지도의 영역은 빠르게 확산되고 있으며, 온라인 지도의 기능 발전에 따라 지도 서비스 사용자 규모는 거의 인터넷 사용자 숫자와 맞먹을 만치 확대됐다. 이 장에서 설명한 확산 지도 예제는 플래시 액션스크립트로 만들었지만, 자바스크립트로도 같은 기능을 만들어볼 수 있다. 도구의 선택은 목적에 달려 있다. 어떤 도구를 사용해도 상관없다면, 더 친숙한 도구를 쓰자. 중요한 건 활용한 소프트웨어가 아니라 담고 있는 내용, 로직이다. 도구에 따라 코드의 구문은 달라질 수 있겠지만, 같은 데이터를 같은 방법으로 전달한다면 똑같은 흐름의 스토리텔링이 될 것이다.

## 9장

목적에 맞는 디자인

자신이 갖고 있는 데이터를 살펴볼 때 스토리텔링의 요소는 많지 않다. 그러나 무어라 하더라도 남에게 데이터를 제시하는 당신은 이야기꾼, 스토리텔러다. 당신이 정보를 전달하려는 목적으로 그래프를 보여줄 때, 그 상대가 한 명이든, 몇 천 명이든, 수백만 명이든 마찬가지다. 아무 설명 없는 그래프는 그 어떤 이야기도 하지 못한다.

물론 당신은 독자들이 결과를 해석하도록, 각자 자신의 이야기를 끌어낼 수 있도록 유도하고 싶을 것이다. 그러나 독자의 입장에서는 눈앞에 놓인 데이터가 무언지도 모른다면, 무엇을 물어야 할지도 알 수 없다. 무대를 만드는 일은 당신의 몫, 스토리텔러의 책임이다. 독자의 데이터 해석은 그래픽의 디자인에 기인한다.

자신을 위한 준비

데이터의 이야기를 잘하려면 기반 자료를 잘 알아야 한다. 그러나 실제로 데이터 그래픽 디자인을 하는 사람들은 이 점을 쉽게 놓치곤 한다. 일단 시작하면 자신이 만들어내는 결과에만 경도되기 쉽다. 놀랍고, 아름답고, 흥미로운 것을 만들고 싶을 수 있다. 거기까진 좋다. 헌데 무엇을 보여주고 있는지 알지 못하면 무의미하다. 아무것도 할 수 없다. 그 결과로 그림 9-1과 같은 것이 나온다. 데이터가 무언지도 모르는데, 어느 부분이 흥미로운 부분이라고 설명할 수 있을까?

> **팁**
> 시각화는 데이터로 이뤄지는 소통이다. 따라서 그래픽을 구성하는 기초를 익히는 데 충분한 시간을 들일 필요가 있다. 그렇지 않으면 숫자 무더기만 양산하게 된다.

숫자와 수치를 익혀야 한다. 그 숫자가 어디에서 비롯됐는지 밝혀내고, 어떻게 추정됐는지, 그 수치가 합당한지 확인하자. 「뉴욕타임스」의 데이터 그래픽은 이러한 기초 과정에 충실하기 때문에 그만큼 훌륭하다는 평가를 받는다. 인쇄됐건, 인터넷에 올려진 그래픽이건, 기초 작업은 도형 하나를 그리기 전에 이미 그래픽 뒤에 숨어버린다. 많은 경우 데이터를 수집해서 알맞은 형식으로 변환하는 일이 결과 디자인을 만드는 작업보다 오래 걸리곤 한다.

따라서 데이터를 눈앞에 두게 되면, 곧장 디자인 단계로 뛰어들지 마라. 디자인으로 막바로 뛰어드는 행동은 게으름의 상징이며, 반드시 결과에 드러나고야 만다. 시간을 들여 데이터를 이해하고, 숫자를 구성하는 맥락을 이해해야 한다.

R에 숫자를 입력해보고, 관련 문서가 있다면 전부 읽어본다. 각 수치가 나타내는 의미를 알아야 하고, 이상한 부분이 없는지 확인한다. 무언가 이상한 부분이 있다면 왜 그런지 이유를 들 수 있어야 한다. 그리고 언제나 데이터 출처를 알아두자. 데이터를 제공하는 사람들은 자신이 만든 데이터 활용을 반기고, 그 안에 오류가 있을 경우 기꺼이 수정해줄 것이다.

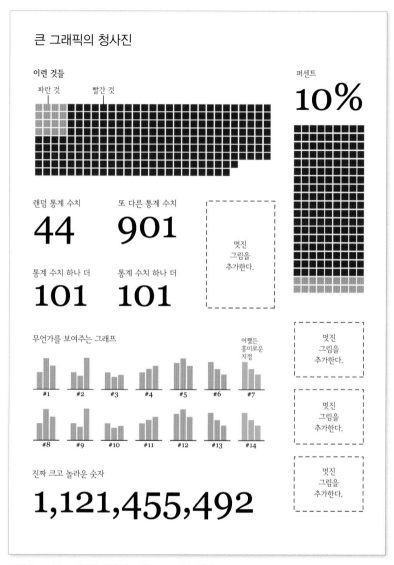

그림 9-1 큰 그래픽의 청사진. 매우 크고 쓸모없다.

데이터에 대해 알 수 있는 모든 것을 익힌 다음에야 그래픽을 디자인할 준비가 된다. 영화 '베스트 키드'에서 주인공 다니엘이 무술을 처음 배울 때의 장면을 기억하는가? 미야기 사범은 세차, 마룻바닥 닦기, 울타리 고치기 등전혀 쓸모없어 보이는 일들을 주인공이 지긋지긋해할 때까지 반복해서 시킨다. 그러나 결국(물론) 주인공 다니엘은 한순간, 전혀 상관없는 것만 같던 일들을 정확한 자세로 연습했던 기억에서 무술 동작을 자연스럽게 이해하게 된다. 데이터를 다루는 일도 똑같다. 데이터를 잘 이해하면, 스토리텔링은 자연스럽게 따라온다. 이 영화를 본 적이 없다면 그냥 고개만 끄덕거려도 좋다. 영화는 한 번 빌려서라도 보자.

독자를 위한 준비

데이터 디자이너의 역할은 자신이 알고 있는 바를 다른 사람들과 소통하는 일이다. 다른 사람들은 데이터를 본 적이 없을 가능성이 높기 때문에, 따라오는 설명이 없으면 당신이 당연하게 알고 있는 사실을 떠올리지 못할 것이다. 데이터 디자이너로서 나 스스로 최고의 목표로 꼽는 원칙은, 아무것도 모르는 채 순수한 상태로 내 그래픽을 본 사람이 페이스북, 트위터, 블로그 링크 등으로 공유하는 일이다. 그렇게까지 먼 목표는 아니다.

일례로 그림 9-2는 내가 만들었던 애니메이션 지도의 스크린샷이다. 이 그래픽을 봤던 경험이 없으면 무엇을 보고 있는지도 모를 것이다. 8장 '공간 시각화'의 예제를 떠올리며 어떤 프랜차이즈 매장의 확산을 보여주겠거니 추측하는 게 고작일 것이다.

애니메이션 지도 전체를 보자.
http://datafl.ws/19n

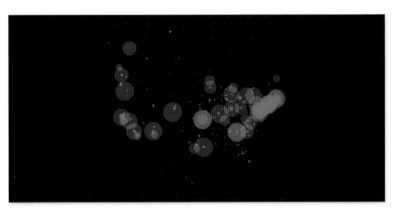

그림 9-2 제목도, 맥락도 없는 지도

사실 이 지도는 2009년 1월 20일 정오(동부 표준시 기준), 버락 오바마 대통령의 취임식이 있던 시점의 위치 정보를 포함한 전 세계의 트윗 글을 보여준다. 애니메이션은 바로 전날 아침부터 시작, 시간이 흐를수록 더 많은 사람이 깨어나 꾸준한 빈도로 트윗을 올린다. 시간당 트윗 글의 숫자는 취임식이 가까워올수록 증가하고, 미국인이 잠자리에 들 시점이 되면 유럽의 활동이 그 자리를 메운다. 그리고 대망의 화요일 아침이면 꽝 하고 웅장한 흥분의 이벤트가 현실에서 이뤄진다. 이 과정을 보면 그림 9-3과 같다. 그림 9-2를 설명할 때도 이런 맥락을 설명했더라면 훨씬 이해하기 쉬웠을 것이다.

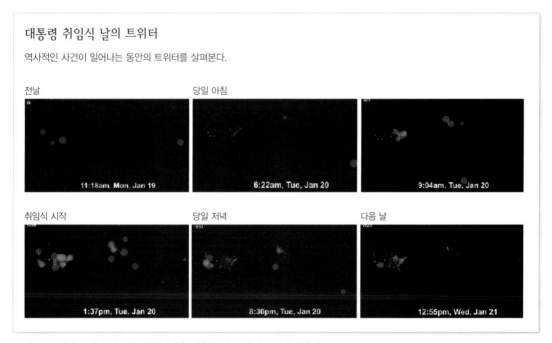

그림 9-3 버락 오바마 미 대통령 취임식을 전후한 전 세계의 트위터 사용량

그래픽마다 사설을 한 편씩 적어야 할 필요는 없다. 그러나 제목과 최소한의 설명을 도입 부분에 적어두면 언제나 도움이 된다. 그래픽 구석의 어딘가에 웹사이트 링크를 적어넣으면, 다른 위치에 공유한 그래픽을 보게 되

더라도 설명하는 문구를 찾아볼 수 있다. 설명이 없다면 데이터 그래픽은 스무고개 놀이나 다름없어진다. 공들여 만든 디자인이 의도의 정확히 반대 편을 의미하는 것으로 받아들여질 수도 있다. 인터넷 세상은 그렇게 기묘하다.

또 다른 예로 그림 9-4의 그래픽을 보자. 오늘날 최악으로 꼽히는 10개의 데이터 유출 사례를 보여주는 단순한 타임라인이다.

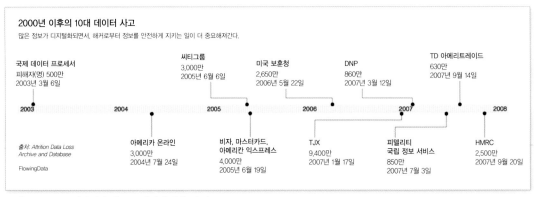

그림 9-4 2000년부터의 대규모 데이터 유출 사건

이 그래픽은 오로지 10개의 데이터 지점만 담고 있는 아주 기본적인 것이다. 내가 플로잉데이터 블로그에 이 글을 올릴 때, 2000년부터 2008년까지 이런 데이터 유출 사고가 발생하는 빈도가 빠르게 증가하고 있다는 사실을 함께 설명했다. 결과적으로 이 그래픽은 널리 퍼져나갔으며, 「포브스 Forbes」에 실리기까지 했다. 전에 이 그래픽을 봤던 사람이 있다면, 아마 포브스에서 봤을 것이다. 만약 빈도가 증가하고 있다는 간단한 설명이 없었더라면 이토록 많은 사람에게 퍼지진 못했을 것이다.

독자가 전부 알아주리라 기대하지 말고, 그래픽을 짚어볼 수 있으리라 낙관하지 마라. 특히 데이터 그래픽을 인터넷으로 공개했을 때 더욱 그렇다. 사람들은 클릭으로 빠르게 넘어가는 습관에 젖어 있기 때문이다.

그렇다고 사람들이 데이터를 바라보는 시간을 전혀 할애하지 않는다는 의미는 아니다. 혹시 봤을지 모르겠으나, 오케이큐피드^{OkCupid}(온라인 데이트 서비스)에서 운영하는 블로그는 자신들의 온라인 데이트 데이터를 분석한 자료를 바탕으로 상당히 긴 글을 적는다. 글의 제목은 대개 '첫 데이터에 좋은 질문', '미인의 수학' 같은 것들이다.

오케이큐피드 블로그의 글은 수백만 번 이상 회자되며, 많은 사람이 오케이큐피드 블로그의 글을 좋아한다. 블로그 글이 담고 있는 수많은 배경 외에도, 블로그를 찾는 사람들 역시 자신만의 배경으로 참여한다. 이 블로그에서 다루는 데이터는 데이트를 위한 이성을 찾는 방식에 대한 데이터이므로, 보통 사람들도 쉽게 자신의 경험과 관련지어 생각할 수 있다. 그림 9-5는 아시아 남자가 특히 좋아하는 키워드를 보여주는 그래픽으로, 오케이큐피드 블로그 글의 페이스북 '좋아요' 사용자 기록을 인종과 성별로 구분해 얻은 것이다. 아하, 나도 아시아인이고 남자다. 바로 연결된다.

그림 9-5 오케이큐피드 프로필에 기반한, 아시아 남자가 좋아하는 키워드

반면 그래프로 설명하려는 주제가 오염수위나 국제적인 부채 규모 같은 전문적인 주제라면, 좋은 설명 기술 없이는 일반 대중에게 이해시키기 어렵다.

때로 어떻게 설명하는지에 상관없이, 사람들은 온라인을 읽기 싫어해서 흘 깃 보고 지나가는 수가 있다. 한 번은 플로팅쉽FloatingSheep에서 만든 그림 9-6의 미국 전역에서 술집과 잡화점 수를 비교한 지역 지도를 블로그에 올린 적이 있다. 붉은 점으로 퍼시된 지역은 술집이 잡화점보다 많은 지역이며, 오렌지색으로 표시된 지역은 반대로 잡화점이 더 많은 지역을 나타낸다. 플로팅쉽 관계자의 말을 빌자면, '미국의 술배' 지역이다.

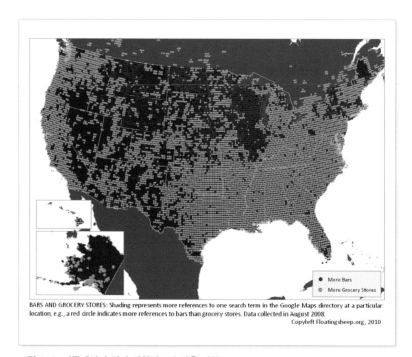

BARS AND GROCERY STORES: Shading represents more references to one search term in the Google Maps directory at a particular location, e.g., a red circle indicates more references to bars than grocery stores. Data collected in August 2008.

Copyleft Floatingsheep.org, 2010

그림 9-6 미국에서 술집이 잡화점보다 많은 지역

글을 진행하는 말미에, 나는 지도의 정확성을 검증할 필요가 있음을 인정하며 "이 지역에 살고 계신 분들의 생각도 일치합니까? 터무니없고 오류

로 가득한 댓글을 바랍니다. 쓰레기 냄새가 날 듯한[1]"이라는 말을 덧붙였다. 이 일의 교훈은? 냉랭한 풍자적 유머는 인터넷에서 그리 잘 전달되지 않는다. 특히 사람들이 글을 정말로 읽지 않았을 때는 더더욱. 정말 쓰레기 냄새 나는 댓글을 예상친 않았다. 많은 사람은 농담을 이해했을 테지만, 붉은 점으로 표시된 지역에 살고 있는 사람으로서 모욕적으로 느꼈다는 댓글이 꽤 적혔다. 뭐라 했던가, 인터넷은 정말 재미있는 곳이다(좋은 쪽으로).

시각적 신호

1장 '데이터 스토리텔링'에서 의미를 함축하는 방법에 대해 한 번 설명했다. 근본적으로, 갖고 있는 데이터는 위치, 색상, 애니메이션 등의 상징적인 방법으로 전달된다. 독자는 이러한 모양, 색상 스펙트럼, 이동 방식의 의미를 이해해서 본래의 숫자를 재해석한다. 이것이 시각화의 역할이다. 상징 encoding은 시각적 대상이다. 해석decoding은 데이터를 다른 관점에서 바라보는 것으로, 표나 스프레드시트 형식에서 볼 수 없었던 패턴을 찾도록 도와준다.

일반적인 상징은 직관적이다. 대개 수학 규칙에 기반해 만들어지기 때문이다. 막대 그래프의 긴 막대가 더 높은 수치를 나타내고, 작은 원이 적은 값을 표현한다. 이렇게 만드는 과정의 많은 결정과 계산은 컴퓨터가 대신 도와줄 수 있지만, 데이터에 적합한 상징을 선정하는 일은 여전히 데이터를 다루는 사람의 몫이다.

여기까지 살펴본 모든 예제를 떠올려보자. 좋은 디자인은 미학적으로도 아름답다. 동시에 그래픽을 해석하기도 쉽다. 좋은 디자인은 독자로 하여금 데이터, 그리고 데이터로 전하려는 이야기를 글자 그대로 느끼게 만들어준

---

1   원문: smells like garbage. 유명 락밴드 너바나(Nirvana)의 노래 'Smells like teen spirit' 비유
     – 옮긴이

다. R, 엑셀의 기본 설정으로 만든 그래프는 날것의 딱딱한, 기계적인 느낌을 준다. 이런 성격이 나쁘다고 할 수만은 없다. 학술 논문에 싣기에는 더할 나위 없이 좋을 수 있다. 혹은 그래픽이 단지 글에 삽입된 보조자료에 불과하다면, 사람들의 집중을 끌지 않는 편이 낫다. 그림 9-7은 가능한 한 단순하게 만든 일반적인 막대 그래프를 보여준다.

그러나 반대로, 그래프를 두드러지게 보여주고 싶다면 색상을 바꾸는 것만으로도 얼마든지 다르게 보여줄 수 있다. 그림 9-8은 그림 9-7의 막대 그래프에서 배경과 막대의 색상만 바꿔본 것이다.

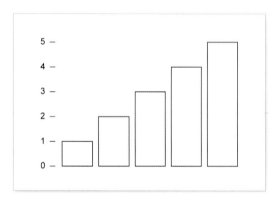

그림 9-7 단순 막대 그래프(플레인)

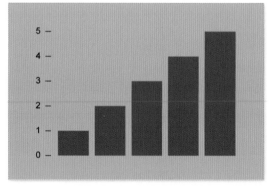

그림 9-8 단순 막대 그래프(어두운 색 테마)

음울한 이야기에는 짙은 색상이 어울릴 수도 있는 반면, 즐겁고 밝은 이야기에는 밝은 색상이 더 어울린다(그림 9-9).

물론, 꼭 색상 테마가 필요하지만도 않다. 원한다면 그림 9-10처럼 중립적인 색상 설정을 적용해볼 수도 있다.

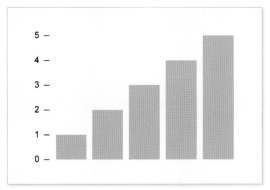

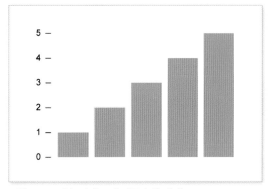

그림 9-9 단순 막대 그래프(밝은 색 테마)　　　　　**그림 9-10** 단순 막대 그래프(중립 색 테마)

요는, 색상 선정이 데이터 그래픽의 주요한 역할을 담당한다는 것이다. 색상은 감성을 불러일으키고(혹은 반대로), 데이터의 맥락을 이해하는 데 도움을 준다. 메시지를 정확하게 전달하기 위한 색상 선정은 전적으로 당신의 몫이다. 선택한 색상은 전하려는 이야기와 잘 어울려야 한다. 그림 9-11처럼, 단순히 색상만 바꿔도 데이터의 의미가 완전히 달라질 수 있다. 이 그래픽은 디자이너 데이빗 맥칸들리스David McCandless와 올웨이즈위드아너Always With Honor 디자이너 그룹이 함께 만든 것으로, 각 문화권에서 각기 다른 색상의 의미를 보여준다. 예를 들어, 죽음을 상징하는 색은 대개의 문화권에서 검은색과 흰색이다. 그러나 이슬람 문화권이나 남미 문화권에선 파란색과 녹색이 더 보편적이다.

마찬가지로, 위상을 바꿔도 룩앤필(보이는 모양과 느낌)과 의미가 따라 바뀐다. 그림 9-12는 시각화 연구자 마이크 보스톡Mike Bostock의 데이터 드리븐 해설서에 나왔던, 임의의 누적 막대 그래프를 보여준다. 이 그림은 직선 모서리과 명확한 구분점, 고점과 저점이 명확하게 보인다.

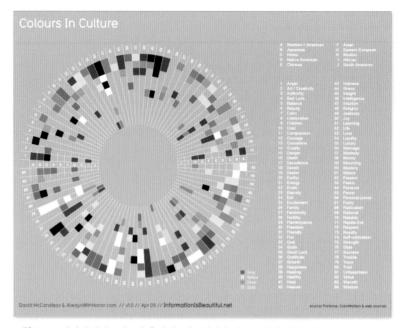

그림 9-11 데이빗 맥칸들리스와 올웨이즈위드아너가 만든 문화별 색 상징

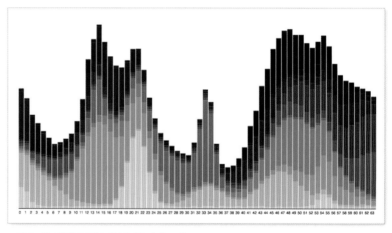

그림 9-12 임의로 만들어본 누적 막대 그래프

스트림그래프를 자세히 알고 싶다면 마틴 와텐버그(Martin Wattenberg)의 논문 'Stacked Graphs – Geometry and Aesthetics'를 찾아보자. 프로토 비즈와 D3 등, 스트림그래프 기능을 제공하는 몇몇 패키지도 있어 직접 만들어볼 수도 있다.

똑같은 데이터를 스트림그래프streamgraph로 만들어보자(그림 9-13). 느낌이 확연하게 다르다. 훨씬 연속적인 자유분방한 흐름으로 보이고, 고점과 저점 대신 흐름의 완급으로 보인다. 그러나 사실 이 두 그래프의 위상은 그리 다

르지 않다. 스트림그래프는 바닥의 수평선 대신, 중앙의 수평선을 기준으로
누적 막대 그래프를 매끈하게 만들어본 것에 불과하다.

그림 9-13 임의로 만든 스트림그래프

때로는 모양과 색상이 맥락을 그대로 설명하기도 한다. 그림 9-14는 크
리스마스 시즌 기념으로 만들어본 것이다. 윗부분은 추수감사절 칠면조
브린brine(소금 절임 요리)의 재료를, 아래는 칠면조 오븐 요리의 재료를 보여
준다.

중요하다. 기본적으로 시각화란 데이터를 숫자, 텍스트, 분류, 그 외 어떤 시
각적인 요소로 바꾼 것을 말한다. 다른 것보다 우월한 시각 요소가 있을 수
도 있겠지만, 어떤 것이 적합할지는 데이터에 따라 다르다. 한 데이터에는
완전히 잘못된 방법이 다른 데이터에는 완벽하게 적합할 수도 있다. 연습
을 많이 할수록 자신의 목적에 맞는 방법을 빠르게 결정할 수 있을 것이다.

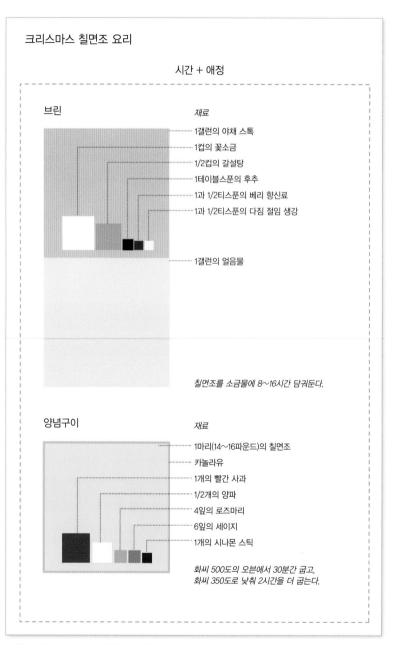

그림 9-14 크리스마스 칠면조 요리 레시피

훌륭한 시각화

인간은 여러 세기에 걸쳐 데이터를 차트와 그래프로 그려왔지만, 그중 어떤 것이 좋고 나쁜지를 연구하기 시작한 시기는 불과 수십 년 전이다. 그런 관점에서 보자면 시각화는 상대적으로 새로운 분야라 할 수 있다. 시각화를 온전히 설명하는 몇 가지 원칙으로, 컴퓨터가 자동으로 만들게 할 수 있을까? 사람의 손으로 디자인했다고 데이터 시각화가 아니라 할 수 있을까? 모든 인포그래픽을 데이터 시각화라 할 수 있을까? 아니면, 데이터 시각화가 인포그래픽의 한 분야일까?

인터넷을 찾아보면 인포그래픽과 데이터 시각화의 유사성과 차이점을 비교한 무수히 많은 논의와, 시각화를 정의한 많은 사설을 접하게 된다. 이런 논쟁은 마치 끝없는 전진과 후퇴의 반목인 듯하다. 이러한 상반된 논의는 데이터 그래픽의 좋고 나쁨을 재단하는 방식을 무척 다양하게 만들어왔다.

통계학자와 분석가는 보통 데이터 시각화를 자신들이 분석에서 쓰는 전통적인 통계 그래픽으로 생각한다. 그래픽이나 인터랙티브가 분석에 소용이 없다면 쓸모없는 기능이다. 잘못된, 실패한 그래픽이다. 반면, 그래픽 디자이너에게 똑같은 시각화를 대상으로 물었을 때 데이터를 흥미롭고 고무적으로 알려준다는 점을 들어 좋은, 성공적인 시각화라는 답을 들을 수도 있다.

이 모든 의견을 종합하는 것, 적어도 서로 접할 수 있는 자리를 더 많이 만드는 일이 필요하다. 분석적인 분야의 사람은 디자이너로부터 데이터를 좀 더 이해하기 좋게, 자신에게 연관지어 설명하는 방법을 배울 수 있고, 마찬가지로 디자이너는 분석적인 분야의 사람으로부터 데이터를 깊이 이해하는 방법에 대해 배울 수 있다.

나는 시각화가 무엇이라 정의하지 않는다. 시각화를 뭐라 정의하든 내 작업에 영향을 주는 일은 아니기 때문이다. 내게 중요한 건 내 그래프를 보는 사람들, 내 앞에 있는 데이터다. 그리고 마침내 만들어낸 결과 그래픽이 어떻게 보이는가이다. 최종 결과 그래픽이 내가 전하려는 이야기를 전달하고 있는가? 아니라면, 다시 스케치로 돌아가 어떻게 하면 갖고 있는 데이터를 더 잘 설명할 수 있을지 고민한다. 우리가 궁극적으로 추구해야 할 목표는 그래픽과, 그래픽으로 전하는 이야기, 그 이야기를 듣는 사람이다. 그 무엇보다 이 세 가지를 우선하면 최고가 될 수 있다.

정리

데이터를 다루는 많은 사람이 디자인을 단순히 그래픽을 예쁘게 만드는 작업으로 생각한다. 미학적인 측면도 분명 디자인의 한 부분이다. 그러나 디자인은 더 많은 내용을 담고 있다. 디자인은 그래픽을 더 읽기 좋게, 이해하기 좋게, 활용하기 좋게 만드는 작업이다. 잘 디자인된 그래픽은 기본 그래프보다 데이터를 더 쉽게 이해하도록 도와준다. 디자인은 그래픽의 어수선한 장식을 없애고, 데이터에서 중요한 부분을 집중 조망해서 모여주며, 감정적인 반응을 불러일으키기도 한다. 간혹 목적에 따라 디자인의 목적이 미학적인 영역에 그치는 경우도 있지만, 디자인하는 대상이 무엇이든, 그것이 데이터 시각화든, 인포그래픽이든, 데이터 아트든, 데이터가 결과를 이끌어내게 하자.

대규모 데이터를 갖고 있는데 어디서부터 시작해야 할지 막막하다면 질문을 하나 던져서 시작하는 것이 가장 좋다. 알고 싶은 게 무엇인가? 계절적인 패턴이 있는가? 여러 변수들 간에 관계는 없나? 아웃라이어가 있나? 공간적인 관계는 없나? 이런 질문에 답을 할 수 있을지 다시 한 번 데이터를 들여다보자. 답을 끌어내는 데 필요한 데이터가 없다면 더 구하자.

데이터를 갖고 있으면 이 책의 내용과 예제에서 배운 기술을 총동원해서 흥미로운 이야기를 전달할 수 있을 것이다. 그러나 여기에서 그치지 말자. 이 과정을 발견의 길로 생각해보자. 자신이 좋아하는 데이터 그래픽을 전부 떠올려보라. 이제는 그 핵심을 구성하는 데이터 유형과 작동 방식을 알게 됐다. 이제는 그보다 진일보한 복잡한 그래픽이라도 만들 수 있다. 인터랙션을 더하고, 그래프를 조합하고, 그래픽을 사진과 설명 텍스트와 비교해 맥락을 더 설명해줄 수 있다.

꼭 기억하라. 데이터는 현실의 반영이다. 데이터를 시각화한다는 것은, 곧 우리 주위에서 어떤 일이 벌어지는지 시각적으로 보여준다는 뜻이다. 작고 깊은 개개인의 차원에서 어떤 일이 벌어지고 있는지 볼 수도 있고, 그보다 더 크게 전 우주적으로 어떤 일이 벌어지고 있는지 보여줄 수도 있다. 데이터를 충실히 익힌다면, 전혀 모르는 사람, 심지어는 들을 생각이 없었던 사람에게도 훌륭한 이야기를 전달할 수 있다. 오늘날 가지고 놀 수 있는 데이터는 그 어느 때보다 많고, 사람들은 그 데이터가 어떤 의미인지 알고 싶어한다. 이제는 당신이 그 의미를 설명해줄 수 있다. 그 길이 부디 행복하기를.

찾아보기

ㄱ

갭마인더 33
거미(스파이더) 차트 306
계단식 그래프 170
구분 텍스트 73
그래프잼 19

ㄴ

나이팅게일 차트 310
누적 연속 그래프 212

ㄷ

다차원척도법 322
단어 트리 94
데이터 스크래핑 58
데이터&스토리 라이브러리 54
데이터 시각화 19
데이터 크롤링 58
데이터 형식화 72
도넛 차트 188

ㄹ

레이더 차트 306

ㅁ

막대 그래프 134
매끄러운 지도 119
모델 기반 클러스터링 328

모디스트맵 102, 123
모션 차트 33
문화별 색 상징 410
밀도 그래프 266

ㅂ

버블 차트 248
버클리 데이터 연구소 54
분절형 데이터 134
뷰티플 수프 60

ㅅ

상관관계 38, 235
상징 407
스몰 멀티플 281, 373
스캐터플롯 157, 235
스캐터플롯 행렬 244
스타 차트 306
스템 플롯 258
스트림그래프 410
스파크라인 101
시각화 13

ㅇ

아마존 공공 데이터 55
아웃라이어 330
애니메이션 378
연속형 데이터 164
오케이큐피드 32
오픈스트리트맵 55

울프람알파 53
워들 94
웨더 언더그라운드 58
유엔데이터 56
인과관계 38, 235
인덱스드 19
인터랙티브 누적 영역 그래프 217
인포그래픽 22
인포침스 54

자바스크립트 객체 형식 74
정보 그래픽 22
중앙값 257
지도 마커 391
지오커먼스 55, 127
지오코딩 340

체르노프 페이스 298
최빈값 257

코로플레스 지도 354

트렌달라이저 33
트리맵 206

ㅍ

파이썬 60, 100
파이 차트 182
평균 257

평행 좌표계 314
폴리맵 124
프로그래머블웹 12
프로세싱 101
프로토비즈 105, 189
프리베이스 54
플래시 102
플레어 103, 218

해석 407
확산 지도 381
확장 마크업 언어 74
히스토그램 260
히트맵 289

A

Amazon Public Data Sets 55

B

barplot() 139
Beautiful Soup 60
Berkeley Data Lab 54

C

causation 38, 235
Chernoff Faces 298
Choropleth map 354
cm.colors() 292
comma separated values 73
correlation 38
CSV 73

D

DASL(Data and Story Library) 54
data crawling 58
Data.gov 12
Data.gov.uk 12
data scraping 58
decoding 407
delimited text 73
density() 267
density plot 266
donut chart 188

E

encoding 407

F

FIPS 코드 360
Flare 103, 218
Flash 102
formatting 72
Freebase 54

G

Gapminder 33
geocoding 340
GeoCommons 55, 127
Geopy 340
GraphJam 19

H

heatmap 289
heatmap() 290
hist() 262

I

Indexed 19
Infochimps 54
infographic 22

J

JSON(JavaScript Object Notation) 74

L

lines() 349
locally weighted scatterplot smoothing 175
LOESS 175, 241

M

maps 343
mclust 328
MDS(multi-dimensional scaling) 322
mean 257
median 257
mode 257
model-based clustering 328
Modest Maps 102, 123
motion chart 33

N

Nightingale chart 310

O

OECD 통계 56
OkCupid 32
OpenStreetMap 55
outlier 330

parallel() 316
parallel coordinates 314
PHP 101
pie chart 182
plot() 159
points() 161
polygon() 268
Polymaps 124
Processing 101
ProgrammableWeb 13
Protovis 105
Python 60

R 108
radar chart 306
RColorBrewer 296
read.csv() 138
Really Simple Syndication 74
R-project 108
RSS 74

scatterplot 157
slippy map 119
small multiples 281
Sparklines 101
spider chart 306
star chart 306
stem() 259

stemplot 258
streamgraph 410
SVG 357
symbols() 251, 344

tab seperated values 73
text() 255
treemap 206
Trendalyzer 33
TSV 73

UCLA Statistics Data Sets 54
UCLA 통계 데이터셋 54
UNdata 12

V

visualization 13

Weather Underground 58
Wolfram|Alpha 53
Wordle 94
word tree 94
write.table() 268

X

XML(eXtensible Markup Language) 74

에이콘 **클라우드 컴퓨팅** 시리즈

1

알짜만 골라 배우는 자바 구글앱엔진
무료로 시작하는 손쉬운 클라우드 애플리케이션 개발

9788960771512 | 카일 로치, 제프 더글라스 지음
박성철, 안세원 옮김 | 300페이지 | 25,000원

자바 개발자라면 누구나 손쉽게 큰돈 들이지 않고 웹 애플리케이션을 만들 수 있다. 클라우드 컴퓨팅의 선두주자인 구글의 기술과 서비스를 마음대로 활용할 수 있는 자바용 구글 앱 엔진의 중요한 기능을 알짜만 골라 배울 수 있는 책

2

클라우드 컴퓨팅 구현 기술
구글, 페이스북, 야후, 아마존이 채택한 핵심 기술 파헤치기

9788960771703 | 김형준, 조준호, 안성화, 김병준 지음 | 544페이지 | 30,000원

그동안 클라우드 컴퓨팅 분야에서 많이 다루지 않았던 시스템이나 서비스의 개발과 관련된 내용을 다룬다. 기존의 클라우드 컴퓨팅이 기술적인 분야에서 가상화, 프로비저닝 등에 초점이 맞춰져 있었다면 이 책에서는 분산 아키텍처를 이용해 확장성, 가용성 있는 시스템, 서비스를 개발하기 위한 아키텍처를 제시하고, 이를 구현할 수 있는 오픈소스를 소개한다. 책에서 소개하는 아키텍처와 오픈소스를 이용해 스토리지 서비스 같은 인프라 서비스에서부터 블로그, 소셜네트워크 분석 서비스 등과 같은 클라우드 서비스를 구축할 수 있다.

3

Programming Amazon EC2 한국어판
아마존이 만든 클라우드 컴퓨팅 환경 AWS

9788960772380 | 유르흐 판 플리트, 플라비아 파가넬리 지음
오영일, 최창배 옮김 | 264페이지 | 25,000원

그동안 많은 책에서 클라우드 컴퓨팅 분야의 다양한 솔루션을 다뤄왔다. 하지만 이 책은 그중에서도 가장 큰 관심을 끌고 있는 아마존 웹 서비스, AWS를 이용하는 방법을 제시하는 애플리케이션 아키텍트, 개발자, 관리자의 필독서다. 아마존이 만든 AWS에 있는 다양한 서비스를 자세히 소개하고 서비스별로 저자가 직접 개발, 운영 중인 서비스(컬릿저, 레이아 등)를 예제로 소개한다. 책에서 소개하는 아키텍처와 서비스 활용 방법을 통해 별도의 인프라 환경 없이 클라우드 서비스를 구축할 수 있다.

4

윈도우 애저 클라우드로 애플리케이션 이전하기
마이크로소프트 클라우드 플랫폼 서비스 마이그레이션 가이드

9788960772809 | 도미닉 베츠, 스콧 덴스모어, 라이언 던, 마사시 나루모토,
유게니오 페이스, 마티아스 워로스키 지음 | 박중석 옮김 | 216페이지 | 20,000원

마이크로소프트 클라우드 플랫폼인 윈도우 애저로 애플리케이션을 이전하는 과정
을 예제 애플리케이션을 통해 알아본다. 클라우드의 장점인 확장성과 안정성 등을
살리기 위해 구조적으로 변경하는 과정을 실제 코드와 더불어 살펴보며, 이를 통
해 윈도우 애저의 특성을 이해하고, 기존 애플리케이션을 어떻게 변경해야 클라우
드에 적합할 것인지에 대한 일반적인 개념을 잡을 수 있다.

5

윈도우 애저 클라우드에서 애플리케이션 개발하기
마이크로소프트 클라우드 플랫폼 서비스 프로그래밍 가이드

9788960772816 | 도미닉 베츠, 스콧 덴스모어, 라이언 던, 마사시 나루모토,
유게니오 페이스, 마티아스 워로스키 지음 | 김지균 옮김 | 208페이지 | 20,000원

마이크로소프트 클라우드 플랫폼인 윈도우 애저를 사용해 SaaS 애플리케이션을
어떻게 개발하는지 살펴본다. 이 책은 윈도우 애저의 기본 개념을 설명하는 것뿐
만 아니라 분석, 설계, 개발, 테스트, 배포의 단계에서 아키텍처 측면에서 고려할
사항을 실제 예제 코드를 통해 설명한다. 분명 이 책은 윈도우 애저가 아닌 다른
클라우드 플랫폼을 사용해 애플리케이션을 개발할 경우에도 의미 있는 가이드를
제공할 것이다.

6

Visualize This 비주얼라이즈 디스
빅데이터 시대의 데이터 시각화+인포그래픽 기법

9788960772953 | 네이선 야우 지음 | 송용근 옮김 | 424페이지 | 30,000원

"그래프가 아니다. 데이터 그래픽이다!" 화려한 스프레드시트 프로그램들은 마우
스 클릭 몇 번으로 눈부신 그래프를 그릴 수 있다고 선전하지만, 그게 다는 아니
다. 데이터는 실생활의 반영이며, 우리 삶의 이야기를 담고 있는 지표다. 이 책은
데이터 그래픽을 기본 개념부터 응용 방법까지, 초심자의 기준에서 단계적으로 설
명한다. 별다른 지식이 없어도 누구나 쉽게 빅데이터를 시각적으로 표현하는 방법
을 배울 수 있다. 막대/선 그래프나 파이 차트 같은 단순한 그래프는 물론, 시계열
그래픽, 지도 그래픽, 트리맵과 인터랙티브 차트까지 그릴 수 있게 될 것이다.

에이콘출판의 기틀을 마련하신 故 정완재 선생님 (1935-2004)

VISUALIZE THIS 비주얼라이즈 디스

빅데이터 시대의 데이터 시각화+인포그래픽 기법

초판 인쇄 | 2012년 4월 19일
3쇄 발행 | 2016년 3월 25일

지은이 | 네이선 야우
옮긴이 | 송 용 근

펴낸이 | 권 성 준
편집장 | 황 영 주
편 집 | 오 원 영
          전 진 태
디자인 | 이 승 미

에이콘출판주식회사
서울특별시 양천구 국회대로 287 (목동 802-7) 2층 (07967)
전화 02-2653-7600, 팩스 02-2653-0433
www.acornpub.co.kr / editor@acornpub.co.kr

이 도서의 국립중앙도서관 출판시도서목록(CIP)은 e-CIP 홈페이지(http://www.nl.go.kr/cip.php)에서
이용하실 수 있습니다. (CIP제어번호: 2012001826)

책값은 뒤표지에 있습니다.